工程制图与 CAD

柴华彬　连增增　主编

科学出版社
北　京

内 容 简 介

本书根据教育部高等学校教学指导委员会相关精神和工程教育专业认证相关标准要求，在结合高校工程制图与AutoCAD课程教学改革与实践的基础上编写而成，旨在培养工科学生应用工程制图方法与AutoCAD软件解决工程中实际问题的能力。本书系统介绍了工程制图与AutoCAD的有关理论与方法，内容包括工程制图的基础知识，相关的工程制图国家标准，点、直线、平面的投影，AutoCAD基本设置与操作，平面图形的绘制与编辑，文字与尺寸标注，AutoCAD二次开发与CASS绘图等。本书内容全面、图文并茂、实例丰富，结构体系清晰合理、深入浅出，在各章中列举了大量的工程实例，方便读者在实践中快速、全面、准确地掌握相关理论与方法。

本书可供测绘、地质、环境、土木、安全、采矿等专业的本科生和研究生参考，也可供相关工程技术人员参考。

图书在版编目(CIP)数据

工程制图与CAD/柴华彬，连增增主编. —北京：科学出版社，2019.11
ISBN 978-7-03-062691-2

Ⅰ.①工… Ⅱ.①柴… ②连… Ⅲ.①工程制图－AutoCAD 软件
Ⅳ.①TB237

中国版本图书馆 CIP 数据核字(2019)第 233701 号

责任编辑：朱晓颖 / 责任校对：郭瑞芝
责任印制：张 伟 / 封面设计：迷底书装

科学出版社 出版
北京东黄城根北街 16 号
邮政编码：100717
http://www.sciencep.com

北京虎彩文化传播有限公司 印刷
科学出版社发行 各地新华书店经销
*
2019 年 11 月第 一 版 开本：787×1092 1/16
2023 年 8 月第六次印刷 印张：15 3/4
字数：400 000

定价：59.00 元
(如有印装质量问题，我社负责调换)

前　言

工程图是生产中必不可少的技术文件，是在世界范围通用的"工程技术的语言"。正确规范地绘制和阅读工程图是一名工程技术人员必备的基本素质。随着计算机及其相应软、硬件的发展，各种工程设计都要求有矢量化的工程图形。AutoCAD 是著名的计算机辅助设计软件，自问世以来，AutoCAD 经过不断地完善和创新，已经广泛地应用于各行各业的辅助设计中，主要包括测绘工程、机械设计、土木建筑、矿产资源开采、地质勘探、电子设计、服装设计等领域。

工程制图与 CAD 是体现工科特点的入门课程，也是工科学生必须学习的专业基础课程之一。本书根据教育部高等学校教学指导委员会相关精神和工程教育专业认证相关标准要求，在结合高校工程制图与 CAD 课程教学改革与实践的基础上编写而成。本书共 8 章：第 1 章投影与视图基础，主要介绍了工程制图基本知识、制图的基本规定、投影基本原理与方法；第 2 章 CAD 设置与操作，详细介绍了 CAD 绘图环境设置、图形文件管理、绘图基本操作、视图显示操作、绘图辅助工具等；第 3 章平面图形的绘制，详细介绍了各类直线、圆、圆弧、圆环和椭圆、多边形、区域填充等；第 4 章平面图形的编辑，详细介绍了图形对象选择、CAD 简单图形的编辑和复杂图形的编辑等；第 5 章文字注释与编辑，详细介绍了文字输入与编辑、表格的绘制与编辑、尺寸标注与编辑等；第 6 章图块与外部参照，详细介绍了块的操作、块的属性和外部参照等；第 7 章 CAD 二次开发初步，主要介绍了 AutoLISP 基本函数、Auto LISP 命令文件和 AutoLISP 应用实例等；第 8 章 CASS 绘图基础，主要介绍了 CASS 软件操作、地形图的绘制和地籍图的绘制等。在教学过程中可根据实际教学要求适当取舍。

本书由河南理工大学柴华彬和连增增共同编写。其中，第 1 章由柴华彬和连增增共同编写，第 2 章~第 6 章由柴华彬编写，第 7 章和第 8 章由连增增编写。全书由柴华彬统稿、定稿。本书是在作者多年来从事工程制图和 AutoCAD 应用与教学的基础上编写而成的，因此具有较强的专业针对性和实用性。

本书得到了河南省高等教育教学改革研究与实践重点项目（2017SJGLX036）和河南省教育科学"十三五"规划课题（2018-JKGHYB-0062）的资助。在本书编写过程中，参考了国内外有关学者的著作和发表的文献资料，在此对相关文献的作者表示感谢！

由于作者水平有限，书中难免有不妥和疏漏之处，恳请读者批评指正！

作　者

2019 年 6 月

目　录

第1章　投影与视图基础 …………………… 1

1.1　工程制图概述 ………………………… 1

　1.1.1　画法几何 …………………………… 1

　1.1.2　工程制图 …………………………… 1

　1.1.3　主流软件 …………………………… 2

1.2　制图基本规定 ………………………… 3

　1.2.1　我国的标准 ………………………… 3

　1.2.2　图纸格式 …………………………… 4

　1.2.3　比例 ………………………………… 6

　1.2.4　字体 ………………………………… 6

　1.2.5　图线 ………………………………… 7

1.3　投影法 ………………………………… 7

　1.3.1　投影的形成 ………………………… 7

　1.3.2　投影法的分类 ……………………… 8

　1.3.3　常用的投影图 …………………… 10

1.4　点的投影 …………………………… 12

　1.4.1　点的单面投影 …………………… 12

　1.4.2　点的两面投影 …………………… 12

　1.4.3　点的三面投影 …………………… 13

1.5　直线的投影 ………………………… 14

　1.5.1　直线的三面投影 ………………… 14

　1.5.2　各种位置直线的投影 …………… 14

　1.5.3　两直线的相对位置 ……………… 16

1.6　平面的投影 ………………………… 17

　1.6.1　平面的表示法 …………………… 17

　1.6.2　各种位置平面投影 ……………… 18

　1.6.3　平面上的点和直线 ……………… 20

　1.6.4　直线与平面的相对位置 ………… 21

　1.6.5　两平面的相对位置 ……………… 22

1.7　标高投影 …………………………… 23

　1.7.1　概述 ……………………………… 23

　1.7.2　点的标高投影 …………………… 24

　1.7.3　直线的标高投影 ………………… 25

　1.7.4　平面的标高投影 ………………… 26

　1.7.5　地形面的标高投影 ……………… 27

课后习题 …………………………………… 30

第2章　CAD 设置与操作 ………………… 32

2.1　AutoCAD 概述 ……………………… 32

　2.1.1　AutoCAD 软件简介 ……………… 32

　2.1.2　AutoCAD 工作界面 ……………… 34

2.2　绘图环境设置 ……………………… 39

　2.2.1　工作环境设置 …………………… 39

　2.2.2　图形界限设置 …………………… 48

　2.2.3　图形单位设置 …………………… 49

2.3　图形文件管理 ……………………… 50

　2.3.1　图形文件操作 …………………… 50

　2.3.2　图形文件输入 …………………… 52

　2.3.3　图形文件输出 …………………… 56

　2.3.4　图形打印设置 …………………… 57

2.4　绘图基本操作 ……………………… 59

　2.4.1　图层设置与管理 ………………… 59

　2.4.2　绘图命令操作 …………………… 64

　2.4.3　坐标系设置 ……………………… 65

　2.4.4　数据输入 ………………………… 65

　2.4.5　错误修正 ………………………… 67

2.5　视图显示操作 ……………………… 68

　2.5.1　视窗缩放与平移 ………………… 68

　2.5.2　图形重画与重生成 ……………… 70

2.6　绘图辅助工具 ……………………… 71

　2.6.1　栅格、捕捉与正交 ……………… 71

　2.6.2　对象捕捉与追踪 ………………… 73

　2.6.3　图形属性查询 …………………… 77

课后习题 …………………………………… 80

第3章　平面图形的绘制 ………………… 82

3.1　直线、构造线和射线 ……………… 82

　3.1.1　直线的绘制 ……………………… 82

　3.1.2　构造线的绘制 …………………… 82

3.1.3　射线的绘制 ············· 83

3.2　圆、圆弧、圆环和椭圆 ········ 84

3.2.1　圆的绘制 ·············· 84

3.2.2　圆弧的绘制 ············ 86

3.2.3　圆环的绘制 ············ 91

3.2.4　椭圆的绘制 ············ 92

3.3　矩形、正多边形和点 ········ 93

3.3.1　矩形的绘制 ············ 93

3.3.2　正多边形的绘制 ········ 95

3.3.3　点的绘制和等分 ········ 96

3.4　多段线、多线与样条曲线 ····· 99

3.4.1　多段线的绘制 ··········· 99

3.4.2　多线的绘制 ············ 100

3.4.3　样条曲线的绘制 ········ 101

3.5　区域填充、面域与区域覆盖 ··· 102

3.5.1　图案填充 ············· 102

3.5.2　面域创建 ············· 108

3.5.3　区域覆盖 ············· 109

课后习题 ···················· 110

第4章　平面图形的编辑 ········· 111

4.1　图形对象选择 ············· 111

4.1.1　拾取框选择 ············ 111

4.1.2　矩形框选择 ············ 112

4.1.3　过滤选择 ············· 112

4.1.4　快速选择 ············· 113

4.2　位置和大小编辑 ··········· 113

4.2.1　移动命令 ············· 113

4.2.2　旋转命令 ············· 114

4.2.3　缩放命令 ············· 115

4.2.4　拉长命令 ············· 116

4.3　图形复制类编辑 ··········· 117

4.3.1　复制命令 ············· 117

4.3.2　偏移命令 ············· 118

4.3.3　镜像命令 ············· 119

4.3.4　阵列命令 ············· 120

4.4　图形特性编辑 ············· 124

4.4.1　修剪和延伸命令 ········ 124

4.4.2　打断和拉伸命令 ········ 127

4.4.3　倒角、圆角和光顺曲线 ····· 128

4.4.4　对象特性编辑 ············ 131

4.5　复杂图形编辑 ············· 133

4.5.1　复杂线对象编辑 ········ 133

4.5.2　分解、合并与对齐 ······· 139

4.5.3　区域填充编辑 ·········· 141

4.5.4　夹点模式编辑 ·········· 143

课后习题 ···················· 146

第5章　文字注释与编辑 ········· 147

5.1　文字输入与编辑 ··········· 147

5.1.1　文字样式 ············· 147

5.1.2　文字输入 ············· 149

5.1.3　文字编辑 ············· 153

5.2　表格绘制与编辑 ··········· 153

5.2.1　表格样式 ············· 153

5.2.2　表格创建 ············· 156

5.2.3　表格编辑 ············· 158

5.3　尺寸标注与编辑 ··········· 160

5.3.1　尺寸标注样式 ·········· 161

5.3.2　尺寸标注命令 ·········· 166

5.3.3　尺寸标注创建 ·········· 168

5.3.4　尺寸标注编辑 ·········· 178

课后习题 ···················· 181

第6章　图块与外部参照 ········· 182

6.1　块的操作 ················ 182

6.1.1　块的创建 ············· 182

6.1.2　块的存盘 ············· 183

6.1.3　块的插入 ············· 184

6.1.4　动态块 ··············· 185

6.2　块的属性 ················ 191

6.2.1　定义块的属性 ·········· 191

6.2.2　管理块的属性 ·········· 193

6.2.3　编辑图块属性 ·········· 194

6.2.4　提取属性数据 ·········· 195

6.3　外部参照 ················ 199

6.3.1　外部参照附着 ·········· 199

6.3.2　外部参照的绑定 ········· 200

　　6.3.3　剪裁外部参照·················201
　　6.3.4　参照编辑·················203
　课后习题·················204
第 7 章　CAD 二次开发初步·············205
　7.1　简述·················205
　7.2　AutoLISP 语言基础···········208
　　7.2.1　AutoLISP 数据类型·······208
　　7.2.2　AutoLISP 变量···········211
　　7.2.3　AutoLISP 函数···········212
　7.3　AutoLISP 程序设计···········216
　　7.3.1　Visual LISP 程序结构·····216
　　7.3.2　Visual LISP 程序命名·····217
　　7.3.3　Visual LISP 程序的调用····217
　　7.3.4　Visual LISP 程序的自动加载·218
　　7.3.5　Visual LISP 集成开发环境····218
　7.4　图形文件与线性文件··········219

　　7.4.1　图形文件·················219
　　7.4.2　线型文件·················221
　7.5　AutoLISP 应用实例···········224
　　7.5.1　CAD 图上点坐标的提取·····224
　　7.5.2　道路缓和曲线的绘制········225
　　7.5.3　地形图展点·············230
　课后习题·················233
第 8 章　CASS 绘图基础·············234
　8.1　简述·················234
　8.2　地形图的绘制·············234
　　8.2.1　平面图的绘制·········234
　　8.2.2　等高线的绘制·········237
　8.3　地籍图的绘制·············238
　课后习题·················243
参考文献·················244

第1章 投影与视图基础

1.1 工程制图概述

工程图是生产中必不可少的技术文件，是在世界范围通用的"工程技术的语言"。正确规范地绘制和阅读工程图是一名工程技术人员必备的基本素质。任何建筑物及其构件的形状、大小和画法，都不是用普通语言或文字能表达清楚的。必须按照一个统一的规定画出它们的图样，作为施工、交流的依据，作为表达设计师构思的手段。因此，工程图样被喻为工程界的语言，是工程技术部门的一项重要的技术文件。

1.1.1 画法几何

1. 基本概念

画法几何是研究在平面上用图形表示形体和解决空间几何问题的理论与方法的学科，是测绘、建筑、机械等专业制图的投影理论基础。画法几何就是应用投影的方法研究多面正投影图、轴测图、透视图和标高投影图的绘制原理，其中多面正投影图是其主要研究内容。画法几何的内容还包含投影变换、截交线、相贯线和展开图等。

在工程和科学技术领域，经常需要在平面上表现空间的形体。例如，在纸上画出房屋或建筑物的图样，以便根据这些图样施工建造。但是平面是二维的，而空间形体是三维的，为了使三维形体能在二维的平面上正确地显示，就必须规定和采用一些方法，这些方法就是画法几何所要研究的。

工程实践中不仅要在平面上表示空间形体，而且还需要应用这些表达在平面上的图形来解决空间的几何问题。例如，根据由测量结果而绘制的地形图来设计道路或运河的线路，决定什么地方需要开挖和填筑，以及计算土方等。这些根据形体在平面上的图形来图解空间几何问题，也是画法几何所要研究的。

2. 发展简史

1103年，中国宋代李诚所著《营造法式》中的建筑图基本上符合几何规则，但在当时尚未形成画法的理论。1799年法国学者蒙日发表《画法几何》一书，提出用多面正投影图表达空间形体，为画法几何奠定了理论基础。以后各国学者又在投影变换、轴测图以及其他方面不断提出新的理论和方法，使这门学科日趋完善。

1.1.2 工程制图

1. 基本概念

工程制图是工程技术领域的一个重要过程。在工科课程中，它是一门重要的基础必修课。工程制图是研究工程图样的绘制和阅读的课程，研究用投影法解决空间几何问题，在平面上表达空间物体。

2．画法几何与工程制图的关系

画法几何学主要研究空间几何形体在平面上如何用图形来表达，以及如何通过作图来解决它们的几何问题，侧重理论。

工程制图则根据画法几何的理论，研究工程上具体的物体在平面上用图形来表达的问题，而形成工程图。在工程图中，除了有表达物体形状的线条，还要应用国家制图标准规定的一些表达方法和符号，注以必要的尺寸和文字说明，使得工程图能完善、明确和清晰地表达出物体的形状、大小和位置，以及其他必要的资料（如物体的名称、材料的种类和规格、生产方法等）。

如将工程图比作工程界的一种语言，则画法几何便是这种语言的语法。

1.1.3　主流软件

目前，工程制图的软件主要有 AutoCAD、Pro/E、UG、3D Max、CATIA、SolidWorks、SolidEdge、Inventor 等，其中，最基础和最常用的软件是 AutoCAD，较高层次的软件是 Pro/E、UG 和 3D Max 等。

1．AutoCAD 软件

AutoCAD（Auto Computer Aided Design）是美国 Autodesk 公司生产的自动计算机辅助设计软件，用于二维工程制图、详细绘制、设计文档和基本三维设计，现已经成为国际上广为流行的工程制图工具。AutoCAD 为从事各种造型设计的客户提供了强大的功能和灵活性，可以帮助他们更好地完成设计和文档编制工作。

2．Pro/E 软件

Pro/E（Engineer）操作软件是美国参数技术公司（PTC）旗下的 CAD/CAM/CAE 一体化的三维软件。Pro/E 软件以参数化著称，是第一个提出了参数化设计的概念，并且采用了单一数据库来解决特征的相关性问题，在目前的三维造型软件领域中占有着重要地位。Pro/E 采用了模块方式，可以分别进行草图绘制、零件制作、装配设计、钣金设计、加工处理等，保证用户可以按照自己的需要进行选择使用。

3．UG 软件

UG（Unigraphics NX）是 Siemens PLM Software 公司出品的一个产品工程解决方案，它为用户的产品设计及加工过程提供了数字化造型和验证手段。UG 软件针对用户的虚拟产品设计和工艺设计的需求，提供了经过实践验证的解决方案。

4．3D Max 软件

3D Studio Max，常简称为 3D Max 或 3DS Max，是 Discreet 公司开发的（后被 Autodesk 公司合并）基于 PC 系统的三维动画渲染和制作软件。3D Max 突出特点是强大的动画制作能力、可堆叠的建模步骤，使制作模型有非常大的弹性。广泛应用于广告、影视、工业设计、建筑设计、三维动画、多媒体制作、游戏、辅助教学以及工程可视化等领域。

1.2　制图基本规定

1.2.1　我国的标准

标准是对重复性事物和概念所做的统一规定，它以科学、技术和实践经验的综合成果为基础，经有关方面协商一致，由主管机构批准，以特定形式发布，作为共同遵守的准则和依据。我国现已制定了两万多项国家标准，涉及工业产品、工程制图、环境保护、建设工程、工业生产、农业信息、测绘、能源、资源及交通运输等方面，为世界上标准化工作较为先进的国家之一。

1．标准的分级

为了便于指导生产和进行技术交流，须对图样的表达方法、尺寸标准、所采用的符号等，制定出统一的规定。按照标准的适用范围，我国的标准分为国家标准、行业标准、地方标准和企业标准四个级别。

1）国家标准

国家标准是指对全国经济技术发展有重大意义，需要在全国范围内统一技术要求所制定的标准。国家标准在全国范围内适用，其他各级标准不得与之相抵触。国家标准是四级标准体系中的主体。

2）行业标准

行业标准是指对没有国家标准而又需要在全国某个行业范围内统一技术要求所制定的标准。行业标准是对国家标准的补充，是专业性、技术性较强的标准。行业标准的制定不得与国家标准相抵触，国家标准公布实施后，相应的行业标准即行废止。

3）地方标准

地方标准是指对没有国家标准和行业标准而又需要在省（自治区、直辖市）范围内统一工业产品的安全、卫生要求所制定的标准。地方标准在本行政区域内适用，不得与国家标准和标业标准相抵触。国家标准、行业标准公布实施后，相应的地方标准即行废止。

4）企业标准

企业标准是指企业所制定的产品标准和在企业内需要协调、统一技术要求和管理、工作要求所制定的标准。企业标准是企业组织生产、经营活动的依据。

2．标准的性质

国家标准、行业标准和地方标准的性质分为两类：一类是强制性标准，其代号为"GB"（"国标"汉语拼音的第一个字母）；另一类是推荐性国家标准，其代号为"GB/T"（"T"为"推"的汉语拼音的第一个字母）。对于强制性标准，国家要求"必须执行"；对于推荐性标准，国家鼓励企业"自愿采用"。

在技术制图方面，我国制定有完整的国家标准。技术制图包括地图制图、建筑制图、机械制图等各类专业制图。在工作中应采用经过审定的相关国家标准。

1.2.2 图纸格式

1．图纸幅面

图纸幅面又称图幅，是指图纸本身的大小、规格，是为了合理使用图纸，便于管理，装订而规定的。GB/T 14689—2008 规定了图纸的幅面尺寸和格式，适用于技术图样及有关技术文件。在实际应用中，有 A0、A1、A2、A3、A4 五种常用幅面，如表 1-1 和图 1-1 所示。必要时长边可以加长，以利于图纸的折叠和保管，但加长的尺寸必须按照 GB/T 50001—2017 的规定，由基本幅面的短边成整数倍增加得到，短边不得加长。如图 1-2 所示，A0 幅面对裁得到 A1 幅面，A1 幅面对裁得到 A2 幅面，其余类推。

表 1-1　基本幅面尺寸及图框尺寸　　　　　　　　　（单位：mm）

幅面代号		A0	A1	A2	A3	A4	A5
$B \times L$		841×1189	594×841	420×594	297×420	210×297	148×210
周边尺寸	e	20			10		
	c	10			5		
	a	25					

注：L（长边）$= \sqrt{2} B$（短边）。

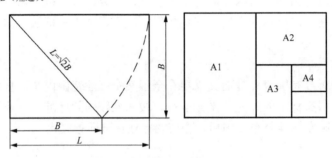

图 1-1　图纸的基本幅面

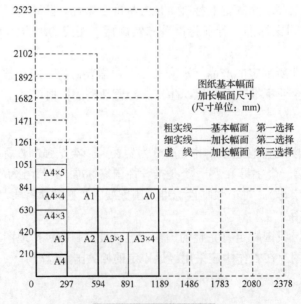

图纸基本幅面
加长幅面尺寸
（尺寸单位：mm）

粗实线——基本幅面　第一选择
细实线——加长幅面　第二选择
虚　线——加长幅面　第三选择

图 1-2　图纸的加长幅面

2．图框格式

图框是图纸上限定绘图范围的线框。图样均应绘制在用粗实线画出的图框内。图框格式分为不留装订边和留装订边两种，如图 1-3 所示，但同一套图纸只能采用一种格式。周边尺寸规格如表 1-1 所示。

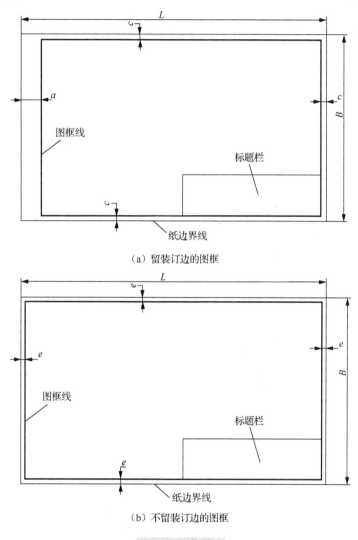

（a）留装订边的图框

（b）不留装订边的图框

图 1-3　图框格式

3．标题栏

国家标准规定，每张图纸的右下角都必须有标题栏（图 1-3），用以说明图样的名称、图号、材料、设计单位及有关人员的签名等内容，并且要求看图的方向与标题栏应一致。工程图纸的标题栏组成及格式，如图 1-4 所示。

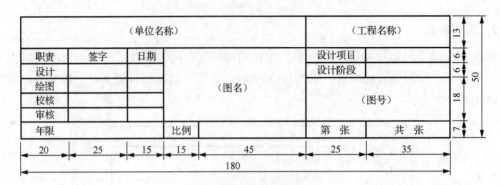

图1-4 标题栏格式示例

1.2.3 比例

比例是指图形与实物相对应的线性尺寸之比，例如，1∶100的含义就是图纸上1个单位代表实际的100个单位。比值大于1的为放大比例，比值小于1的为缩小比例。若整张图为同一比例，可将其写在标题栏中。若一图纸上各图形比例不同，则应将所用比例注写在图形下方图名的右侧。图纸上标注的数字均为物体的实际数字，与比例无关。

地图比例尺是地图上的线段长度与实地相应线段经水平投影的长度之比。它表示地图图形的缩小程度，又称缩尺。一般地，地图比例尺越大误差越小，图上测量精度越高。如1∶10万，即图上1cm长度相当于实地100000cm（即1000m）。我国的国家基本比例尺地图的比例尺应为：1∶500、1∶1000、1∶2000、1∶5000、1∶10000、1∶25000、1∶50000、1∶100000、1∶250000、1∶500000、1∶1000000。

1.2.4 字体

在各类工程图纸中，要使用大量的汉字、数字及符号来表示图样。GB/T 14691—1993规定了汉字、字母和数字的结构形式及基本尺寸，适用于技术图样及有关技术文件。其基本要求有以下几条。

（1）书写字体必须做到字体工整、笔画清楚、间隔均匀、排列整齐。

（2）字体高度h的公称尺寸系列为1.8mm、2.5mm、3.5mm、5mm、7mm、10mm、14mm、20mm，字体的高度代表字体的号数。如需要书写更大的字，其高度应按$\sqrt{2}$的比例递增。

（3）汉字应写成长仿宋体，并应采用国家正式公布的简化字。汉字的高度h不应小于3.5mm，其字宽一般为$h/\sqrt{2}$。

（4）字母和数字分A型和B型，A型的笔画宽度d为$h/14$，B型的笔画宽度d为$h/10$。在同一图样上只允许选用一种形式的字体。

（5）字母和数字可写成斜体和直体，斜体字字头向右倾斜，与水平方向成75°。

国家标准《CAD工程制图规则》（GB/T 18229—2000）中所规定的字体与图纸幅面的关系如表1-2所示。

表 1-2　字体高度与图幅的关系　　　　　　　　（单位：mm）

字体	图幅				
	A0	A1	A2	A3	A4
汉字	5	5	3.5	3.5	3.5
字母与数字	3.5	3.5	2.5	2.5	2.5

1.2.5　图线

图形是由图线组成的，为了表示图中不同的内容，便于识图，并且能分清主次，必须使用不同的线形和不同粗细的图线。每种线条则代表不同的用途和意义。图线有实线、虚线、点画线、折断线、波浪线等线形。每种线型有三种不同的线宽。如表 1-3 所示。

表 1-3　图线的线形、宽度及用途

名称		线　　形	线宽	一　般　用　途
实线	粗		b	主要可见轮廓线
	中		$0.5b$	可见轮廓线
	细		$0.35b$	可见轮廓线、图例线等
虚线	粗		b	见有关专业制图标准
	中		$0.5b$	不可见轮廓线
	细		$0.35b$	不可见轮廓线、图例线等
点划线	粗		b	见有关专业制图标准
	中		$0.5b$	见有关专业制图标准
	细		$0.35b$	中心线、对称线等
双点划线	粗		b	见有关专业制图标准
	中		$0.5b$	见有关专业制图标准
	细		$0.35b$	假想轮廓线、成形前原始轮廓线
折断线			$0.35b$	断开界线
波浪线			$0.35b$	断开界线

线宽 b 是指图线的粗度，它应从 0.18、0.25、0.35、0.5、0.7、1.0、1.4、2.0（mm）线宽系列中选用。可以看出下一级约是上一级的 $\sqrt{2}$ 倍。

1.3　投　影　法

1.3.1　投影的形成

人们在日常生活中所见到的物体都有一定的长度、宽度和高度（或厚度），要在一个只有长、宽尺度的平面上（如一张纸上）表达出物体的形状和大小，可以采用投射的方法。当光线照射物体时会在墙上或地上产生影子，而且随着光线照射角度或距离的改变，影子的位置和大小也会改变。从这种自然现象中，人们经过长期的探索总结了物体的投影规律。

由于物体的影子仅仅是物体边缘的轮廓，不能反映出物体的确切形状。因此，假设光线能够透过物体，将物体上所有轮廓线都反映在落影平面上，这样能够反映出物体的原有空间

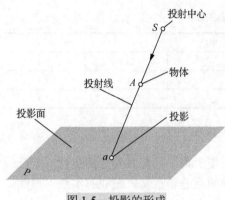

图 1-5　投影的形成

形状的影子，称为物体的投影图或投影。

如图 1-5 所示，在投影理论中，光源 S 称为投射中心，光线称为投射线（投影线），落影平面称为投影面，物体可抽象称为形体（只考虑物体在空间的形状、大小、位置而不考虑其他）。空间的点、线、面可称为几何元素，这种形成投影的方法称为投影法。投影三要素为投射线、投影面和物体，三者缺一不可。

1.3.2　投影法的分类

根据投射中心与投影面位置的不同，投影可分为中心投影和平行投影两大类。

1．中心投影法

如图 1-6 所示，投射中心 S 距离投影面 P 在有限远的地方，将物体 ABC 放在它们之间，则△abc 即空间△ABC 在投影面 P 上的投影，投射线 SAa、SBb、SCc 汇交于一点 S。这种投射中心位于有限远处，投射线汇交于一点的投影法，称为中心投影法。如人的视觉、照相、放电影等，具有中心投影的性质。

中心投影的特性：①投射中心、物体、投影面三者之间的相对距离对投影的大小有影响；②用中心投影法所得的投影，一般不能反映物体的真实形状和大小，且度量性差。

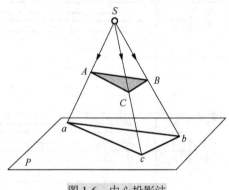

图 1-6　中心投影法

采用中心投影法得到的图形直观性好，立体感强，常用来绘制建筑物的立体图。如图 1-14 所示，根据中心投影法所得的投影称为透视投影或透视图。

2．平行投影法

如果将投射中心 S 移到无穷远处，则所有的投射线都互相平行。如图 1-7 所示，投射线 Aa、Bb、Cc 按给定的 S 投射方向互相平行，这种投射线都相互平行的投影法，称为平行投影法。根据平行投影法所得的投影称为平行投影。根据投射线与投影面是否垂直，平行投影法又分为正投影法和斜投影法。工程制图中多采用平行投影法，尤其是正投影法。

1）斜投影法

如图 1-7（a）所示，斜投影法是投射线与投影面相倾斜的平行投影法。根据斜投影法所得的投影称为斜投影或斜投影图。斜投影法主要用来绘制斜轴测图，如图 1-15 所示。

2）正投影法

如图 1-7（b）所示，正投影法是投射线与投影面相垂直的平行投影法。根据正投影法所得的投影称为正投影或正投影图。由于正投影法在投影图上容易表达空间物体的形状和大小，作图也比较方便，机件图样常采用正投影法绘制，可参阅图 1-16。

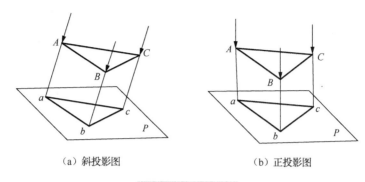

（a）斜投影图　　　　　　　　（b）正投影图

图 1-7　平行投影法

平行投影的特性：①投影大小与物体和投影面之间的距离无关；②用平行投影法所得的投影，容易表达空间物体的形状和大小，度量性较好。

3．平行投影的基本性质

1）积聚性

当直线或平面平行于投影方向时，直线的投影积聚为点，平面的投影积聚为直线，这一性质称为积聚性，如图 1-8 所示。

2）实形性

平行于投影面的直线或平面，其投影反映直线的实长或平面的实形，这一性质称为平行投影法的实形性，如图 1-9 所示。

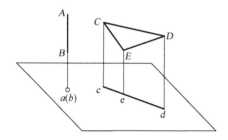

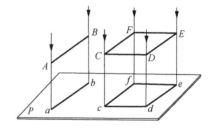

图 1-8　平行投影的积聚性　　　　　　　图 1-9　平行投影法的实形性

3）类似性

直线或平面图形倾斜于投影面时，直线的投影变短了，而平面图形变成小于原图形的类似形，这一性质称为类似性，如图 1-10 所示。

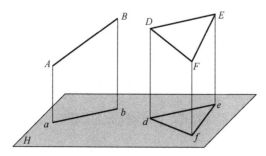

图 1-10　平行投影的类似性

4）从属性

若点在一条直线上，或点和直线在一平面上，则该点或直线的平行投影必在直线或平面的平行投影上，这一性质称为从属性，如图1-11所示。

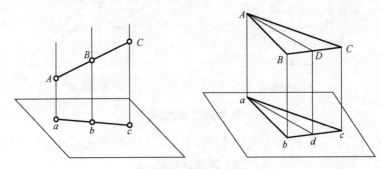

图1-11 平行投影的从属性

5）定比性

直线上两线段的长度比等于它们平行投影的长度比，即$AC：CB=ac：cb$；两平行直线段的长度比也等于它们平行投影的长度比，即$DE：FG=de：fg$，这一性质称为定比性，如图1-12所示。

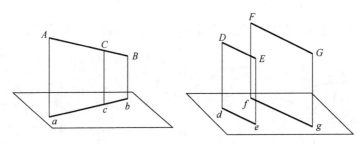

图1-12 平行投影的定比性

6）平行性

当两直线平行时，它们的投影也平行，且两直线的投影长度之比等于其长度之比，这一性质称为平行性。如图1-13所示，$AB//CD$，则$ab//cd$，且$AB：CD=ab：cd$。

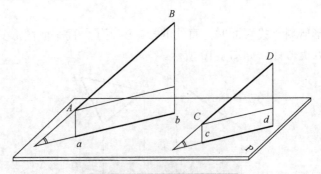

图1-13 平行投影法的平行性

1.3.3 常用的投影图

工程技术图样是用来表达工程对象的形状、结构和大小的，一般要求根据图样就能够准确、清楚地判断（或度量）出物体的形状和大小，但有时也要求图样的直观性好，易读懂，富有立体感。工程中常用的投影图有透视图、轴测图和多面正投影图等。

1. 透视图

透视投影图是中心投影法将空间形体投射到单一投影面上得到的图形，能生动逼真地表现物体形状的工程图样，如图 1-14 所示。透视图与人的视觉习惯相符，能体现"近大远小"的效果，所以形象逼真，具有丰富的立体感，但作图比较复杂，度量性差，常用于绘制建筑工程及大型设备等的效果图。

2. 轴测图

轴测图是根据平行投影法原理绘制的，具有立体感的工程图样。在一个投影面上能反映出工程形体三个相互垂直方向尺度的平行投影称为轴测投影图或轴测图，如图 1-15 所示。形体上互相平行且长度相等的线段，在轴测图上仍互相平行、长度相等，图中被遮的不可见投影通常省略不画。轴测图的真实感、逼真性不如透视图，但作图比透视图简单，且可以度量，故常作为工程上的辅助图样，但缺点是不能反映出工程形体所有可见面的实形，且度量不够方便，绘制比较复杂。

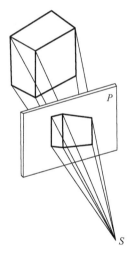

图 1-14　透视图

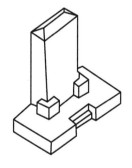

图 1-15　轴测投影图

3. 多面正投影图

根据正投影法所得到的图形称为正投影图或正投影。多面正投影图，即设立几个相互垂直的投影面，使工程形体的几个主要面分别平行于投影面，以便能在正投影图中反映出形体的真实形状。如图 1-16 所示，房屋模型的正投影图是由这个房屋模型分别向正立的、水平的和侧立的三个相互垂直的投影面所作的正投影组成的。多面正投影图在直观性不强，缺乏立体感，但能正确反映物体的实形、便于度量和绘制简易，因而是工程图中的主要图示形式。

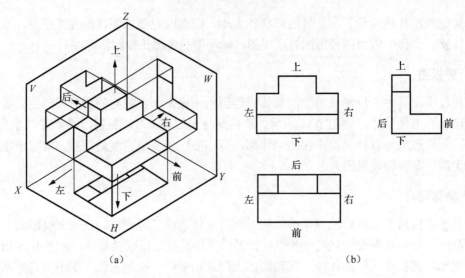

图 1-16　多面正投影图

1.4　点　的　投　影

1.4.1　点的单面投影

　　如图 1-17（a）所示，由空间点 A 作垂直于投影面 H 的投射线，在平面 H 上得到唯一的投影 a。

　　点的空间位置确定后，它在一个投影面上的投影是唯一的。但是，若只有点的一个投影，它的空间位置不能唯一确定。如图 1-17（b）所示，a 是空间一点的投影，但 A_1 和 A_2 空间点都在同一投射线上，它们的投影都是 a，所以仅由一个投影 a 不能唯一确定它是哪一个空间点的投影。

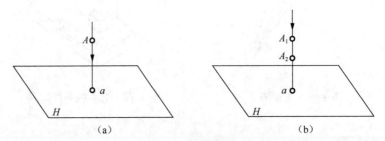

图 1-17　点的单面投影

1.4.2　点的两面投影

　　只有已知点的两面投影才能确定该点的位置，为此确立互相垂直的两个平面作为投影面，组成两投影面体系，如图 1-18 所示。正立放置的投影面称为正立投影面（简称正面），用 V 表示；水平放置的投影面称为水平投影面（简称水平面），用 H 表示。V 面与 H 面的交线称为投影轴，用 OX 表示。

互相垂直的两个投影面 V 和 H 把空间划分成四个区域，分别称为第 I、II、III、IV 分角。将物体置于第 I 分角内，使其处于观察者与投影面之间，观察者面朝 V 面和 H 面从两个方向进行观察而得到两面正投影，属于第 I 角画法。将物体置于第 III 分角内，使投影面处于观察者与物体之间，观察者面朝 V 面和 H 面并透过它们从两个方向进行观察而得到两面投影，属于第 III 角画法。我国制图标准规定，工程图样采用第 I 角画法。

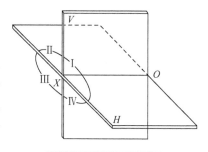

图 1-18　两投影面体系

如图 1-19（a）所示，空间点 A 位于 V/H 两投影面体系中。过点 A 分别向 V 面和 H 面作垂线，得垂足 a' 和 a，分别称为点 A 的正面投影和水平投影。

若使两投影面展开到同一平面上，可保持 V 面不动，将 H 面绕 OX 轴向下旋转至与 V 面重合，这样就得到点 A 的投影图，如图 1-19（b）所示。在实际画图时，不画出投影面的边框，如图 1-19（c）所示。

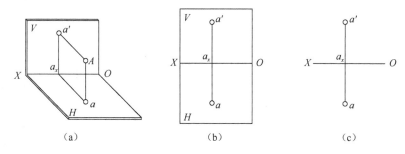

| （a） | （b） | （c） |

图 1-19　点的两面投影

如图 1-19（a）所示，$Aa \perp H$ 面，$Aa' \perp V$ 面，故 Aaa' 所决定的平面既垂直于 V 面又垂直于 H 面，因而也垂直于 V 面与 H 面的交线 OX，垂足为点 a_x，即 $a_x = OX \cap Aaa'$。由于 $OX \perp Aaa'$，因此 OX 垂直于 Aaa' 平面内的任意直线，自然也垂直于 $a_x a$ 和 $a_x a'$。在 H 面旋转至与 V 面重合的过程中，此垂直关系不变。因为 $Aaa_x a'$ 是个矩形，所以 $aa_x = Aa'$，$a'a_x = Aa$。由此可概括点的投影特性如下。

（1）点的两投影连线垂直于投影轴，即 $aa' \perp OX$。

（2）点的投影到投影轴的距离等于该点到相邻投影面的距离，即 $aa_x = Aa'$，$a'a_x = Aa$。

1.4.3　点的三面投影

如图 1-20（a）所示，水平面 H、正立投影面 V 和侧立投影面 W 互相垂直，形成三面投影体系。H、V 面交线为 OX 轴，H、W 面交线为 OY 轴，V、W 面交线为 OZ 轴，三轴线的交点为原点 O。在三面投影体系中，作点 A 的三面投影 a、a' 和 a''。过 a 作 aa_x 垂直于 OX 轴垂足为 a_x，并连接 aa_x，同理，连接 aa_y、$a'a_x$、$a'a_z$、$a''a_y$ 和 $a''a_z$。保持 V 面不动，将三面投影体系展开，展开后的三面投影如图 1-20（b）所示。

点的三面投影规律如下。

（1）点的水平投影和正面投影的连线垂直于 OX 轴，即 $aa' \perp OX$。

（2）点的正面投影和侧面投影的连线垂直于 OZ 轴，即 $a'a'' \perp OZ$。

（3）空间点到投影面的距离，可由点的投影到相应投影轴的距离来确定，即 $Aa = a'a_x = a''a_y$，

$Aa'=aa_x=a''a_z$，　$Aa''=a'a_z=aa_y$。

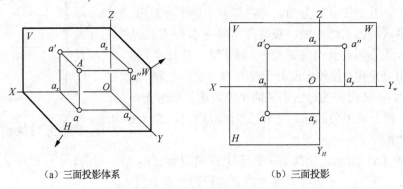

（a）三面投影体系	（b）三面投影

图 1-20　点的三面投影

1.5　直线的投影

1.5.1　直线的三面投影

直线的空间位置可由线上的任意两点的位置确定，因此在作直线的投影时，只需要求出直线上两点的投影，然后将其同面投影连接，即为直线的投影。在三面投影体系中，直线与投影面的相对位置关系有三种：平行、垂直和倾斜。在特殊情况下，其投影可积聚为一个点。直线在某一投影面上的投影是通过该直线上各点的投射线所形成的平面与该投影面的交钱。作某一直线的投影，只要作出这条直线两个端点的三面投影，然后将两端点的同面投影相连，即得直线的三面投影，如图 1-21 所示。

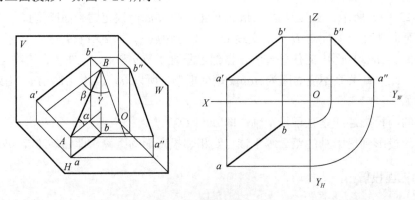

图 1-21　直线的三面投影

1.5.2　各种位置直线的投影

位于三投影面体系中的直线，相对于投影面的位置可分为三类：①投影面平行线，即只平行于某一个投影面，而与另两个投影面倾斜的直线；②投影面垂直线，即垂直于某一个投影面，而与另两个投影面平行的直线；③一般位置直线，即与三个投影面都倾斜的直线。投影面平行线和投影面垂直线又称为特殊位置直线。这三类直线的投影特性如下。

1．投影面平行线

投影面平行线的投影特性如表 1-4 所示。根据投影面平行线所平行的平面不同，投影面平行线又可分为三种：平行于 H 面的直线，称为水平线；平行于 V 面的直线，称为正平线；平行于 W 面的直线，称为侧平线。直线和投影面的夹角，称为直线对投影面的倾角，并以 α、β、γ 分别表示直线对 H、V、W 面的倾角。

表 1-4　投影面平行线的投影特性

名称	水平线（//H，对 V、W 倾斜）	正平线（//V，对 H、W 倾斜）	侧平线（//W，对 V、H 倾斜）
轴测图			
投影图			
投影特性	（1）水平投影 $ab = AB$； （2）正面投影 $a'b'$ // OX，侧面投影 $a''b''$ // OY_w，都不反映实长； （3）AB 与 OX 和 OY_H 的夹角 β、γ 等于 AB 对 V、W 面的倾角	（1）正面投影 $c'd' = CD$； （2）水平投影 cd//OX，侧面投影 $c''d''$//OZ，都不反映实长； （3）$c'd'$ 与 OX 和 OZ 的夹角 α、γ 等于 CD 对 H、W 的倾角	（1）侧面投影 $e''f'' = EF$； （2）水平投影 ef // OY_H，正面投影 ef // OZ，都不反映实长； （3）$e''f''$ 与 OY_w 和 OZ 的夹角 α、β 等于 EF 对 H、V 面的倾角
	总结：（1）在所平行的投影面上的投影反映实长； （2）其他两面投影平行于相应的投影轴； （3）反映实长的投影与投影轴所夹的角度，等于空间直线对相应投影面的倾角		

2．投影面垂直线

投影面垂直线的投影特性如表 1-5 所示。根据投影面垂直线垂直的投影面不同，投影面垂直线又可分为三种：垂直于 H 面的直线，称为铅垂线；垂直于 V 面的直线，称为正垂线；垂直于 W 面的直线，称为侧垂线。

3．一般位置直线

一般位置直线的投影特性如图 1-21 所示，其投影特性如下。

（1）一般位置直线的各面投影都与投影轴倾斜。

（2）一般位置直线的各面投影的长度均小于实长。

（3）线段的投影与投影轴的夹角，不反映空间线段对投影面的倾角。

表 1-5　投影面垂直线的投影特性

名称	铅垂线（⊥H，//V、W）	正垂线（⊥V，//H、W）	侧垂线（⊥W，//H、V）
轴测图			
投影图			
投影特性	（1）水平投影 a（b）成一点，有积聚性； （2）$a'b' = a''b'' = AB$，且 $a'b' \perp OX$，$a''b'' \perp OY_w$	（1）正面投影 $c'(d')$ 成一点，有积聚性； （2）$cd = c''d'' = CD$，且 $cd \perp OZ$，$c''d'' \perp OZ$	（1）侧面投影 $e''(f'')$ 成一点，有积聚性； （2）$ef = e'f' = EF$，且 $e'f' \perp OZ$
	总结：（1）在所垂直的投影面上的投影有积聚性； 　　　　（2）其他两面投影反映线段实长，且垂直于相应的投影轴		

1.5.3　两直线的相对位置

空间两直线的相对位置可分为三种情况：平行、相交、交叉。前两种直线又称为同面直线，后一种又称为异面直线。

1．平行两直线

空间两直线平行，则其各同面投影必相互平行，反之，如果两直线的各个同面投影相互平行，则此两直线在空间必然相互平行，如图 1-22 所示。

对于一般位置直线，只要两直线的任意两对同面投影相互平行，就能肯定这两条直线在空间是相互平行的，如图 1-22 所示。

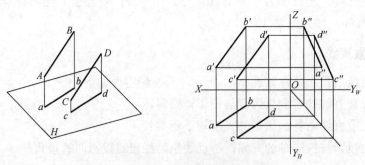

图 1-22　平行两直线的投影

2．相交两直线

空间相交的两直线，他们的同面投影也一定相交，交点为两直线的共有点，且应符合点的投影规律。如图 1-23 所示，AB 与 CD 的交点 K 的投影符合点的投影规律，其投影连线垂直于相应的投影轴。

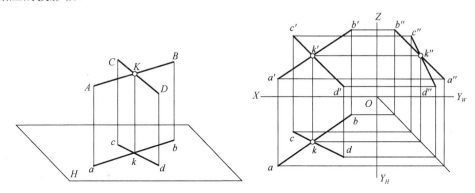

图 1-23　相交两直线的投影

3．交叉两直线

当空间两直线既不平行也不相交时，称为交叉两直线，又称异面直线。即如图 1-24 所示的情形。交叉两直线的同面投影也可能相交，但各个投影的交点不符合点的投影规律。

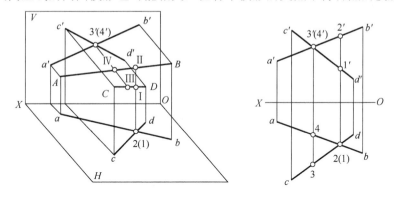

图 1-24　交叉两直线的投影

1.6　平面的投影

1.6.1　平面的表示法

1．几何元素表示法

空间平面通常可以用一组几何元素的投影来表示，如图 1-25 所示。用几何元素表示的平面主要有：①不在同一直线上的三点 A、B、C，如图 1-25（a）所示；②一直线 AB 和线外一点 C，如图 1-25（b）所示；③相交两直线 AB、BC，如图 1-25（c）所示；④平行两直线 AB、CD，如图 1-25（d）所示；⑤任意的平面图形 ABC，如图 1-25（e）所示。

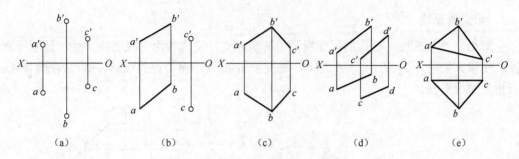

图 1-25　用几何元素表示的平面

2．迹线表示法

空间平面与投影面的交线称为平面的迹线。如图 1-26（a）所示，平面 P 与 H 面的交线称为水平迹线，用 P_H 表示；平面 P 与 V 面的交线称为正面迹线，用 P_V 表示；平面 P 与 W 面的交线称为侧面迹线，用 P_W 表示。平面 P 与投影轴的交点，即两迹线的交点，称为迹线的集合点，分别用 P_X、P_Y、P_Z 表示。

由于迹线是投影面上的直线，因此迹线的一个投影与其本身重合，另外两投影与相应的投影轴重合，无须画出，但应知道它们的准确位置，如图 1-26（b）所示。

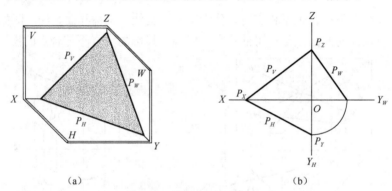

图 1-26　用迹线表示的平面

1.6.2　各种位置平面投影

空间平面相对于基本投影面有三种不同的位置，即倾斜、垂直和平行。建筑形体上的平面，以投影面垂直面和投影面平行面居多。

1．一般位置平面

与三个投影面都倾斜的平面称为一般位置平面。由图 1-27 可以看出，一般位置面的投影特性：①三个投影形状与空间平面相仿，但小于实形；②投影与坐标轴之间的夹角，不反映该平面与投影面的倾角。一般位置平面也可以用迹线表示。

读图方法：一个平面的三面投影如果都是平面图形，它必然是一般位置面。

2．投影面垂直面

垂直于一个投影面，倾斜于另外两个投影面的平面，称为投影面的垂直面。投影面垂直面分为以下三种情况：①铅垂面，垂直于 H 面，倾斜于 W、V 面的平面；②正垂面，垂直于

V 面，倾斜于 H、W 面的半面；③侧垂面，垂直于 W 面，倾斜于 H、V 面的平面。三种投影面垂直面的投影特性如表 1-6 所示。

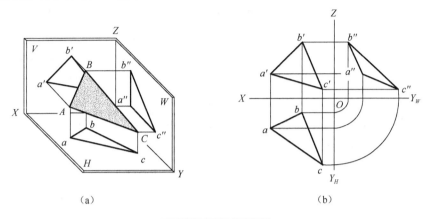

（a）　　　　　　　　　　　　　　　　　（b）

图 1-27　一般位置面

表 1-6　投影面垂直面的三种情况

名称	铅垂面	正垂面	侧垂面
立体面			
投影面			
投影特性	（1）水平投影积聚成直线，并反映倾角 α、β，$\gamma = 90°$； （2）正面投影和侧面投影与空间平面相仿	（1）正面投影积聚成直线，并反映倾角 α、β，$\gamma = 90°$； （2）水平投影和侧面投影与空间平面相仿	（1）侧面投影积聚成直线，并反映倾角 α、β，$\gamma = 90°$； （2）水平投影和正面投影与空间平面相仿

投影面垂直面在它所垂直的投影面上的投影，积聚为一条倾斜于投影轴的直线，且此直线与投影轴的夹角，反映空间平面对另两个投影面的倾角；垂面在另两个面上的投影，均为原平面的相仿形。

读图方法：一个平面只要有一个投影集聚为一倾斜线，它必然垂直于集聚投影所在的投影面。

3．投影面平行面

平行于一个投影面的平面，称为投影面平行面。平面平行于一个投影面，必然垂直于另外两个投影面。投影面的平行面分为三种情况：①正平面，平行于 V 面，垂直于 W 面和 H 面的平面；②水平面，平行于 H 面，垂直于 W 面和 V 面的平面；③侧平面，平行于 W 面，垂直于 V 面和 H 面的平面。三种投影面平行面的投影特性如表 1-7 所示。

表 1-7　投影面平行面的投影特性

名称	正平面	水平面	侧平面
立体面			
投影面			
影特性	（1）正面投影反映实形； （2）水平投影积聚成直线，且与 OX 平行； （3）侧面投影积聚成直线，且与 OZ 平行	（1）水平投影反映成实形； （2）正面投影积聚成直线，且与 OX 平行； （3）侧面投影积聚成直线，且与 OY_W 平行	（1）侧面投影反映实形； （2）正面投影积聚成直线，且与 OZ 平行； （3）水平投影积聚成直线，且与 OY_H 平行

投影面平行面在它平行的投影面上的投影，反映该平面的实形，在其他两个投影面上的投影积聚为一条平行于投影轴的直线。

读图方法为：一个平面只要有一个投影积聚为平行于投影轴的直线，则该直线必然平行于非积聚投影所在的投影面。

1.6.3　平面上的点和直线

1．平面上的点

点在平面内的条件：一个点如果在一个平面内，它必然在平面内的一条直线上；若点在面内的直线上，则点必在面内。如图 1-28 所示，点 M、N 分别在直线 AB 和 AC 上，AB 和 AC 在平面 P 上，则点 M、N 在平面 P 上。

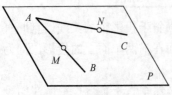

图 1-28　平面上的点

2．平面上的线

线在平面内的条件：一直线如果通过一平面上的两个点，该直线必在这个面内，如图 1-29（a）所示，直线 MN 通过平面 P 上的两点 M、N，则直线 MN 在平面 P 上。或者，一直线如果通过面内一个点且平行于该平面上另一直线，则该直线必在这个面内，如图 1-29（b）所示，直线 KL 过平面 Q 内一点 K

且平行于平面 *Q* 内的一直线 *ED*，则直线 *KL* 在平面 *Q* 上。

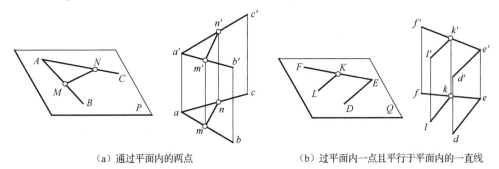

　　　　　（a）通过平面内的两点　　　　　　　　　　（b）过平面内一点且平行于平面内的一直线

图 1-29　平面上的点和直线

1.6.4　直线与平面的相对位置

1．直线与平面平行

　　一直线只要平行于平面上的某一直线，它必平行于该平面。如图 1-30 所示，直线 *AB* 平行于平面 *P* 上的直线 *CD*，所以 *AB* 平行于平面 *P*。若直线与投影面垂直面相互平行，则该投影面垂面的积聚投影与该直线的同面投影平行。如图 1-31 所示，直线 *AB* 平行于铅垂面 *P*，则 *ab* 平行于铅垂面 *P* 在 *H* 面的积聚投影。

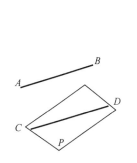

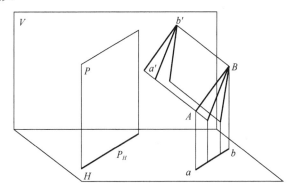

图 1-30　直线与平面平行　　　　　　　　图 1-31　直线与投影面垂直面平行

2．直线与平面相交

　　直线与平面若不平行，则必相交。直线与平面相交的交点是直线与平面的共有点，它既在直线上又在平面上。如图 1-32 所示，当直线与平面相交时，直线的某一段可能会被平面部分遮挡，于是在投影图中以交点为界将直线分成可见部分和不可见部分。

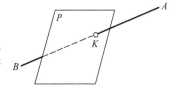

图 1-32　直线与平面相交

3．直线与平面垂直

　　一直线如果垂直于一平面上任意两相交直线，则直线垂直于该平面，且直线垂直于平面上的所有直线。如图 1-33 所示，直线 *AD* 垂直于平面 *ABC* 上的两条相交直线 *AC* 和 *AB*，则直线 *AD* 垂直于平面 *ABC*。

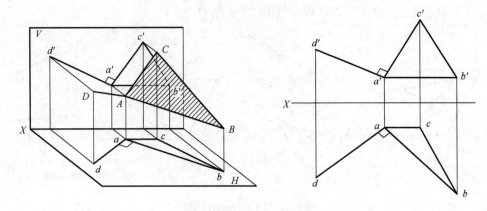

图 1-33　直线与平面垂直

1.6.5　两平面的相对位置

1. 平面与平面平行

如果一个平面内两条相交直线平行于另一个平面内的两相交直线，则这两个平面互相平行，如图 1-34（a）所示。若两铅垂面平行，则它们的同面投影也互相平行，如图 1-34（b）所示。

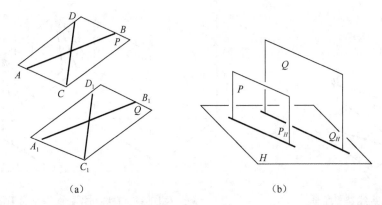

（a）　　　　　　　　　　　　　（b）

图 1-34　两平面平行

2. 平面与平面相交

平面与平面相交主要有两种情况。

（1）一般平面与投影面垂面相交。如图 1-35（a）所示，△ABC 与铅垂面 P 相交，在投影图中，铅垂面 P 在 H 面投影积聚为一直线，两平面的交线必在这一积聚投影上，mn 即为两平面的交线在 H 面上的投影。

（2）两投影面垂面相交。如图 1-35（b）所示，当垂直于同一投影面 H 的两个投影面垂面相交时，它们的交线 c′c 是一条垂直于该投影面的垂线，两投影面垂面的积聚投影的交点 c 就是该交线的积聚投影。

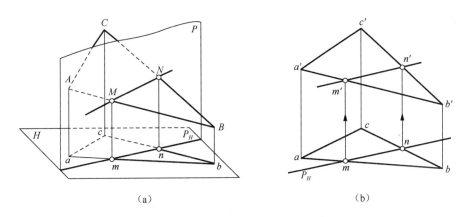

图 1-35　一般面与投影面垂面相交

3．两平面垂直

如图 1-36（a）所示，如果一条直线 AB 垂直于平面 P，则包含此垂线所作的任意平面必垂直于该平面。如图 1-36（b）所示，如果两平面 Q 和 P 互相垂直，则自平面 Q 上的任意一点 A 向平面 P 所作的垂线 AB 一定在平面 Q 上。如图 1-36（c）所示，当两个互相垂直的平面同时垂直于一个投影面 H 时，两平面有积聚性的同面投影垂直，交线 BC 是该投影面 H 的垂直线。

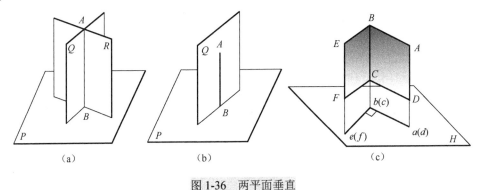

图 1-36　两平面垂直

1.7　标　高　投　影

1.7.1　概述

工程建筑物总是和地面联系在一起的，它和地形有密切关系，因此在建筑物设计和施工中，常常需要绘制出地形图，并在图上标示工程建筑物的布置和建筑物与地面连接的有关问题。建筑图中总平面布置图一般布置在地形图上，往往需要根据地形情况，采取相应的措施。由于地面的形状往往比较复杂，且地形的高差与平面（长宽）尺寸相差较大，用多面正投影法表示，作图困难，且不易表达清楚，因此在生产实践中常采用标高投影法来表示地形面或复杂曲面。

当物体的水平投影确定之后，其正面投影的主要作用是提供物体上的点、线或面的高度。

如果能知道这些高度，那么只用一个水平投影也能确定空间物体的形状和位置。如图 1-37 所示，画出四棱台的平面图，在其水平投影上注出其上底面、下底面的高程数值 2.000 和 0.000，为了增强图形的立体感，斜面上画上示坡线，为度量其水平投影的大小，再给出绘图比例或画出图示比例尺。这种用水平投影加注高程数值来表示空间物体的单面正投影称为标高投影。因此，标高投影应包括水平投影、高程数值、绘图比例三要素。标高投影中的高程数值称为高程或标高，它是以某水平面作为计算基准的，标准规定基准面高程为零，基准面以上高程为正，基准面以下高程为负。标高的常用单位是米，一般不需要注明。

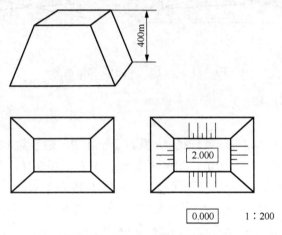

图 1-37　四棱台的标高投影图

　　标高投影法是采用水平投影并标注特征点、线、面的高度数值来表达空间形体的方法，它是一种标注高度数值的单面正投影。标高投影图是一种单面正投影图，多用来表达地形及复杂曲面，它是假想用一组高差相等的水平面切割地面，将所得的一系列交线（称为等高线）投射在水平投影上，并用数字标出这些等高线的高程而得到的投影图（常称地形图）。

1.7.2　点的标高投影

　　如图 1-38（a）所示，首先选择水平面 H 为基准面，规定其高程为零，点 A 在 H 面上方 3m，点 B 在 H 面下方 2m，点 C 在 H 面内。若在 A、B、C 三点水平投影右下角注上其高程数值即 a_3、b_{-2}、c_0，再加上图示比例尺，就得到了 A、B、C 三点的标高投影，如图 1-38（b）所示。

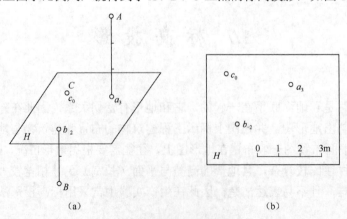

图 1-38　点的标高投影

1.7.3　直线的标高投影

通常用直线上两点的标高投影来表示该直线，如图 1-39（a）所示，把直线上点 A 和点 B 的标高投影 a_3 和 b_2 连成直线，即直线 AB 的标高投影。

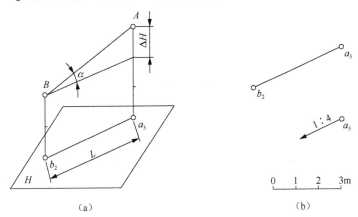

图 1-39　直线的标高投影

1. 直线的坡度和平距

直线上任意两点间的高差与其水平投影长度之比称为直线的坡度，用 i 表示。如图 1-39（a）所示，直线两端点 A、B 的高差为 ΔH，其水平投影长度为 L，直线 AB 对 H 面的倾角为 α，则有

$$i = \frac{\Delta H}{L} = \tan \alpha$$

如图 1-39（b）所示，直线 AB 的高差为 1m，其水平投影长为 4m（用比例尺在图中量得），则该直线的坡度 i=1/4，常写为 1 ∶ 4 的形式。

在以后作图中还常常用到平距，平距用 l 表示。直线的平距是指直线上两点的高度差为 1m 时水平投影的长度数值。即

$$l = \frac{L}{\Delta H} = \cot \alpha$$

由此可见，平距与坡度互为倒数，它们均可反映直线对 H 面的倾斜程度。即坡度 i 值越大，直线越陡；l 值越大，直线越缓。

2. 直线的表示方法

直线的空间位置可由直线上的两点或直线上的一点及直线的方向来确定，相应的直线在标高投影中也有两种表示法。具体说明如下。

（1）用直线上两点的高程和直线的水平投影表示，如图 1-40（a）所示。

（2）用直线上一点的高程和直线的方向来表示，直线的方向规定用坡度和箭头表示，箭头指向下坡方向，如图 1-40（b）所示。

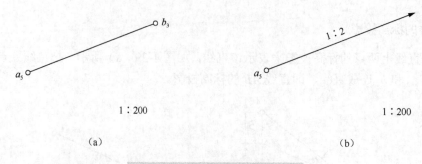

图 1-40　直线标高投影的表示方法

3. 直线上高程点的求法

在标高投影中，因直线的坡度是定值，所以已知直线上任意一点的高程就可以确定该点标高投影的位置，已知直线上某点高程的位置，就能计算出该点的高程。

【例 1-1】　求如图 1-41 所示直线上高程为 3.3m 的点 B 的标高投影，并定出该直线上各整数标高点。

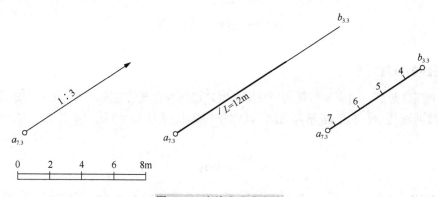

图 1-41　直线上求高程点

（1）求直线上已知高程点的标高投影。

【分析】已知坡度和两点的高程，利用坡度公式求出 $a_{7.3}$ 和 $b_{3.3}$ 的水平距离，量取投影长度可得 B 点投影。

已知：$H_{AB}=(7.3-3.3)$ m=4m，$i=1:3$，即 $l=1/i=3$，从而计算出 $L_{AB}=l×H_{AB}=3×4m = 12m$。如图 1-41 所示，自 $a_{7.3}$ 顺箭头方向按比例量取 12 m，即得到 $b_{3.3}$。

（2）求整数标高点。

【分析】利用坡度公式求个整数点之间的水平距离，量取长度即可求得。

由 $l=3$ 和 $L=l×H$ 可知，高程为 4m、5m、6m、7m 各点间的水平距离均为 3m。高程 7m 的点与高程 7.3m 的点 A 之间的水平距离=$H×l=(7.3-7)$ m×3=0.9m。如图 1-41 所示，自 $a_{7.3}$ 沿 ab 方向依次量取 0.9m 及三个 3m，就得到高程为 7m、6m、5m、4m 的整数标高点。

1.7.4　平面的标高投影

1. 平面的等高线

某个面（平面或曲面）上的等高线是该面上高程相同的点的集合，也可看成是水平面与该面的交线。

平面的等高线为一组相互平行的水平线，其标高投影仍相互平行。 如图 1-42 中的直线 BC、Ⅰ、Ⅱ、…。它们是平面 P 上一组互相平行的直线，其投影也相互平行；当相邻等高线的高差相等时，其水平距离也相等，如图 1-42（b）所示。

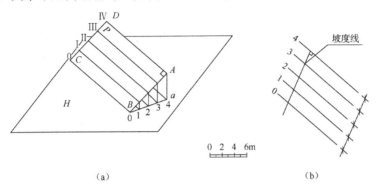

(a)　　　　　　　　　　　　　　(b)

图 1-42　平面上的等高线

2．平面的坡度线

坡度线就是平面上对 H 面的最大斜度线，如图 1-42（a）中直线 AB，它与等高线 BC 垂直，它们的投影也互相垂直，即 ab⊥bc。坡度线 AB 对 H 面的倾角 α 就是平面 P 对 H 面的倾角，因此，坡度线的坡度就代表该平面的坡度。

1.7.5　地形面的标高投影

1．地形图

地形面是用地形面上的等高线来表示的。假想用一组高差相同的水平面切割地面，便得到一组高程不同的等高线，画出地面等高线的水平投影并标明它的高程，即得到地形面的标高投影，工程上把这种图形称为地形图，如图 1-43 所示。在生产实践中地形图的等高线是用测量方法得到的。

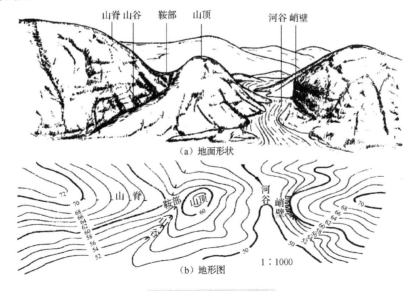

（a）地面形状

（b）地形图　　　1：1000

图 1-43　地形面与地形图

如图 1-44（a）所示，假想用一水平面 H 截割小山丘，可以得到一条形状不规则的曲线，因为这条曲线上每个点的高程都相等，所以称为等高线。水面与池塘岸边的交线也是地形面上的一条等高线。如果用一组高差相等的水平面截割地形面，就可以得到一组高程不同的等高线。画出这些等高线的水平投影，并注明每条等高线的高程和画图比例，就得到地形面的标高投影，这种图称为地形图，如图 1-44（b）所示。地形面上等高线高程数字的字头按规定指向上坡方向。

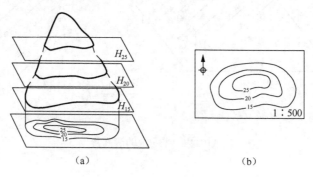

（a）　　　　　　　　　　　　　　　　（b）

图 1-44　地形图的表示法

地形面的标高投影图，又称地形图。由于地形图上等高线的高差（称为等高距）相等，因此，地形图能够清楚地反映地形的起伏变化以及坡向等。如图 1-43 所示，地形等高线的主要特征：①等高线一般是封闭的曲线（在有限的图形范围内可不封闭）；②除悬崖、峭壁外，等高线不相交；③同一地形图内，等高线越密地势越陡，等高线越稀疏地势越平坦。

2. 地形断面图

用铅垂面剖切地形面，切平面与地形面的截交线就是地形断面，画上相应的材料图例，称为地形断面图。其作图方法如图 1-45 所示：以 $A—A$ 剖切线的水平距离为横坐标，以高程为纵坐标。按等高距及地形图的比例尺画一组水平线，如图 1-45 中的 15，20，25，…，55，然后将剖切线 $A—A$ 地面等高线的交点 a，b，c，…，p 之间的距离量取到横坐标轴上，得 a_1，b_1，c_1，…，p_1。自点 a_1，b_1，c_1，…，p_1 引铅垂线，在相应的水平线上定出各点。光滑连接各点，并根据地质情况画上相应的材料图例，即得 $A—A$ 断面图。断面处地势的起伏情况可以从断面图上形象地反映出来。

因此，画地形断面图的具体方法和步骤可归纳为：①确定剖切位置；②在高度比例尺上作水平线；③在地形图上过交点处作竖直线；④画地形断面图；⑤注图名及断面符号。

【例 1-2】　如图 1-46 所示，沿直线 $a_{19.7}b_{20.7}$ 拟修筑一铁道，需在山上开挖隧道。试求隧道的进出口。

【分析】问题可以理解为求直线 $a_{19.7}b_{20.7}$ 与山地的交点，所求交点就是隧道的进出口。参照图 1-46，过直线 AB 作 H 面垂直面 Q 作为辅助平面，作山地断面图。根据 AB 的标高在断面图上作出直线 AB，它与山地断面的交点 I、J、K、L，就是所求交点。最后，画出各交点的标高投影。

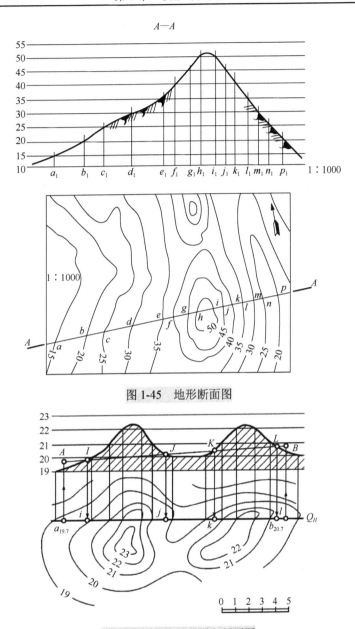

图 1-45　地形断面图

图 1-46　地形平面图和断面图

【例 1-3】山坡上修建一水平场地，形状和高程如图 1-47（a）所示，边坡的填方坡度为 1：2，挖方坡地为 1：1.5，求作填、挖方坡面的边界线及各坡面交线。

【分析】如图 1-47（b）所示，因为水平场地高程为 25m，所以地面上高程为 25m 的等高线是挖方和填方的分界线，它与水平场地边线的交点 C、D 就是填、挖边界线的分界点。挖方部分在地面高程为 25m 的等高线北侧，其坡面包括一个倒圆锥和两个与它相切的平面，因此，挖方部分没有坡面交线。填方部分在地面高程为 25m 的等高线南侧，其边坡为三个平面，因此，有三段坡脚线和两段坡面交线。

【作图】步骤如图 1-47（c）、（d）所示。

（1）求挖方边界线。地面上等高距为 1m，坡面上的等高距也应为 1m，等高线的平距

$l=1/i=1.5m$。顺次作倒圆锥面及两侧平面边坡的等高线，求得挖方坡面与地面相同高程点等高线交点 c，1，2，…，7，d，顺次光滑连接交点，即得挖方边界线，如图 1-47（c）所示。

（2）求填方边界线和坡面交线。由于填方相邻坡的坡度相同，因此，坡面交线为 45° 斜线。根据填方坡度 1∶2，等距 1m，填方坡面上等高线的平距 $l=2m$。分别求出各坡面的等高线与地面上相同高程等高线的交点，顺次连接交点 c—8—9—n，m—10—11—11—12—13—e，k—14—15—d，可得填方的三段坡脚线。相邻坡脚线相交分别得交点 a、b，该交点是相邻两坡面与地面的共有点，因此，相邻的两段坡脚线与坡面交线必交于同一点。确定点 a 的方法也可先作 45° 坡面交线，然后连接坡脚线上的点，使相邻两段坡脚线通过坡面交线上的同一点 a，即三点共线。确定点 b 的方法与其相同。最终在地形图上得到填、挖方坡面的边界线及各坡面交线，如图 1-47（d）所示。

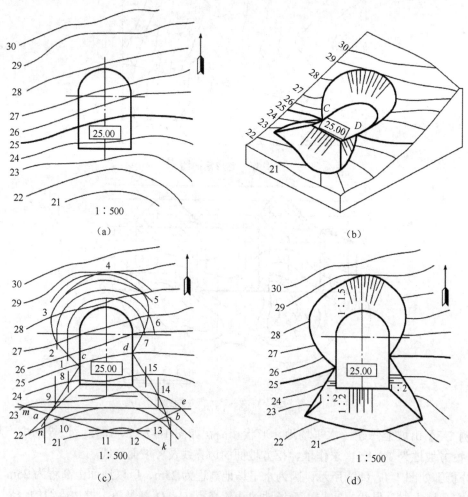

图 1-47　求作填、挖方坡面的边界线及各坡面交线

课 后 习 题

1-1　简述工程图在工业生产中的作用。

1-2　画法几何与工程制图之间的关系是什么？

1-3　我国现有的标准层次是如何划分的？

1-4　图纸有哪几种幅面及格式？

1-5　投影是如何产生的？产生投影必须具备哪些条件？

1-6　根据投射中心与投影面位置的不同，投影可分哪两大类？

1-7　在测绘工程领域，有哪些常用的投影图？

1-8　如何绘制点在两投影面中的投影，具体步骤是什么？

1-9　位于三投影面体系中的直线，相对于投影面的位置总共有几类，分别是什么？

1-10　两直线的相对位置有哪些？其分别具有哪些性质？

1-11　平面的表示方法有哪些？

1-12　空间平面相对于基本投影面有几种不同的位置？分别是什么？

1-13　两平面的相对位置有哪几种情况，分别是什么？

1-14　什么是点的标高投影、直线的标高投影、平面的标高投影？举例说明标高投影在测绘领域中的应用。

第2章 CAD设置与操作

2.1 AutoCAD概述

2.1.1 AutoCAD软件简介

AutoCAD是Autodesk公司开发的自动计算机辅助设计软件,可以用于二维制图和基本三维设计,现已经成为国际上广为流行的绘图工具,可以用于测绘、地质、采矿、土木、装饰、电子、服装等许多工程领域的制图。AutoCAD具有良好的用户界面,通过交互菜单或命令行方式便可以进行各种操作。同时,AutoCAD具有广泛的适应性,它可以在各种操作系统支持的微型计算机和工作站上运行。目前,AutoCAD已向智能化、多元化方向发展。

1. AutoCAD基本特点

AutoCAD是目前世界上应用最广的CAD软件之一,市场占有率位居世界第一。AutoCAD软件具有如下特点。

(1)具有完善的图形绘制功能。

(2)有强大的图形编辑功能。

(3)可以采用多种方式进行二次开发或用户定制。

(4)可以进行多种图形格式的转换,具有较强的数据交换能力。

(5)支持多种硬件设备。

(6)支持多种操作平台。

(7)具有通用性、易用性,适用于各类用户。

此外,从AutoCAD 2000开始,该系统又增添了许多强大的功能,如AutoCAD设计中心(ADC)、多文档设计环境(MDE)、Internet驱动、新的对象捕捉功能、增强的标注功能以及局部打开和局部加载的功能。

虽然AutoCAD本身的功能集已经足以协助用户完成各种设计工作,但是用户还可以AutoCAD为平台利用其二次开发功能开发出满足各自专业领域的专用绘图设计工具。

2. AutoCAD基本功能

1)平面绘图

AutoCAD是能以多种方式创建直线、圆、椭圆、多边形、样条曲线等基本图形对象的绘图辅助工具。AutoCAD提供了正交、对象捕捉、极轴追踪、捕捉追踪等绘图辅助工具。正交功能使用户可以很方便地绘制水平、竖直直线,对象捕捉可帮助拾取几何对象上的特殊点,而追踪功能使画斜线及沿不同方向定位点变得更加容易。

2)编辑图形

AutoCAD具有强大的编辑功能,可以移动、复制、旋转、阵列、拉伸、延长、修剪、缩放对象等。

- 标注尺寸：可以创建多种类型尺寸，标注外观可以自行设定。
- 书写文字：能轻易在图形的任何位置、沿任何方向书写文字，可设定文字字体、倾斜角度及宽度缩放比例等属性。
- 图层管理功能：图形对象都位于某一图层上，可设定图层颜色、线型、线宽等。

3）三维绘图

可创建 3D 实体及表面模型，能对实体本身进行编辑。

- 网络功能：可将图形在网络上发布，或是通过网络访问 AutoCAD 资源。
- 数据交换：AutoCAD 提供了多种图形图像数据交换格式及相应命令。

4）二次开发

AutoCAD 允许用户定制菜单和工具栏，并能利用内嵌语言 AutoLISP、Visual LISP、VBA、ADS、ARX 等进行二次开发。

3. CAD 软件发展

20 世纪 60 年代，交互式图形处理技术的出现和计算机图形学的发展，为 CAD 技术的诞生与发展奠定了基础。70 年代，开始出现工程绘图系统，CADAM 系统成为鼻祖。

1982 年，AutoCAD 系统的推出，无疑是以工程绘图为主要功能的二维 CAD 技术发展的里程碑，成为第一个能够在 PC 上运行的 CAD 软件。AutoCAD 从 1982 年正式发布第一个版本（V1.0），经过不断改进和提升，已推进到现在的 AutoCAD 2019 版。

4. AutoCAD2019 新增功能

（1）内置 7 款专业化组合工具。

① Mechanical Tools：700000+智能制造部件、特征和符号。

② Architecture Tools：8000+智能建筑对象。

③ Electrical Tools：65000+智能电气符号。

④ Map 3d Tools：通过整合 GIS&CAD 数据改进规划和设计。

⑤ Mep Tools：10500+智能机械、电气和管道对象。

⑥ Plant 3d Tools：高效生成 P&ID 并将其集成到三维流程工程设计模型中。

⑦ Raster design Tools：用光栅到矢量转换工具，将光栅图像转换为 DWG 对象。

（2）跨设备访问。支持在各种设备上的浏览器创建、编辑、查看和共享 CAD 图形。通过访问 web.autocad.com 并登录即可打开新应用。新应用的网页界面简单，提供精确输入和熟悉的绘图工具。支持外部参照，并且可以查看、编辑、管理图层与对象特性。

（3）灵活访问。可现场（甚至脱机）处理图形。借助功能强大且易于使用的工具，可在各种设备上查看、创建和编辑 CAD 图形。

（4）DWG 文件比较。轻松识别和记录两个版本的图形与外部参照之间的图形差异。

（5）二维图形增强功能。更快速地缩放、平移以及更改绘图次序和图层特性。通过"图形性能"对话框中的新控件，可以轻松配置二维图形性能的行为。

（6）共享视图。使用共享链接在浏览器中发布图形设计视图，并直接在 AutoCAD 桌面中接收注释。

（7）视图和视口。将命名视图插入布局中，在软件许可规定的条件下随时更改视口比例或移动图纸空间视口，快速创建新模型视图。

（8）保存至多种设备。为了在各种设备上实现无缝工作流，AutoCAD 2019 增加了用于保存到各种设备上的新功能，使用户可以在浏览器以及各种移动设备上打开在桌面端创建的图形文件。

（9）移动应用程序。在移动设备上查看、创建、编辑和共享 CAD 图形。

（10）用户界面。借助新增的平面设计图标和 4K 增强功能增强了用户界面的视觉效果。

（11）PDF 导入。从 PDF 将几何体（包括 SHX 字体文件）、填充、光栅图像和 TrueType 文字导入到图形。

2.1.2　AutoCAD 工作界面

当启动 AutoCAD 2019 时，它的默认工作界面如图 2-1 所示。

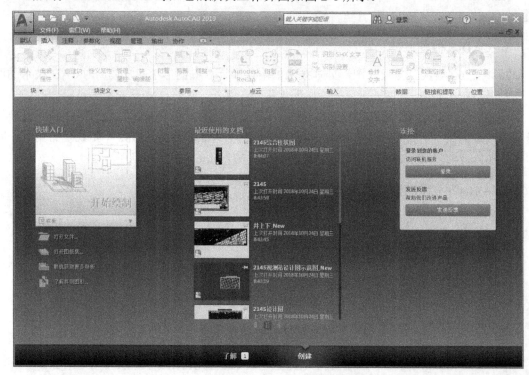

图 2-1　默认工作界面

单击"开始绘制"，就会出现如图 2-2 所示的绘图工作界面。

1．AutoCAD 2019 工作空间的选择

AutoCAD 2019 工作空间是由菜单栏、工具栏、选项板和功能区控制面板组成的集合，使用户可以在专门的、面向任务的绘图环境中高效率地工作。

AutoCAD 2019 提供了"草图与注释"、"三维基础"和"三维建模"三种工作空间模式。如果用户需要在三种工作空间模式中进行切换，可以在菜单栏中选择"工具"→"工作空间"菜单中的子选项，如图 2-3 所示。或在状态栏中单击"切换工作空间"按钮⚙，在弹出的"工作空间设置"对话框（图 2-4）进行设置。

图 2-2　绘图工作界面

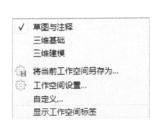

图 2-3　"切换工作空间"菜单　　　　　图 2-4　"工作空间设置"对话框

1）"二维草图与注释"工作空间

默认状态下，打开"二维草图与注释"工作空间，界面主要由"菜单浏览器"按钮、"功能区"选项板、快速访问工具栏、文本窗口与命令行、状态栏等组成，如图 2-2 所示。

2）"三维基础"工作空间

使用"三维基础"工作空间，可以方便地在三维空间中绘制基本的图形。在菜单栏中具有"默认""可视化""插入""视图""管理"等绘图选项，如图 2-5 所示。

图 2-5　　"三维基础"空间

3）"三维建模"空间

使用"三维建模"工作空间，可方便地在三维空间中绘制图形。在菜单栏中有"常用""实体""曲面""网格""可视化""参数化"等绘图选项，如图 2-6 所示。

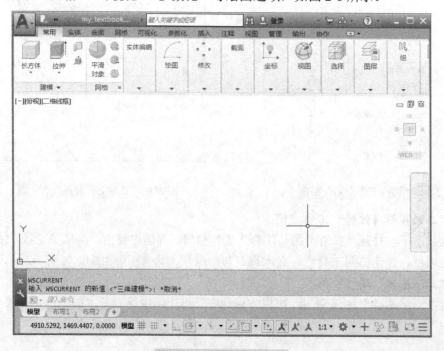

图 2-6　　"三维建模"空间

2．AutoCAD 2019 工作空间的基本组成

AutoCAD 的各个工作空间都包含"菜单浏览器"按钮、快速访问工具栏、标题栏、菜单栏、绘图窗口、"功能区"选项板、命令行与文本窗口、状态栏和选项板等。

1）菜单浏览器

菜单浏览器 位于工作界面左上角，单击该按钮，弹出 AutoCAD 菜单，如图 2-7 所示，用户选择命令后即可执行"新建""打开""保存"等相应操作。

2）快速访问工具栏

快速访问工具栏默认在 AutoCAD 工作空间中最左上部，包含最常用操作的快捷按钮，用户可以自定义快速访问工具栏。在默认状态下，快速访问工具栏中包含"新建""打开""保存""另存为""打印""放弃""重做"等按钮，如图 2-8 所示。

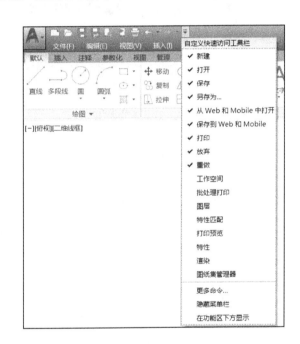

图 2-7　"菜单浏览器"按钮　　　　　　　　图 2-8　快速访问工具栏

3）标题栏

AutoCAD 2019 的标题栏位于工作界面的顶部，如图 2-9 所示，用于显示当前正在运行的程序名称及打开文件名称"my_textbook.dwg"、需要搜索帮助问题的文本输入框和"搜索"按钮、"登录"按钮、"Autodesk App Store"、"保持联接"、"帮助"按钮、最小化、最大化（或还原）和关闭按钮。

图 2-9　标题栏

4）菜单栏

如图 2-2 所示，菜单栏位于标题栏下方，主菜单共 12 项，从左到右依次为"文件""编辑""视图""插入""格式""工具""绘图""标注""修改""参数""窗口""帮助"，菜单栏包含了 AutoCAD 的全部功能和命令，用户选择子菜单中的命令后即可执行相应操作。

5）绘图窗口

绘图窗口是用户绘图的工作区域，即图 2-10 中空白处，所有的操作都是在该窗口内进行的。在绘图窗口中显示当前使用的坐标系类型以及坐标原点 X、Y、Z 轴的方向等。默认情况下，坐标系为世界坐标系（WCS）。

6）"功能区"选项板

"功能区"选项板位于绘图窗口的上方，用于显示与基本任务的工作空间关联的控件和按钮。默认情况下，在"二维草图和注释"空间中，"功能区"选项板有 8 个选项卡：默认、插入、注释、参数化、视图、管理、输出和协作，如图 2-10 所示。

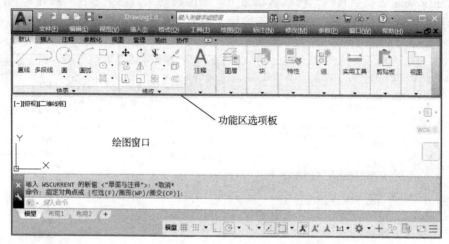

图 2-10 　"功能区"选项板

7）命令行与文本窗口

默认状态下，命令行窗口位于绘图窗口的底部，它是 AutoCAD 与用户进行交互对话的地方，用于显示系统的信息以及用户输入信息。在实际操作中应该仔细观察命令行所显示的提示。命令行窗口可以拖动为浮动窗口，如图 2-11 所示。

图 2-11 　命令行窗口

在 AutoCAD 2019 中，命令行窗口打开与关闭的方式如下。
- 在"菜单栏"中，选择"视图"→"显示"→"文本窗口"选项。
- 在"菜单栏"中，选择"工具"→"命令行"选项。
- 在键盘上同时按住 Ctrl+F2 或 Ctrl+9 键。
- 在命令行中执行 TEXTSCR 命令来打开 AutoCAD 文本窗口。
- 按 F2 键可根据需要隐藏和显示命令提示和错误消息。

用户可以隐藏命令窗口以增加绘图屏幕区域，但是在有些操作中还是需要显示命令窗口。另外，也可以浮动命令窗口，并使用"自动隐藏"功能来展开或卷起该窗口。

8）状态栏

状态栏位于 AutoCAD 主窗口的底部，用于显示当前绘图环境、光标位置、绘图工具、模型空间与布局、导航工具、注释工具、工作空间转换等命令和功能按钮的帮助说明信息，如图 2-12 所示。

图 2-12　状态栏

2.2　绘图环境设置

2.2.1　工作环境设置

打开 AutoCAD 2019（本书以下统称 AutoCAD），在"菜单栏"中，单击"工具"→"选项"，可以打开"选项"对话框（图 2-13）。在该对话框中包含"文件""显示""打开和保存""打印和发布""系统""用户系统配置""绘图""三维建模""选择集""配置"10 个选项卡。通过这些选项卡，可以设置 AutoCAD 绘图的工作环境。

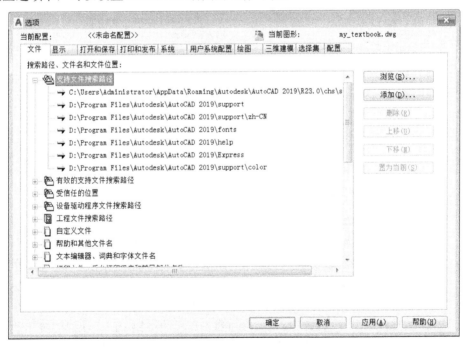

图 2-13　"选项卡"对话框

1．"文件"选项卡

使用"文件"选项卡（图 2-13）可对 CAD 系统所需文件的路径进行设置。在"文件"选项卡中可查看或设置各类文件的存放位置。单击"支持文件搜索路径"项，显示为树状列表。

- "浏览"按钮：选择要更换的文件支持路径。
- "添加"按钮：向树状列表框中添加新的路径或名称。

- "删除"按钮：删除在树状列表框中选择的选项。
- "上移"按钮：向上移动树状列表选项中文件的位置。
- "下移"按钮：向下移动树状列表选项中文件的位置。
- "置为当前"按钮：将选定的工程或拼写检查字典设置为当前值。

2."显示"选项卡

通过对"显示"选项卡（图 2-14）的"窗口元素""布局元素""显示精度""显示性能""十字光标大小""淡入度控制"来设置与图形显示相关的内容。

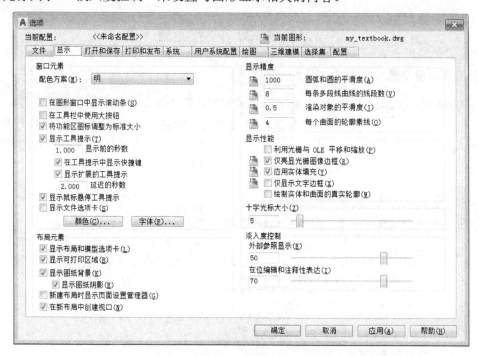

图 2-14 "显示"选项卡

1）"窗口元素"选项组

- 配色方案：可以选择"明"或"显"来设置窗口的颜色。
- "在图形窗口中显示滚动条"复选框：指定是否在绘图区域底部和右侧显示滚动条。
- "在工具栏中使用大按钮"复选框：指是否将图标以较大的尺寸显示。
- "将功能区图标调整为标准大小"复选框：指是否将功能区图标调整为标准大小。
- "显示工具提示"复选框：当光标移动到工具栏的按钮上时，工具栏提示的方式。
- "颜色"按钮：对"模型"与"布局"选项卡中背景、光标和命令行的颜色进行设置。
- "字体"按钮：可打开"命令行窗口字体"对话框，可以设置命令行文字的字体。

2）"布局元素"选项组

在绘图区底部是否显示"布局"和"模型"选项卡等。

3）"显示精度"选项组

设置绘制图形对象的显示精度。

4）"显示性能"选项组

设置软件的显示性能。

5）"十字光标大小"选项组

设置光标的大小。

6）"淡入度控制"选项组

设置参考编辑的衰减度。

3．"打开和保存"选项卡

单击"选项"卡（图 2-15）中的"打开和保存"标签，可设置文件的保存与安全措施等。

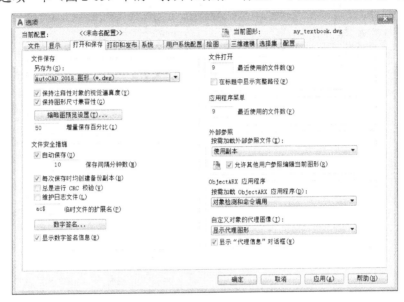

图 2-15　"打开和保存"选项卡

1）"文件保存"选项组

- "另存为"列表框：可以选择 AutoCAD 文件保存的版本或格式，建议保存为较低版本，以防止在低版本下无法打开。
- "缩略图预览设置"按钮：设置是否打开文件之前浏览文件的缩略图像。
- "增量保存百分比"文本框：设置保存图形时增加的空间百分数。

2）"文件安全措施"选项组

- "自动保存"复选框：设置系统自动保存文件。在"保存间隔分钟数"文本框中，可以设置文件自动保存的时间间隔。
- "每次保存时均创建备份副本"复选框：设置每次保存文件时都创建备份文件。
- 其他选项一般不需要设置，按默认值即可。

3）"文件打开"选项组

- "最近使用的文件数"文本框：设置在"菜单栏"→"文件"或"窗口"中浏览最近使用的文件的数目，系统默认是 9 个。
- "在标题中显示完整路径"复选框：设置在标题栏中是否显示出文件的完整路径。

4）其他选项组

- "应用程序菜单"选项中的"最近使用的文件数"文本框：设置应用程序菜单中浏览最近使用的文件的数目，系统默认是 9 个。

- "外部参照"选项组、"ObjectARX 应用程序"选项组：一般按默认值进行设置。

4. "打印和发布"选项卡

单击"选项"对话框中的"打印和发布"标签（图 2-16），可对 AutoCAD 打印功能进行设置。

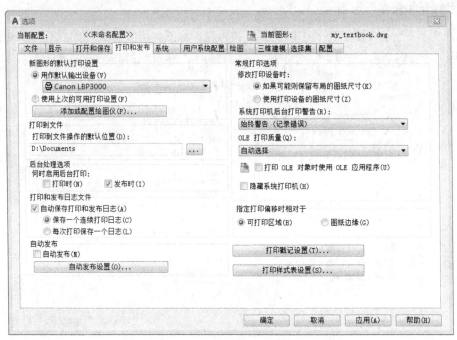

图 2-16　"打印和发布"选项卡

1）"新图形默认打印设置"选项组

- "用作默认输出设备"单选按钮：可以选择打印机的型号或打印输出的文件格式。
- "使用上次的可用打印设置"单选按钮：设置是否使用最近效果良好的输出设置。
- "添加或配置绘图仪"按钮：添加或者配置相关的绘图设备。

2）"打印到文件"选项

"打印到文件操作的默认位置"按钮默认一般都是在"我的文档"里面。

3）"常规打印选项"选项组

- "如果可能则保留布局的图纸尺寸"单选按钮：设置是否保持布局的图纸尺寸。
- "使用打印设备的图纸尺寸"单选按钮：设置是否使用打印设备的图纸尺寸。
- "系统打印机后台打印警告"文本框：设置系统打印机脱机警告方式。
- "OLE 打印质量"文本框：一般设置为"自动选择"。
- "打印 OLE 对象时使用 OLE 应用程序"复选框：设置输出 OLE 对象时，是否使用 OLE 应用程序。

其他选项组采用默认设置。

5. "系统"选项卡

单击"选项"对话框中的"系统"标签，显示如图 2-17 所示的对话框。使用"系统"选项卡，可对 AutoCAD 系统环境进行设置。

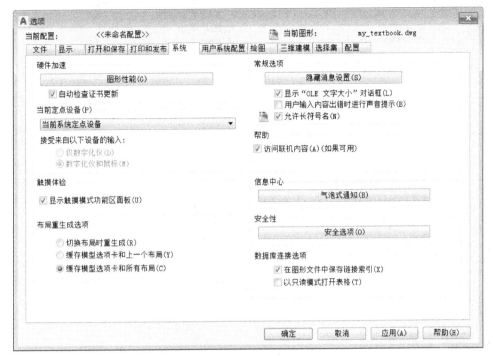

图 2-17 "系统"选项卡

- "硬件加速"选项：单击"图形性能"按钮，弹出一个对话框，可以设置当前的图形性能。
- "当前系统定点设备"选项：设置当前的输入设备。
- "在图形文件中保存链接索引"复选框：设置是否在绘图文件中保存链接索引。
- "显示'OLE 文字大小'对话框"复选框：设置是否显示 OLE 特性对话框。
- "用户输入内容出错时进行声音提示"复选框：设置当用户输入有误时是否发出报错警告。
- "以只读模式打开表格"复选框：设置是否以只读方式打开数据库表。
- "允许长符号名"复选框：设置是否允许使用长文件名。

其他选项组采用默认设置。

6."用户系统配置"选项卡

单击"选项"中的"用户系统配置"标签，显示如图 2-18 所示的对话框。使用"用户系统配置"选项卡，可对 AutoCAD 的一些操作进行设置。

- "双击进行编辑"复选框：可以设置通过双击对图形进行编辑。
- "绘图区域中使用快捷菜单"复选框：可以设置在绘图区域中使用快捷菜单。
- "自定义右键单击"按钮：用户可自定义右击的操作模式。
- "插入比例"选项组：可以设置源内容和目标图形无单位时的默认值。

其他选项组一般采用默认设置。

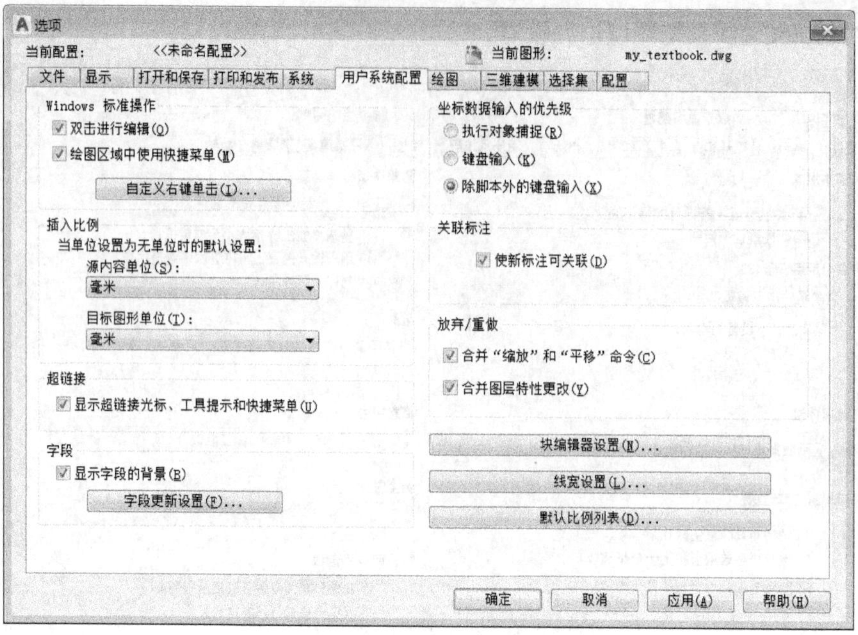

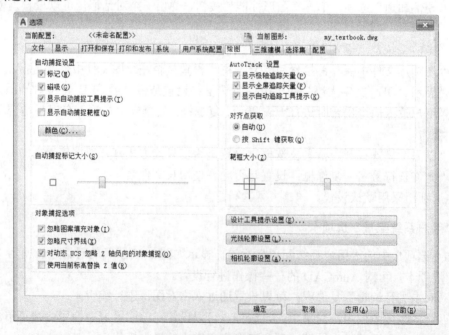

图 2-18　"用户系统配置"选项卡

7."绘图"选项卡

单击"选项"中的"绘图"标签,显示如图 2-19 所示的对话框。"绘图"选项卡可对 AutoCAD 绘图工具进行设置。

图 2-19　"绘图"选项卡

1)"自动捕捉设置"选项组

- "标记"复选框:设置是否使用标记。
- "磁吸"复选框:设置是否使用吸附功能。

- "显示自动捕捉工具提示"复选框：设置是否显示自动捕捉工具提示。
- "显示自动捕捉靶框"复选框：设置是否自动显示自动捕捉框。
- "颜色"按钮：设置自动捕捉标记的颜色。

2）"自动捕捉标记大小"选项

拖动滑块可以设置自动捕捉标记的大小。

3）"对象捕捉选项"

- "忽略图案填充对象"复选框：设置在对象捕捉时，忽略图案填充对象。
- "忽略尺寸界线"复选框：设置在对象捕捉时，忽略尺寸界线。

4）"AutoTrack 设置"选项组

- "显示极轴追踪矢量"复选框：设置是否显示角度跟踪功能。
- "显示全屏追踪矢量"复选框：设置是否全屏显示追踪过程。
- "显示自动追踪工具提示"复选框：设置是否显示自动跟踪工具提示说明。

5）"对齐点获取"选项组

- "自动"单选按钮：设置是否使用自动捕捉方式。
- "按 Shift 键获取"单选按钮：设置是否使用 Shift 键来捕捉对象。

6）"靶框大小"选项

拖动滑块可以设置靶框的大小。

7）其他选项组

一般采用默认设置。

8."三维建模"选项卡

单击"选项"中的"三维建模"标签，显示如图 2-20 所示的对话框。通过"三维建模"选项卡，可以对 AutoCAD 三维建模方式进行设置。

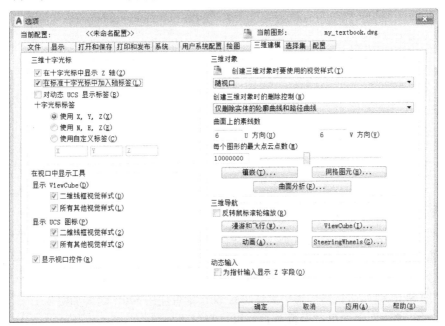

图 2-20　"三维建模"选项卡

1）"三维十字光标"选项组

- "在十字光标中显示 Z 轴"复选框：控制十字光标指针是否显示 Z 轴。
- "在标准十字光标中加入轴标签"复选框：控制轴标签与十字光标指针一起显示。
- "对动态 UCS 显示标签"复选框：设置在动态 UCS 的十字光标指针上显示轴标签。
- "十字光标标签"选项组：选择要与十字光标指针一起显示的标签，包括"使用 X，Y，Z"、"使用 N，E，Z"和"使用自定义标签"三个单选按钮。

2）"在视口中显示工具"选项组

- "显示 ViewCube"选项：在启用了 ViewCube 的视口中显示 ViewCube。
- "显示 UCS 图标"选项：设置当前视觉样式为"二维线框视觉样式"时，在模型空间中显示 UCS 图标。

3）其他选项组

一般采用默认设置。

9."选择集"选项卡

单击"选项"中的"选择集"标签，显示如图 2-21 所示的对话框。通过"选择集"选项卡可以对 AutoCAD 绘制对象的选择方式进行设置。

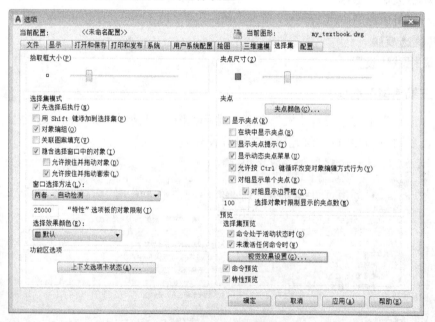

图 2-21　"选择集"选项卡

1）"拾取框大小"选项

拾取框是在编辑过程中选择对象时出现的工具，拖动滑块可以设置拾取框的大小。

2）"选择集模式"选项组

- "先选择后执行"复选框：设置是否使用动态选择。
- "用 Shift 键添加到选择集"复选框：设置是否使用 Shift 键添加对象。
- "对象编组"复选框：设置是否可以进行对象分组。

- "关联图案填充"复选框：设置是否使用剖面线关联选择。
- "隐含选择窗口中的对象"复选框：设置是否使用不同含义的选择窗口。
- "允许按住并拖动对象"复选框：设置是否拖动对象。
- "允许按住并拖动套索"复选框：设置是否拖动套索。
- "窗口选择方法"下拉列表框：可以窗口选择的方式设置为两次单击、按住并拖动或两者自动检测。
- "'特性'选项板的对象限制"：可以设置使用"特性"选项板选择对象的个数，默认是 25000 个。
- "选择效果颜色"下拉列表框：可以设置选择时所显示的颜色。

3）"夹点尺寸"选项

拖动滑块可以设置夹点的大小。

4）"夹点"选项组

- "夹点颜色"按钮：可以对"未选中夹点颜色""选中夹点颜色""悬停夹点颜色""夹点轮廓颜色"进行设置。
- "显示夹点"复选框：设置是否打开夹点功能。
- "在块中显示夹点"复选框：设置块中的夹点功能是否打开。
- "显示夹点提示"复选框：设置是否显示夹点的特定提示功能。
- "显示动态夹点菜单"复选框：设置是否启用动态夹点菜单。
- "允许按 Ctrl 键循环改变对象编辑方式行为" 复选框：设置是否利用 Ctrl 键循环改变对象编辑方式。
- "对组显示单个夹点"复选框：设置是否对组显示单个夹点。
- "对组显示边界框"复选框：设置是否对组显示边界框。
- "选择对象时限制显示的夹点数"文本框：可以设置选择对象时限制显示的夹点个数，默认是 100 个。

5）"预览"选项组

- "命令处于活动状态时"复选框：仅当某个命令处于活动状态并显示"选择对象"提示时，才会显示选择预览。
- "未激活任何命令时"复选框：即使未激活任何命令，也可显示选择预览。
- "视觉效果设置"按钮：设置选择时的视觉效果。

6）其他选项组

一般采用默认设置。

10. "配置"选项卡

单击"选项"中的"配置"标签，显示如图 2-22 所示的对话框。在"配置"选项卡中，可以对系统配置文件进行相应的操作。

- "置为当前"按钮：将选择的配置文件设置为当前配置文件。
- "添加到列表"按钮：将所选的配置文件保存到配置文件列表。
- "重命名"按钮：修改选择的配置文件的文件名。

- "删除"按钮：将选择的配置文件删除。
- "输出"按钮：可输出选择的配置文件。
- "输入"按钮：可输入系统配置文件。
- "重置"按钮：可对重置 AutoCAD 系统正在使用的配置。

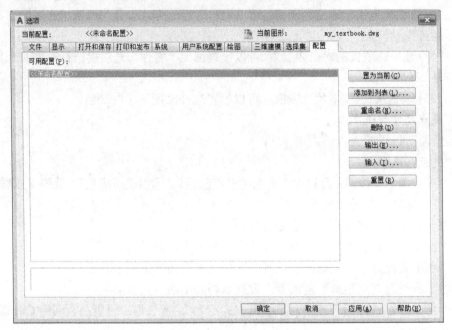

图 2-22　"配置"选项卡

2.2.2　图形界限设置

在 AutoCAD 中，如果用户不做任何设置，系统对作图范围不作限制，用户可以将绘图区看作一副无穷大的图纸。有时为了更好地绘图，需要设定绘图的有效区域。

图形界限（Limits）命令可以在绘图区域中设置不可见的矩形边界，该边界可以限制单击或输入点的位置。

1. 命令的启动方法

- 在"菜单栏"中选择"格式"→"图形界限"选项。
- 在命令行提示符下键入 Limits 或 Lim 后，按回车键或空格键。

2. 命令的操作方法

图形界限命令启动后，在命令提示行中显示如下提示信息：

✧　重新设置模型空间界限：

✧　LIMITS 指定左下角点或[开（ON）　关（OFF）]<0.0000,0.0000>：

其中各项的意义如下。

➢　指定左下角点：在绘图区域中指定图形界限的左下角点和右上角点，或在命令行中输入左下角点和右上角点坐标，就可以设置一个不可见的矩形边界。

> "开（ON）关（OFF）"选项：如果选择"开（ON）"选项，则打开界限检查。当界限检查打开时，将无法在界限外输入点。因为界限检查只测试输入点，所以对象（如圆）的某些部分可能会延伸出界限。如果选择"关（OFF）"选项，则关闭界限检查，可以在图限之外绘制对象或输入点，但是保持当前的值用于下一次打开界限检查。

在 AutoCAD 中系统默认绘图界限左下角点的坐标设置为（0，0），若设置绘图界限为 A4 图纸大小，需要输入右上角坐标值（297，210）。

2.2.3　图形单位设置

图形单位（Units）命令可以控制坐标、距离和角度的精度和显示格式。

1．命令的启动方法

- 在"菜单栏"中选择"格式"→"单位"选项。
- 在命令行提示符下键入 Units 或 Un 后，按回车键或空格键。

2．命令的操作方法

图形单位命令启动后，可以在打开的"图形单位"对话框（图 2-23）中设置绘图时使用的长度单位、角度单位、单位的显示格式和精度等参数。对话框中的"长度"选项组和"角度"选项组可分别对长度和角度的单位及精度进行设置。

图 2-23　图形单位设置

"类型"下拉列表用于设置长度和角度单位。

"精度"下拉列表用于设置长度和角度精度。

1）"长度"单位设置的"类型"下拉列表框

- 分数：以分数形式表示数值，显示格式为 0－0/0。
- 工程：以工程格式表示数值，如以 0′－0.0000″ 显示的英尺和十进制英寸。
- 建筑：表示建筑业格式，如以 0′－0/0″格式显示英尺和分数的英寸。
- 科学：表示科学计数法，显示格式为 0.0000E+01。
- 小数：表示十进制计数，显示格式如 0.0000。

2）"角度"单位设置的"类型"下拉列表框

- 百分度：小写 g 后缀。百分度（Grad）是一种角的测量单位，其定义为一个圆周角的 1/400。它常用于建筑或土木工程的角度测量。
- 度/分/秒：按六十进制划分。d 表示度，'表示分，"表示秒；例如：123d45'56.7"。
- 弧度：小写 r 后缀。180° 为 π，即 3.14 个弧度。
- 勘测单位：角度从北方向线开始测量。N 表示北，度/分/秒表示东偏离正北的角度，E 表示东。例如，N 45d0'0" E。该角度始终小于 90°。
- 十进制度数：小数，默认角度单位。

　　单击对话框中的"方向"按钮，可以打开"方向控制"对话框（图 2-24），设置起始角度
（0°）的方向。默认情况下，角度和 0°方向是指向右（即正东方）的方向。当选择"其他"
单选按钮时，可以单击"拾取角度"按钮，切换到图形窗口中，通过拾取两个点确定基准角
度的 0°方向。

图 2-24　"方向控制"对话框

2.3　图形文件管理

　　在默认的情况下，AutoCAD 是以 DWG 文件格式（*.dwg）建立、打开和保存图形文件的，
当与其他应用程序交换图形文件时，必须将其转换为特定的格式。AutoCAD 不仅能够保存为
其他特定的图形文件格式，以供其他应用软件使用，也可以将使用其他应用程序创建的文件
在图形中输入、附着或打开。

2.3.1　图形文件操作

1. 新建图形文件

新建（New）命令可以创建新图形文件。

1）命令的启动方法
- 在"菜单浏览器" ▧ 中，选择"新建"选项。
- 在"快速访问工具栏"上，单击"新建"按钮 ▢。
- 在"菜单栏"中，选择"文件"→"新建"选项。
- 在键盘上同时按住 Ctrl + N。
- 在命令行提示符下键入 New 后，按
  回车键或空格键。

2）命令的操作方法
　　新建命令启动后，会弹出"选择样板"
对话框，如图 2-25 所示。可以创建新图形文
件。在样板列表框中选择某一个图形样板
（*.dwt），作为后续绘图的模板。在样板文件
中通常包含与绘图相关的一些设置，如线
形、文字、图层、样式等。利用样板创建图
形不仅提高了绘图的效率，还保证了图形的
一致性。

图 2-25　"选择样板"对话框

2. 打开已有的图形文件

打开（Open）命令可以打开已有的图形文件。

1）命令的启动方法

- 在"菜单浏览器" ▲ 中，选择"打开"选项。
- 在"快速访问工具栏"上，单击"打开"按钮 ▷ 。
- 在"菜单栏"中，选择"文件"→"打开"选项。
- 在键盘上同时按住 Ctrl + O 键。
- 在命令行提示符下键入 Open 后，按回车键或空格键。

2）命令的操作方法

打开命令启动后，会弹出"选择文件"对话框，如图 2-26 所示。可以打开已有的图形文件。通过单击"打开"按钮右侧的 ▼ 按钮可选择打开图形的方式。有四种打开图形文件的方式：若以"打开"和"局部打开"方式打开图形，可以对图形文件进行编辑；若以"以只读方式打开"和"以只读方式局部打开"方式打开图形，则无法对图形文件进行编辑。

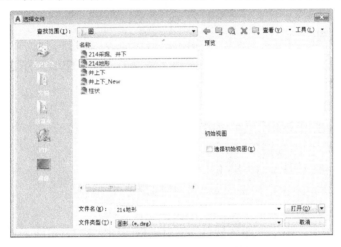

图 2-26　"选择文件"对话框

3. 保存图形文件

保存（Save）命令可以保存当前的图形文件。

1）命令的启动方法

- 在"菜单浏览器" ▲ 中，选择"保存"选项。
- 在"快速访问工具栏"上，单击"保存"按钮 🖫 。
- 在"菜单栏"中，选择"文件"→"保存"选项。
- 在键盘上同时按住 Ctrl + S。
- 在命令行提示符下键入 Save 后，按回车键或空格键。

2）命令的操作方法

保存命令启动后，弹出"图形另存为"对话框（图 2-27），可以保存当前图形文件。若当前图形文件是已命名的图形文件，保存时不做提示。若当前图形文件没有命名，系统将打开"图形另存为"对话框（图 2-27），用户可以给当前的图形文件命名保存，用户也可以在"文件类型"下拉列表框中选择其他格式。

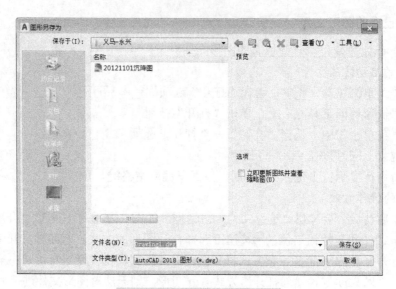

图 2-27　"图形另存为"对话框

4. 另存图形文件

另存为（Save as）命令可以将当前的图形文件以另一命名图形文件进行保存。

1）命令的启动方法

- 在"菜单浏览器"中，选择"另存为"选项。
- 在"快速访问工具栏"上，单击"另存为"按钮。
- 在"菜单栏"中，选择"文件"→"另存为"选项。
- 在键盘上同时按住 Ctrl + Shift + S。
- 在命令行提示符下键入 Save as 后，按回车键或空格键。

2）命令的操作方法

另存为命令启动后，弹出"图形另存为"对话框（图 2-27）。可将当前的图形文件以另一命名图形文件进行保存，若该命名文件已存在，系统则会提示是否替换文件。

5. 关闭图形文件

关闭（Close）命令可以关闭当前的图形文件。

1）命令的启动方法

- 在"菜单浏览器"中，选择"关闭"选项。
- 在"菜单栏"中，选择"文件"→"关闭"选项。
- 在命令行提示符下键入 Close 后，按回车键。

2）命令的操作方法

关闭命令启动后，可以关闭当前的图形文件，若当前的图形文件未保存，系统将提示用户保存当前的图形文件。

2.3.2　图形文件输入

AutoCAD 可输入、附着、打开或插入不同类型图形文件格式包括 3DS（3D Studio 图形文件）、ACIS（实体造型文件）、DXF（图形交换格式）、PDF（Portable Document Format 的简称，意为"便携式文档格式"）、WMF（Windows 图元）、DGN（MicroStation 图形文件）、光栅文件（BMP、CALS、TIFF、PNG、TGA、PCX 和 JPEG 格式）等。

下面以输入 DXF、WMF 和光栅文件为例说明 AutoCAD 输入、附着、打开或插入不同类型图形文件的使用方法。

1. 打开 DXF 文件

（1）在"菜单浏览器" 中选择"打开"选项。

（2）在"快速访问工具栏"上单击"打开" 按钮。

（3）在"菜单栏"中选择"文件"→"打开"选项。

（4）在命令行提示符下键入 Open 并按回车键。

（5）在键盘上同时按住 Ctrl+O 键。

弹出"选择文件"对话框（图 2-28），在"选择文件"对话框的"文件类型"框中选择"DXF (*.dxf)"，然后查找并选择要输入的 DXF 文件。

图 2-28　"选择文件"对话框

2. 插入 WMF 文件

输入（Import）命令可以输入多种不同类型图形文件。图元命令可以插入 WMF 文件。WMF 文件就是 Windows 图元文件（WMF）。

1）命令的启动方法

- 在"菜单浏览器" 中选择"输入"选项，弹出"输入文件"对话框（图 2-29）。
- 在"菜单栏"中选择"文件"→"输入"选项，弹出"输入文件"对话框（图 2-29）。
- 在命令行提示符下键入 Import 并按回车键，弹出"输入文件"对话框（图 2-29）。
- 在命令行提示符下键入 Wmfin 或 Wmf 并按回车键，弹出"输入 WMF"对话框（图图 2-30）。

2）命令的操作方法

- "输入文件"对话框（图 2-29）中，查找并选择要输入的 WMF 文件后，单击"打开"按钮，便将 WMF 文件直接插入当前文件中。

- 在"输入 WMF"对话框（图 2-30）中，选择要输入的 WMF 文件后，单击"打开"按钮，在命令行中出现如下提示信息：
✧　WMFIN 指定插入点或 [基点（B）比例（S）　X Y Z 旋转（R）]：

图 2-29　"输入文件"对话框

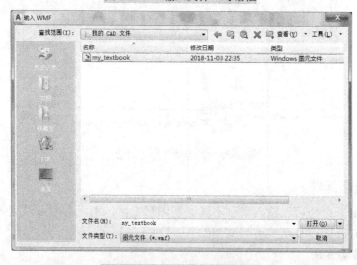

图 2-30　"输入 WMF"对话框

其中各项的意义如下。
➢　指定插入点：指定图元文件的插入点。
➢　指定基点：指定一点作为图元文件的基点。
➢　比例（S）：对插入的图元对象进行缩放。
➢　X Y Z：指定 X、Y 和 Z 的比例因子，默认值为 1。
➢　旋转（R）：以指定的旋转角度插入图元文件。
通过上述操作可将 WMF 文件插入当前的 AutoCAD 文件中。

3. 附着栅格图像文件

附着（Attach）命令可附着多种不同类型图形文件。光栅图像参照（Imageattach）命令可插入光栅图像格式的文件。AutoCAD 可以附着或插入光栅图像，光栅图像的格式可以是 BMP、CALS、TIFF、PNG、TGA、PCX 和 JPEG 格式等。利用附着和光栅图像参照命令均可以附着或插入栅格图像文件。

1）命令的启动方法

- 在"菜单栏"中选择"文件"→"附着"选项，弹出"选择参照文件"对话框（图 2-31）。
- 在命令行提示符下键入 Attach 后按回车键，弹出"选择参照文件"对话框（图 2-31）。

图 2-31　"选择参照文件"对话框

- 在"菜单栏"中选择"插入"→"光栅图像参照"选项，弹出"选择参照文件"对话框（图 2-32）。
- 在命令行提示符下键入 Imageattach 后按回车键，弹出"选择参照文件"对话框（图 2-32）。

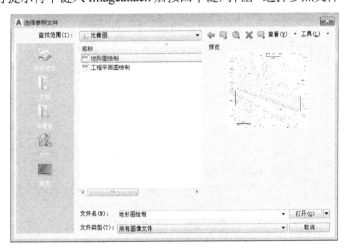

图 2-32　"选择参照文件"对话框

2）命令的操作方法

在"选择参照文件"对话框（图 2-31）中查找并选择相应的图像文件，或在"选择图像文件"对话框（图 2-32）中选择相应的图像文件后，单击"打开"按钮，弹出"附着图像"对话框（图 2-33），在命令行中显示如下的操作提示：

✧　IMAGEATTACH 插入点<0,0>：指定插入基点

✧　IMAGEATTACH 指定缩放比例因子或[单位] <1>：指定插入光栅图像文件的缩放比例因子

✧　IMAGEATTACH 指定旋转角度<0>：指定插入光栅图像文件的旋转角度

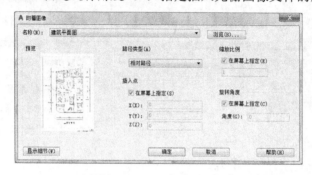

图 2-33　"附着图像"对话框

2.3.3　图形文件输出

1. 输出（Export）命令使用方法

输出命令可输出的图形文件格式：WMF（Windows 图元）、BMP（位图）、块（DWG）、DGN（MicroStation 图形）等。输出命令启用方法如下。

- 在"菜单浏览器" 中，选择"输出"选项。
- 在"菜单栏"中，选择"文件"→"输出"选项，弹出"输出数据"对话框（图 2-34）。
- 在命令行内键入 Export 后，按回车键或空格键，弹出"输出数据"对话框（图 2-34）。

图 2-34　"输出数据"对话框

2．另存为命令输出 DXF 文件

另存为命令可以输出的图形文件格式包括 DXF（图形交换格式）、DWS（图形标准）、DWT（图形样板）等。另存为命令启动后，弹出"图形另存为"对话框（图 2-27）。在"选择文件"对话框的"文件类型"框中选择"DXF (*.dxf)"，单击"保存"按钮，把当前正在编辑的整个图形文件保存为 DXF 格式文件。

2.3.4　图形打印设置

打印（Plot）命令可以将图形打印到绘图仪、打印机或文件。

1．命令的启动方法

- 单击"菜单浏览器"按钮，选择"打印"选项。
- 单击"快速访问工具栏"上的"打印"按钮。
- 在"菜单栏"中选择"文件"→"打印"。
- 在键盘上同时按住 Ctrl + P 键。
- 在命令行提示符下键入 Plot 后，按回车键。

打印命令启动后，弹出"打印-模型"对话框（图 2-35），在该对话框中设置好打印选项，则可以单击"确定"按钮打印图形。

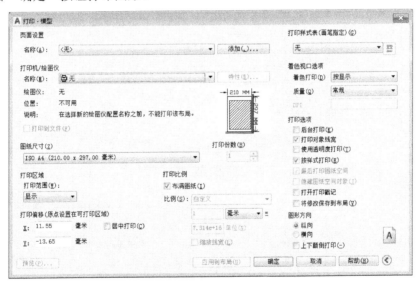

图 2-35　"打印-模型"对话框

2．命令的操作方法

1）选择打印机或绘图仪

打印图形前需要选择打印机或绘图仪。使用"打印-模型"对话框（图 2-35）的"打印机/绘图仪"选项组的"名称"列表中选择一种打印机或绘图仪。

2）指定打印区域

打印图形时需要指定要打印的图形区域。"打印-模型"对话框（图 2-35）中的"打印区域"选项组中提供了以下选项。

- 显示：当前视口中的视图或当前图纸空间视图。
- 窗口：打印指定的图形的任何部分。单击"窗口"按钮，使用定点设备指定打印区域的对角或输入坐标值。
- 范围：打印包含对象的图形的部分当前空间。当前空间内的所有几何图形都将被打印。打印之前，可能会重新生成图形以重新计算范围。
- 图形界限：将打印栅格界限所定义的整个绘图区域。如果当前视口不显示平面视图，该选项与"范围"选项效果相同。

3）设置图纸尺寸

在"打印-模型"对话框（图2-35）中，可以选择要使用的图纸尺寸。

如果从布局打印，可以事先在"页面设置"对话框中指定图纸尺寸。但是，如果从"模型"选项卡打印，则需要在打印时指定图纸尺寸。在"打印"对话框中的"图纸尺寸"列表框中列出的图纸尺寸取决于用户在"打印"或"页面设置"对话框中选定的打印机或绘图仪。

也可以设置默认页面大小，通过编辑与绘图仪关联的PC3文件，为大多数绘图仪创建新布局。对于Windows系统打印机，可以使用此技术为Windows和此程序指定不同的默认页面大小。

当使用自定义图纸尺寸时，单击"打印-模型"对话框（图2-35）中的"特性"按钮，可以在所弹出的"绘图仪配置编辑器"（图2-36）中为非系统绘图仪添加自定义图纸尺寸。

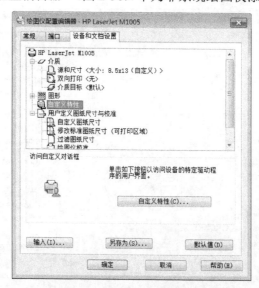

图2-36　绘图仪配置编辑器

4）设置打印比例

测绘工程图件除了有电子图件外还要求按一定的比例尺打印成纸质图件，这些纸质图件的比例尺通常有1：500、1：1000、1：2000、1：5000等。在绘制对象时，通常使用实际的尺寸来绘图，即按1：1的比例绘图。也就是说，如果测量单位为米，那么图形中的一个单位代表一米的距离。因此，在输出纸质测绘工程图件时，设置1：0.5的比例相当于1：500、1：1的比例相当于1：1000、1：2的比例相当于1：2000，以此类推。当然，在打印图形时，也可以根据图纸尺寸调整为满幅打印。当指定输出图形比例时，可从实际比例列表中选择比例、输入所需比例或者选择"布满图纸"，以缩放图形将其调整到所选的图纸尺寸。在"打印-模型"对话框（图 2-35）中的"打印比例"区，输入实际的毫米代表图上单位数。

5）设置打印样式

在"打印-模型"对话框（图 2-35）中"打印样式表"的下拉列表框中，选择或修改选定的打印样式。在 AutoCAD 默认情况下看不到"打印样式表"的下拉列表框，可单击"打印"对话框右下角的 ⊙ 按钮显示"打印样式表"的下拉列表框。

6）打印对象设置选项

在"打印-模型"对话框（图 2-35）中，可选择若干影响对象打印方式的选项。

- 着色视口选项："按显示"、"线框"或"消隐"。
- 打印对象线宽：指定打印对象和图层的线宽。
- 按样式打印：指定使用打印样式来打印图形。如果不选择此选项，将按指定给对象的特性打印对象而不是按打印样式打印。
- 最后打印图纸空间：指定先打印模型空间中的对象，后打印图纸空间中的对象。
- 隐藏图纸空间对象：指定"隐藏"操作是否应用于图纸空间视口中的对象。此选项仅在布局选项卡中可用。
- 打开打印戳记：启用打印戳记，并在每个图形的指定角上放置打印戳记或将戳记记录到文件中。打印戳记设置在"打印戳记"对话框中指定，从中可以指定要应用到打印戳记的信息，如图形名称、日期和时间、打印比例等。
- 将修改保存到布局：在"打印"对话框中所做的修改将保存到布局中。

7）设置打印位置

在"打印-模型"对话框（图 2-35）中，通过在 X 和 Y 打印偏移框中输入正值或负值，可以偏移图纸上的图形，也可以选择"居中打印"选项。

8）设置图形方向

在"打印-模型"对话框（图 2-35）的"图形方向"选项中，可以确定图形的打印位置是横向还是纵向。

2.4　绘图基本操作

2.4.1　图层设置与管理

图层（Layer）命令可以对图形几何特性、文字、标注等进行分类处理。画图前预先设置一些基本层，每层有专门用途，这样可以只需要画出一个图形文件就可以组合出多种应用需求的图纸。需要修改时也可针对图层进行，节约图形绘制时间。例如，在测绘、地质、采矿、建筑等专业的工程图中，具有道路、河流、行政区划、巷道、地类符号、文字说明等元素。如果使用图层来管理就可以方便图形的查看、编辑、修改和输出。

1. 命令的启动方法

- 在"菜单栏"中，选择"格式"→"图层"选项。
- 在"菜单栏"中，选择"工具"→"工具栏"→"AutoCAD"→"图层"选项，在绘图窗口上出现"图层"快捷工具栏（图 2-37）单击"图层"按钮。

图 2-37　　"图层"快捷工具栏

- 在"功能区"选项板中选择"默认"选项卡，在"图层"面板中单击"图层"按钮。
- 在命令行提示符下键入 Layer 或 La 后，按回车键或空格键。

2. 创建和命名图层

图层命令启动后，打开如图 2-38 所示的"图层特性管理器"选项板。在默认情况下，AutoCAD 自动创建一个图层（0 图层），该图层不能删除、不能改名。如果用户想用图层来管理自己的图形，就需要先创建新图层。

在"图层特性管理器"选项板单击"新建图层"按钮，添加名为"图层 1"的新图层。默认情况下，新建图层与当前图层的状态、颜色、线性及线宽等设置相同。当创建图层后，图层的名称将显示在图层列表框中，用户如果要更改图层名称，可使用鼠标单击该图层名，然后输入一个新的图层名并按 Enter 键。

在"图层特性管理器"选项板（图 2-38）中，选择所需用的图层选项，单击"置为当前"按钮即可。在 AutoCAD 中使用某个图层时，一定要将该图层设置为当前图层。

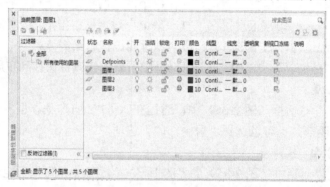

图 2-38　　"图层特性管理器"选项板一

注意：Defpoints 图层也是不能删除、不能改名。和 0 图层一样，Defpoints 是由 CAD 自动生成的一个图层。只要创建过标注，CAD 就会自动创建 Defpoints 图层，此图层用于放置标注的定义点。标注的定义点实际上就是标注上的几个关键点，用于定义和调整标注。Defpoints 图层默认设置为"不打印"，而且在图层管理器中无法改变这个设置。如果将图形不慎放到这个图层上，打印时这些图形就会消失。另外，当前图层、包含对象的图层和依赖外部参照的图层都是无法删除的。

图 2-39　　"选择颜色"对话框

3. 设置图层颜色

图层的颜色实际上是指图层中图形对象的颜色。每个图层都拥有自己的颜色，对不同的图层可以设置相同的颜色，也可以设置不同的颜色，绘制复杂图形时就用不同的颜色很容易区分图形的各部分。要改变图层的颜色，可单击"图层特性管理器"选项板（图 2-38）中相应图层的"颜色"图标，即可打开"选择颜色"对话框，如图 2-39 所示。通过"索引颜色"选项卡、"真彩色"选项卡和"配色系统"选项卡，可设置该图层的颜色。

4. 设置图层线型

AutoCAD 的线形指的是线的形状，如粗实线、虚线、点画线等。AutoCAD 的线型是以线型文件（也称为线型库）的形式保存的，其类型是以".lin"为扩展名的 ASCII 文件。可以在 AutoCAD 中加载已有的线型文件，并从中选择所需的线型；也可以修改线型文件或创建一个新的线型文件。

AutoCAD 可以让用户通过图层指定对象的线型，也可以不依赖图层而明确地指定线型，也可以选择用户自定义的线型。在系统默认情况下，图层的线型为连续线。当要改变线型时，可单击"图层特性管理器"选项板（图 2-38）中相应图层的"线型"图标，打开"选择线型"对话框，如图 2-40 所示。单击"加载"按钮，打开"加载或重载线型"对话框，如图 2-41 所示，从"可用线型"列表框中选择一种线型，或单击"文件"选择用户自定义的线型文件，即可应用到相应的图层中。

图 2-40　"选择线型"对话框

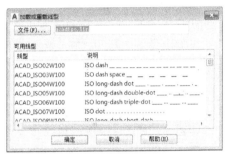

图 2-41　"加载或重载线型"对话框

5. 设置图层线宽

在 AutoCAD 中，使用不同宽度的线条表现图形对象的大小或类型，可以提高图形的表达能力和可读性。要设置图层的线宽，可在"图层特性管理器"选项板（图 2-38）中单击对应的"线宽"图标，打开"线宽"对话框，如图 2-42 所示，从"线宽"列表框中选择一种线宽，即可应用到相应的图层中。对于测绘、地质、采矿、建筑等不同专业的图件，因同一图层上的图形线宽不一致，一般不采用设置图层线宽来定义图形对象的线宽。

6. 图层管理

图 2-42　"线宽"对话框

1）设置图层特性

使用图层绘制图形时，对象的各种特性是由当前图层的默认设置决定的。用户可通过单独设置对象的特性替换原来图层的特性。在"图层特性管理器"选项板中，可以看到图层都有状态、名称、开、冻结、锁定、打印、颜色、线型、线宽等特性，如图 2-43 所示。

- "状态"列：双击选项板上"状态"列中的按钮 即可转换为按钮 ，就可以将该层设置为当前层。该层设置为当前层后，用户就可以在该层上绘制或编辑图形。

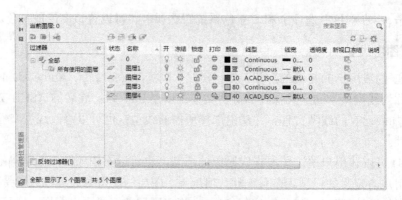

图 2-43　"图层特性管理"选项板二

- "名称"列：默认情况下，图层的名称按 0、图层 1、图层 2 的编号依次递增，当然也可以重新命名。
- "开"列：单击选项板上"开"列中的小灯泡图标 💡 或 💡，可以打开或关闭图层。打开状态下，灯泡的颜色为黄色 💡，表示该图层上的图形可在绘图区显示，也可以在输出设备上打印；在关闭状态下，灯泡的颜色为灰色 💡，表示该图层上的图形不能显示，也不能打印。
- "冻结"列：单击选项板上"冻结"列中的图标 ☼ 或 ❄，可以冻结或解冻图层。如果图层被冻结，则显示 ❄ 标图，表示该图层上的图形对象不能显示出来，也不能打印输出，而且也不能编辑或修改该图层上的图形对象；当图层被解冻时显示 ☼ 标图，表示该图层上的图形对象能够显示，也能够打印输出，并且可以在该图层上编辑图形对象。用户不能冻结当前层，也不能将冻结层改为当前层。
- "锁定"列：单击选项板上"锁定"列中的关闭 🔒 或打开 🔓 图标，可以锁定或解锁图层。锁定状态并不影响该图层上图形对象的显示，用户虽然不能编辑锁定图层上的对象，但可在锁定的图层中绘制新图形对象。用户还可以在锁定的图层上使用查询命令和对象捕捉功能。

2）过滤图层

单击选项板中的"新建特性过滤器"按钮 📋，将打开"图层过滤器特性"对话框（图 2-44）。

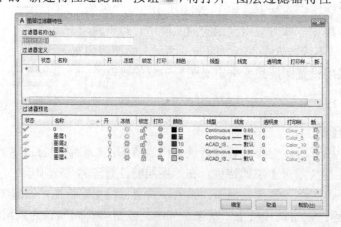

图 2-44　"图层过滤器特性"对话框

利用该对话框可命名图层过滤器，可在"过滤器定义"列表框中设置图层的状态、名称、颜色、线型及线宽等过滤条件。当指定图层名称、颜色、线宽、线型以及打印样式时，可以使用标准的？和*号多种通配符，其中*号用于代替任意多个字符，？号用来代替一个字符。

3）用"图层工具"管理图层

- 在"菜单栏"中，选择"格式"→"图层工具"选项，打开如图 2-45 所示的 17 个选项。单击相应的选项，就可以做相应的管理图层。

图 2-45　"图层工具"选项

- 在"菜单栏"中，选择"工具"→"工具栏"→"AutoCAD"→"图层Ⅱ"选项，在绘图窗口上出现"图层Ⅱ"快捷工具栏（图 2-46），单击相应的按钮，可做相应的管理图层。
- 在"功能区"选项板中选择"默认"选项卡，在"图层"面板中单击"图层"按钮，弹出如图 2-47 所示的"图层管理"选项，单击相应的选项，就可以做相应的管理图层。

图 2-46　"图层Ⅱ"快捷工具栏　　　　　　图 2-47　"图层管理"选项

4）用"图层状态管理器"管理图层

在"菜单栏"中，选择"格式"→"图层状态管理器"选项，打开如图 2-48 所示的"图层状态管理器"对话框。就可以对图层状态进行管理。

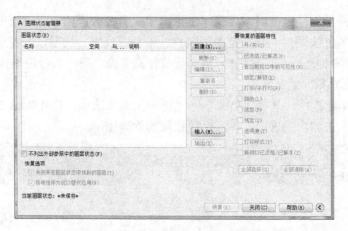

图 2-48　"图层状态管理器"对话框

2.4.2　绘图命令操作

1. 鼠标操作

利用鼠标可在菜单栏、工具栏、状态栏或快捷菜单上单击命令标签或按钮启动命令。在绘图窗口，光标通常显示为"十"字线形式。当光标移至菜单选项、工具或对话框内时，它会变成一个箭头。无论光标是"十"字线形式还是箭头形式，当单击或者按动鼠标键时，都会执行相应的命令或动作。

- 拾取键：通常指鼠标左键，用于指定屏幕上的点，也可以用来选择图形对象、菜单命令和工具栏按钮等。
- 回车键：当结束当前使用的命令，按回车键，或右击，选择"确定"按钮，当然系统会根据当前绘图状态而弹出不同的快捷菜单。
- 弹出菜单：当按住 Shift 键的同时右击时，系统将弹出一个快捷菜单，用于设置捕捉点的方法。

2. 键盘命令

键盘命令就是在命令行中用键盘直接键入命令全称或别名（关键字）、对象参数等而执行命令。在"命令行"窗口中右击，系统将显示一个快捷菜单。通过它可以选择最近使用过的命令、复制选定的文字或全部命令历史记录、粘贴文字，以及打开"选项"对话框。在"命令行"窗口中，还可以使用 Backspace 键或 Delete 删除命令行中的文字；也可以选择和复制命令历史，将其粘贴到命令行中。

"acad.pgp"文件列出了命令别名（关键字）。要访问"acad.pgp"，可在"工具"菜单的"自定义设置"面板上单击"编辑程序参数（acad.pgp）"按钮来编辑命令别名。

3. 重复执行和撤销命令

在 AutoCAD 执行完某个命令后，若需要立即重复执行该命令，只需要按一下回车键或空格键即可，当然，若定义了鼠标右键为回车键，也可直接右击。

如果需要终止或退出正在执行的命令，可按 Esc 键完成此项工作。

4．透明命令

在 AutoCAD 中，透明命令是指在执行其他命令的过程中可以执行的命令。常使用的透明命令多为修改图形设置的命令、绘图辅助工具命令，如平移命令（PAN）、缩放命令（ZOOM）和帮助命令（HELP）等。

要以透明方式使用命令，应在输入命令之前输入单引号"'"。在命令行中，透明命令的提示前有一个双折号">>"。完成透明命令后，将继续执行原命令。

2.4.3　坐标系设置

1．两种坐标系

AutoCAD 采用两种坐标系：一种是被称为世界坐标系（WCS）的固定坐标系；另一种是被称为用户坐标系（UCS）的可移动坐标系。图形中的所有对象均由其世界坐标系（WCS）中的坐标定义，它无法移动或旋转。默认情况下，这两个坐标系在新图形中是重合的。

2．移动和旋转 UCS

移动和旋转 UCS 对于二维工作是一项便捷的功能。通常在二维视图中，WCS 的 X 轴水平，Y 轴垂直，X 和 Y 轴的方向采用右手系规则，WCS 的原点为 X 轴和 Y 轴的交点（0,0）。在测绘工程专业绘图中应注意测量坐标系与 AutoCAD 中坐标系规定不同。当把测绘工程专业使用坐标输入 AutoCAD 时，X 和 Y 坐标值应互换，即测量 X 坐标为 AutoCAD 的 Y 坐标，测量 Y 坐标为 AutoCAD 的 X 坐标。

使用 UCS 图标（绘图窗口左下角位置）、UCS 图标快捷菜单或 UCS 命令中的 UCS 原点和轴夹点，均可以移动 UCS 的原点和方向。例如，使用三点指定新 UCS 步骤，在"菜单栏"中，单击"工具"→"新建 UCS"命令，选择"三点"选项；或在 UCS 图标上右击，然后单击三点。首先，指定新原点。然后，指定新的正 X 轴上的点。最后，指定新的 XY 平面上的点。即可完成三点法创建新用户坐标系的操作。

2.4.4　数据输入

1．静态数据输入方法

在 AutoCAD 中，点的坐标可用直角坐标、极坐标、球面坐标和柱面坐标来表示，而每一种坐标又可分为两种输入方法，即绝对坐标和相对坐标。其中直角坐标和极坐标最为常用，以下主要介绍这两种坐标的输入方法。

1）直角坐标

绝对直角坐标输入方法：输入格式为"X，Y"。例如，在命令行中输入点的坐标"10,15"，则表示输入了一个 X、Y 的坐标值分别为 10、15 的点，表示该点的坐标是相对于当前坐标原点的坐标值，如图 2-49（a）所示。

相对直角坐标输入方法：输入格式为"@X，Y"。例如，在命令行中输入"@10，15"，则表示该点的坐标相对于前一个操作点的坐标值，如图 2-49（b）所示。

2）极坐标

绝对极坐标输入方法：输入格式为"长度＜角度"，其中长度表示该点到坐标原点的距离，角度表示该点与原点连线与 X 轴正方向的夹角。例如，在命令行中输入"10＜56"，如图 2-49（c）所示。

相对极坐标输入方法：输入格式为"@长度＜角度"，其中长度表示该点到上一操作点的距离，角度表示该点与上一操作点连线与 X 轴正方向的夹角。例如，在命令行中输入"@10＜34"，如图 2-49（d）所示。

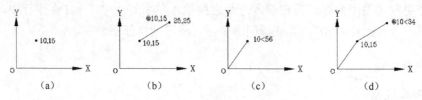

图 2-49　数据输入方法

2．动态数据输入方法

"动态输入"在光标附近提供了一个命令界面，以帮助用户专注于绘图区域。

启用"动态输入"时，工具提示将在光标附近显示信息，该信息会随着光标的移动而动态更新。当某命令处于活动状态时，工具提示将为用户提供输入的位置。

在输入字段中输入值并按 Tab 键后，该字段将显示一个锁定图标，并且光标会受用户输入的值约束。随后可以在第二个输入字段中输入值。另外，如果用户输入值然后按回车键，则第二个输入字段将被忽略，且该值将被视为直接距离输入。

1）打开和关闭动态输入

单击状态栏上的"动态输入"按钮，以打开或关闭"动态输入"。按住 F12 键可以临时将其关闭。"动态输入"有三个组件：指针输入、标注输入和动态提示。在状态栏中的按键上右击，打开如图 2-50 所示的"草图设置"对话框，在"动态输入"栏中，可以对动态输入方式进行设置。

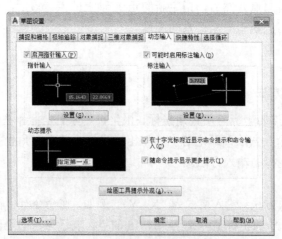

图 2-50　动态输入设置

2）指针输入

当启用指针输入且有命令在执行时，在光标附近的提示文本框中显示坐标。可以在提示文本框中输入坐标值，而不用在命令行中输入。例如，执行画线（line）命令后，在光标附近提示"指定第一个点:",并在文本框中显示当前光标点的 X 和 Y 坐标值为 3.9053 和 2.4925,如图 2-51 所示,也可以重新在提示文本框中输入其他坐标值。

第二个点和后续点的默认设置为相对极坐标,如图 2-52 所示。不需要输入"@"符号。如果需要使用绝对坐标,需使用"#"号为前缀。例如,要将位置移到(100,200)点,可在提示输入第二个点时,输入 #100,200,如图 2-53 所示。

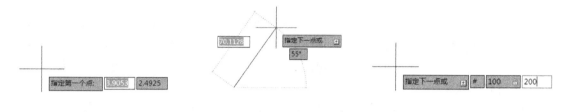

图 2-51　动态输入　　　　　　图 2-52　动态输入相极对坐标　　　　图 2-53　动态输入绝对直角坐标

3)动态输入操作

如果输入极坐标,在输入距第一点的距离后按 Tab 键,然后输入角度值并按回车键。或者先输入长度值和小于号"<",然后输入角度值并按回车键。如果输入直角坐标,先输入 X 坐标值和逗号",",然后输入 Y 坐标值并按回车键。如果提示后有一个下箭头,请按下箭头键,直到选项旁边出现一个点。按回车键。按上箭头键可访问最近输入的坐标,也可以通过右击并单击"最近的输入",从快捷菜单中访问这些坐标。

3. 距离与角度输入方法

1)距离输入

绘图中有时需要提供宽度、半径、长度等距离值。AutoCAD 提供了两种输入距离的方法:一是用键盘在命令行中直接输入数值;另一种是在屏幕上用鼠标拾取两点,两点间距离值作为需要的数据。

2)角度输入

在 AutoCAD 中角度一般是以度为单位的,但是,用户也可以选择弧度、梯度或度/分/秒等单位。系统默认的角度值规定为:角度的起始基准边为 X 轴的正方向,逆时针方向的增量为正角,顺时针方向的增量为负角。

AutoCAD 提供了两种输入角度方法:一种是用键盘输入,可直接在"角度"输入提示符后键入角度值或在角度数字前加符号"<";另一种是用鼠标拾取点输入,指定一点后,系统会计算出前一操作点与刚指定点连线和 X 轴之间的夹角作为输入的角度值。

2.4.5　错误修正

1. 图形的删除与恢复

1)图形的删除

删除(ERASE)命令可以删除选择的对象。命令的启动方法如下。

- 在"菜单栏"中,选择"编辑"(或"修改")→"删除"选项。
- 在"菜单栏"中,选择"工具"→"工具栏"→"AutoCAD"→"修改"选项,在绘图窗口上出现"修改"快捷工具栏(图 2-54)单击"删除"按钮 。

图 2-54　"修改"快捷工具栏

- 在"功能区"选项板中选择"默认"选项卡，在"修改"面板中单击"删除"按钮 。
- 在命令行提示符下键入 ERASE（或 E）。
- 在选定对象时，在绘图区域右击并选择" 删除"选项。

删除命令执行后，绘图窗口上原十字光标会变成一个小的正方形框，称为拾取框。移拾取框到被删除的对象上，单击选择要删除的对象，则被选择的对象将以浅色虚线显示。选择完对象后，按回车键，所选对象即被删除。当然，也可以通过选择对象，用 Delete 键来删除所选对象。

2）图形的恢复

恢复（OOPS）命令可以恢复刚刚被删去的一个或一组对象，即在命令行中输入 OOPS 并按回车键或空格键。恢复命令只能恢复最近一次使用 ERASE 命令删除的对象，在此之前被删除的对象将不能被恢复。

2. 放弃与重做命令

1）放弃（UNDO）命令

放弃命令可用来取消在绘图的过程中删去了不该删除的图形或是其他任何操作。放弃命令执行方法如下。

- 在"菜单栏"中，选择"编辑"→"放弃"选项。
- 在命令行上直接键入 UNDO（或 U）命令。
- 单击"快捷工具栏"上的按钮 。

2）重做（REDO）命令

如果要恢复被放弃命令取消的操作，则可以使用重做命令。重做命令的执行方法如下。

- 在"菜单栏"中，选择"编辑"→"重做"选项。
- 单击"快速访问工具栏"上的按钮 。
- 在命令行上直接键入 REDO 命令。

2.5　视图显示操作

2.5.1　视窗缩放与平移

1. 视窗缩放

视窗缩放（Zoom）命令可以用来观察图形对象，但不会改变形其实际的尺寸。该命令是一个透明命令。

1）命令的启动方法

- 在"菜单栏"中，选择"视图"→"缩放"子菜单下选择任一缩放选项（共 11 种），如图 2-55 所示。
- 快捷菜单启动命令。在没有选择对象时，在绘图区域右击并选择"缩放"选项进行实时缩放，如图 2-56 所示。

图 2-55　菜单栏启动缩放命令　　　　图 2-56　快捷菜单启动缩放命令

- 在"菜单栏"中，选择"工具"→"工具栏"→"AutoCAD"→"缩放"选项，在绘图窗口上出现"缩放"快捷工具栏（图 2-57）。

图 2-57　"缩放"快捷工具栏

- 在命令行提示符下键入 Zoom 或 Z 后，按回车键。
- 滚动鼠标中间滚轮实现视窗缩放。

2）命令的操作方法

在命令行提示符下键入 Zoom 或 Z 后，在命令行依次有如下的提示信息：

✧ 指定窗口的角点，输入比例因子（nX 或 nXP），或者 ZOOM [全部（A）中心（C）动态（D）范围（E）上一个（P）比例（S）窗口（W）对象（O）] <实时>:

其各项的意义如下。

➢ 指定窗口的角点：输入缩放窗口的两个对角点。

➢ 输入比例因子：输入方法参考"比例（S）"选项。

➢ 全部（A）：在当前视口中缩放显示所有图形对象。

➢ 中心（C）：由中心和放大比例（或高度）缩放显示所定义的窗口。

➢ 动态（D）：在视图框中缩放显示部分图形并充满整个视图框。

➢ 范围（E）：缩放显示图形范围。

➢ 上一个（P）：缩放显示上一个视图，最多可恢复此前的 10 个视图。

➢ 比例（S）：按指定的比例因子缩放显示图形。①输入的值后面跟着 x，根据当前视图指定比例，例如输入.5x 使屏幕上的每个对象显示为原大小的二分之一；②输入值并后跟 xp，指定相对于图纸空间单位的比例，例如输入.5 xp 以图纸空间单位的二分之一显示模型空间。③输入值，指定相对于图形界限的比例，例如如果缩放到图形界限，则输入 2 将以对象原来尺寸的两倍显示对象。

➢ 窗口（W）：按两个角点定义的矩形窗口缩放显示图形。

➢ 对象（O）：缩放显示一个或多个选择的对象并使其位于绘图区域的中心。

> 实时：利用定点设备，在逻辑范围内交互缩放。光标将变为带有加号（+）和减号（-）的放大镜🔍。

2．视窗平移

视窗平移（Pan）命令可以重新确定图形对象的显示位置，但不会改变其实际位置或比例。该命令是一个透明命令。

1）命令的启动方法

如果使用 Zoom 命令放大了图形，则通常需要用 Pan 命令来移动图形，执行 Pan 命令的方法有以下几种。

- 在"菜单栏"中，选择"视图"→"平移"子菜单下任一缩放选项（共 6 种），如图 2-58 所示。
- 快捷菜单启动命令。在没有选择对象时，在绘图区域右击并选择"平移"选项，如图 2-56 所示。
- 在命令行提示符下键入 Pan 或 P 后，按回车键。
- 按住鼠标中间滚轮的同时并移动鼠标。

2）命令的操作方法

在命令行提示符下键入 Pan 或 P 按回车键后，十字光标变为✋，然后按住左键（此时十字光标变为✊）可平移视图至适当的位置后放松左键，按 Esc 或回车键退出。

2.5.2　图形重画与重生成

在绘图和编辑过程中，屏幕上常常留下对象的拾取标记，这些临时标记并不是图形中的对象，有时会使当前图形画面显得混乱，这时就可以使用重画与重生成图形功能清除这些临时标记。

图 2-58　菜单栏启动平移命令

1．图形重画

重画（Redraw）命令可以在显示内存中更新屏幕，消除临时标记。该命令的启动方法如下。

- 在"菜单栏"中，选择"视图"→"重画"选项。
- 在命令行提示符下键入 Redraw 或 R，按回车键。
- 在命令行提示符下键入 Redrawall 或 Ra 后，按回车键。

2．图形重生成

重生成（REGEN）命令可更新当前视区。该命令的启动方法如下。

- 在"菜单栏"中，选择"视图"→"重生成"或"全部重生成"选项。
- 在命令行提示符下键入 Regen 或 Re 后，按回车键。
- 在命令行提示符下键入 Regenall 或 Rea 后，按回车键。

3．重生成与重画的区别

重生成与重画在本质上是不同的，利用重生成命令可重生成屏幕，此时系统从磁盘中调用当前图形的数据，比重画命令执行速度慢，更新屏幕花费时间较长。在 AutoCAD 中，某些操作只有在使用重生成命令后才生效，如改变点的格式。如果一直使用某个命令修改编辑图形，但该图形似乎看不出发生了什么变化，则可使用重生成命令更新屏幕显示。

2.6　绘图辅助工具

2.6.1　栅格、捕捉与正交

1．栅格（Grid）

栅格是一种可见位置的参考图标，是一系列点或线的矩阵（可以将栅格显示为点矩阵或线矩阵）。类似于方格纸，有助于定位。利用栅格可以对齐对象并直观显示对象之间的距离。打印时栅格不打印。

1）命令的启动方法

- 单击状态栏"栅格" ⊞ 按钮，打开或关闭"栅格"。
- 在命令行提示符下键入 Grid 后，按回车键。
- 按功能键 F7，打开或关闭"栅格"。

2）命令的操作方法

当用命令行方式启动后依次有如下的提示信息。

✧ GRID 指定栅格间距（X）或 [开（ON）关（OFF）捕捉（S）主（M）自适应（D）界限（L）跟随（F）纵横向间距（A）] <10.0000>:

在上述命令行中各项的意义如下。

➢ 指定栅格间距（X）：设置栅格间距的值。在值后面输入 x 可将栅格间距设置为按捕捉间距增加的指定值。

➢ 开（ON）：打开使用当前间距的栅格。

➢ 关（OFF）：关闭栅格。

➢ 捕捉（S）：将栅格间距设置为由栅格捕捉命令指定的捕捉间距。

➢ 主（M）：指定主栅格线与次栅格线比较的频率。将移除二维线框之外的任意视觉样式显示栅格线而非栅格点。

➢ 自适应（D）：控制放大或缩小时栅格线的密度。

➢ 界限（L）：显示超出 LIMITS 命令指定区域的栅格。

➢ 跟随（F）：更改栅格平面以跟随动态 UCS 的 XY 平面。

➢ 纵横向间距（A）：更改 X 和 Y 方向上的栅格间距。

3）在"草图设置"对话框中设置栅格

用右击状态栏上的"栅格" ⊞ 按钮，出现 [网格设置...] 后，单击该按钮，就会出现如图 2-59 所示的"草图设置"对话框。在"捕捉和栅格"选项板上可以设置栅格的格式。

在"捕捉和栅格"选项板上，将"栅格样式"设置为"二维模型空间"时，在绘图区中的栅格才显示为点，否则栅格将显示为线。若选择"栅格行为"中的"显示超出界限的栅格"选项，则栅格显示超出界限遍布整个绘图窗口。

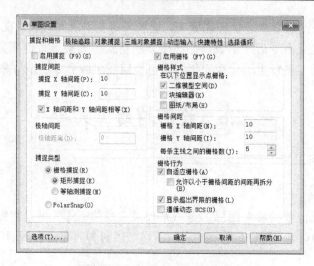

图 2-59　"捕捉和栅格"选项板

2. 捕捉（Snap）

捕捉模式用于限制十字光标，使其按照用户定义的间距移动。当捕捉模式打开时，光标似乎附着或捕捉到不可见的栅格。捕捉模式有助于使用箭头键或定点设备来精确地定位点。捕捉与栅格是一对相互对应的辅助定位工具。

1）命令的启动方法

- 单击状态栏"捕捉"按钮，打开或关闭"捕捉"。
- 在命令行提示符下键入 Snap 或 Sn 后，按回车键。
- 按功能键 F9，打开或关闭"捕捉"。

2）命令的操作方法

当用命令行方式启动后依次有如下的提示信息：

✧　SNAP 指定捕捉间距或 [打开（ON）关闭（OFF）纵横向间距（A）传统（L）样式（S）类型（T）] <10.0000>:

在上述命令行中各项的意义如下。

➢　指定捕捉间距：用指定的值激活捕捉模式。

➢　打开（ON）：使用捕捉栅格的当前设置激活捕捉模式。

➢　关闭（OFF）：关闭捕捉模式但保留当前设置。

➢　纵横向间距（A）：在 X 和 Y 方向指定不同的间距。如果当前捕捉模式为"等轴测"，则不能使用此选项。

➢　样式（S）：指定"捕捉"栅格的样式为标准或等轴测。

➢　类型（T）：指定捕捉类型：极轴或矩形捕捉。该设置也由 SNAPTYPE 系统变量控制。

捕捉模式也可以在"捕捉和栅格"选项板（图 2-59）中完成设置。

3. 正交

正交模式也可以用来精确定位点，它将定点设备的输入限制为水平或垂直。在正交模式下，可以方便地绘出与当前 X 轴或 Y 轴平行的线段。

- 单击状态栏上的"正交"按钮，打开或关闭"正交"。

- 在命令行提示符下键入 Ortho 后，按回车键。
- 按功能键 F8，打开或关闭"正交"。

2.6.2　对象捕捉与追踪

1. 对象捕捉

对象捕捉命令可以精确地选择某些特定的点，就是将十字光标准确定位在已存在的实体特征点或特定位置上，从而保证绘图的精度。该命令是一个透明命令。

1）对象捕捉方式一

- 在"菜单栏"中，选择"工具"→"绘图设置"选项，打开"草图设置"对话框的"对象捕捉"选项板（图 2-60）。
- 用右击状态栏"捕捉"按钮 ![icon]，选择"捕捉设置"选项，打开"草图设置"对话框的"对象捕捉"选项板（图 2-60）。
- 在命令行提示符下键入 Osnap 或 Os 后，按回车键，打开"草图设置"对话框的"对象捕捉"选项板（图 2-60）。

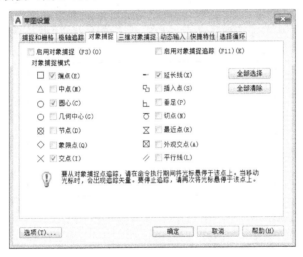

图 2-60　"对象捕捉"选项板

在"对象捕捉"选项板上共有 14 种对象捕捉模式。

（1）端点（E）：捕捉到圆弧、椭圆弧、直线、多线、多段线、样条曲线、面域或射线最近的端点，或捕捉宽线、实体或三维面域的最近角点。

（2）中点（M）：捕捉到圆弧、椭圆、椭圆弧、直线、多线、多段线、面域、实体、样条曲线或构造线的中点。

（3）圆心（C）：捕捉到圆弧、圆、椭圆或椭圆弧的中心。

（4）几何中心（G）：图形的几何中心，如正方形、正三角形、正多边形的几何中心。

（5）节点（D）：捕捉到点对象、标注定义点或标注文字原点。

（6）象限点（Q）：捕捉到圆弧、圆、椭圆或椭圆弧的象限点。

（7）交点（I）：捕捉到圆弧、圆、椭圆、椭圆弧、直线、多线、多段线、射线、面域、样条曲线或参照线的交点。

（8）延长线（X）：当光标经过对象的端点时，显示临时延长线或圆弧，以便用户在延长线或圆弧上指定点。

（9）插入点（S）：捕捉到属性、块、形或文字的插入点。

（10）垂足（P）：捕捉圆弧、圆、椭圆、椭圆弧、直线、多线、多段线、射线、面域、实体、样条曲线或参照线的垂足。

（11）切点（N）：捕捉到圆弧、圆、椭圆、椭圆弧或样条曲线的切点。

（12）最近点（R）：捕捉到圆弧、圆、椭圆、椭圆弧、直线、多线、点、多段线、射线、样条曲线或构造线的最近点。

（13）外观交点（A）：捕捉到不在同一平面但是可能看起来在当前视图中相交的两个对象的外观交点。

（14）平行线（L）：将直线段、多段线线段、射线或构造线限制为与其他线性对象平行。

2）对象捕捉方式二

- 在绘图区域中右击同时按 Shift 键，在绘图窗口上弹出 "对象捕捉"快捷工具栏（图 2-61），然后选择相应的对象捕捉模式。
- 在"菜单栏"中，选择"工具"→"工具栏"→"AutoCAD"→"对象捕捉"选项，在绘图窗口上出现"对象捕捉"工具栏（图 2-62），然后选择相应的对象捕捉模式。
- 按功能键 F3，打开或关闭"对象捕捉"。

图 2-61　"对象捕捉"快捷工具栏　　　　　　　图 2-62　"对象捕捉"工具栏

2. 对象捕捉追踪

使用对象捕捉追踪，可以沿着基于对象捕捉点的对齐路径进行追踪。已获取的点将显示一个小加号"+"，一次最多可以获取七个追踪点。获取点之后，当在绘图路径上移动光标时，将显示相对于获取点的水平、垂直或极轴对齐路径。

1）对象捕捉追踪设置

默认情况下，对象捕捉追踪将设置为正交。对齐路径将显示在始于已获取的对象点的 0°、

90°、180° 和 270° 方向上，也可以使用极轴追踪角代替。

对象捕捉追踪设置的方法如下。

- 在"草图设置"对话框的"对象捕捉"选项板（图 2-60）中，选择"启用对象捕捉追踪"复选框。
- 可以通过按 F11 键打开或关闭"对象捕捉追踪"功能。

注意：使用对象捕捉追踪，在命令中指定点时，光标可以沿基于其他对象捕捉点的对齐路径进行追踪。要使用对象捕捉追踪，必须打开一个或多个对象捕捉。

2）对象捕捉追踪示例

如图 2-63 所示，要求以 A 点为起点作一垂直于 CD 的直线 AE，且该直线的终点 E 位于过 B 点的水平线上。具体操作如下。

设置对象追踪捕捉模式（捕捉端点、节点和垂足）后，启动直线命令，捕捉 A 点作为要绘制直线的起点，依次捕捉 B 点和垂足点，沿过垂足的对象捕捉追踪线移动光标当出现过 B 点的水平线和"+"时，单击，即为所求的直线终点 E。

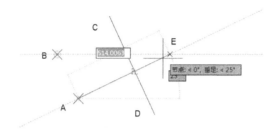

图 2-63　对象捕捉追踪

3. 极轴追踪

极轴追踪是按事先给定角度增量来追踪点的。当要求指定一个点时，系统将依照预先设置的角度增量来显示一条辅助线，用户可沿辅助线追踪得到光标点。AutoCAD 默认极轴角度增量值为 90°。使用极轴追踪，光标将按指定角度进行移动。使用极轴距离，光标将沿极轴角度且按指定距离增量进行移动。

1）极轴追踪设置

可以使用极轴追踪沿着 90°、45°、30°、22.5°、18°、15°、10°、5° 极轴角增量进行追踪，也可以指定其他角度。

极轴追踪设置的方法如下。

- 在"菜单栏"中选择"工具"→"绘图设置"选项，打开"草图设置"对话框的"极轴追踪"选项板（图 2-64），选择"启用极轴追踪"复选框。
- 用右击状态栏"捕捉"按钮 ⫶⫶⫶，选择"捕捉设置"选项，打开"草图设置"对话框的"极轴追踪"选项板（图 2-64），选择"启用极轴追踪"复选框。
- 通过按 F10 键，打开或关闭"极轴追踪"功能。

2）极轴距离设置

使用极轴距离，光标将按指定的极轴距离增量进行移动。例如，如果指定 10 个单位的长度，光标将自指定的第一点捕捉 0、10、20、30、40 长度。移动光标时，工具提示将显示最接近的 PolarSnap 增量。必须在"启用极轴追踪"（图 2-64）和"捕捉类型"的 PolarSnap（图 2-59）

同时打开的情况下，才能将点输入限制为极轴距离。在"捕捉和栅格"选项板（图 2-59）中选择捕捉类型为"PolarSnap"后，可设置"极轴距离"。

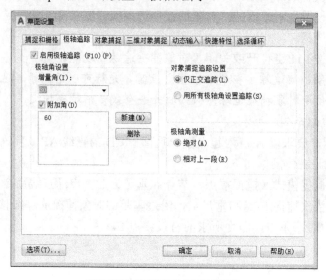

图 2-64　"极轴追踪"选项板

3）极轴追踪示例

如图 2-65 所示，绘制一条从 A 点到 B 点的 300 个单位的直线，然后绘制一条到 C 点的 400 单位的直线 BC，并与直线 AB 夹角为 60°。具体操作如下。

- 在"极轴追踪"选项板（图 2-64）中选择"启用极轴追踪"复选框，将下方的增量角设为 60°，并在"捕捉和栅格"选项板（图 2-59）中选择捕捉类型为"PolarSnap"后，设置"极轴间距"为 100 个单位。
- 启动直线命令。在"指定第一点："提示后，选择 A 点。
- 在"指定下一点或[放弃（U）]："提示后，当光标沿水平追踪线移动出现"极轴：300.0000＜0°"，单击确定 B 点。
- 在"指定下一点或[放弃（U）]："提示后，当光标沿 60°追踪线"极轴：400.0000＜60°"，单击确定 C 点。

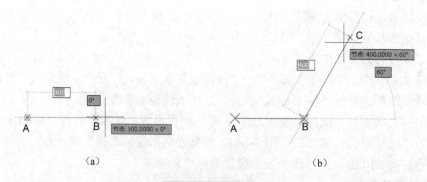

图 2-65　极轴追踪

2.6.3　图形属性查询

1. 查询距离

距离查询（Dist）命令可以获取任意两点之间的直线距离、X 坐标增量、Y 坐标增量以及直线与 X 轴的夹角。

1）命令的启动方法

- 在"菜单栏"中，选择"工具"→"查询"→"距离"选项。
- 在"菜单栏"中，选择"工具"→"工具栏"→"AutoCAD"→"查询"和"测量工具"选项，在绘图窗口上出现"查询"快捷工具栏（图 2-66）和"测量工具"快捷工具栏（图 2-67），单击任一个快捷工具栏上的"距离"按钮 。
- 在"功能区"选项板中选择"默认"选项卡，在"实用工具 "面板（图 2-68）上单击"距离"按钮 。
- 在命令行提示符下键入 Dist 或 Di 后，按回车键。
- 在命令行提示符下键入 Measuregeom 或 Mea 后，按回车键。

图 2-66　"查询"工具栏　　　　　图 2-67　"测量工具"工具栏

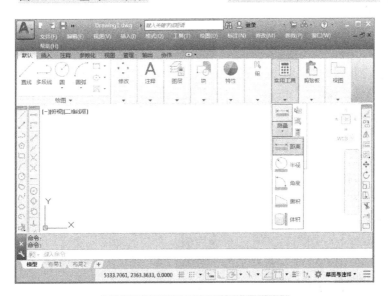

图 2-68　"功能区"中的工具选项卡

2）用 DIST 命令查询距离的操作方法

以查询图 2-69（a）中线段 AB 的距离为例，命令启动后依次有如下的提示信息：

✧　DIST 指定第一点：选择 A 点

✧　DIST 指定第二点或[多个点（M）]：选择 B 点

在命令提示行中显示如下信息：

距离 = 215.0153，XY 平面中的倾角 = 31，　与 XY 平面的夹角 = 0

X 增量 = 184.4274，　Y 增量 = 110.5357，　Z 增量 = 0.0000

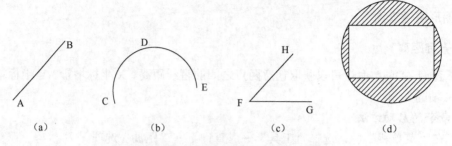

图 2-69　查询距离、半径、角度和面积

3）用 MEASUREGEOM 命令查询距离的操作方法

启动命令后依次有如下的提示信息：

◇　MEASUREGEOM 输入选项[距离（D）半径（R）角度（A）面积（AR）体积（V）]<
　　距离>：

其中各项的意义如下。

➤　距离（D）：查询任意两点之间的直线距离。

➤　半径（R）：查询圆或圆弧的半径。

➤　角度（A）：查询圆弧的包含角或直线之间的夹角等。

➤　面积（AR）：查询区域的面积和周长。

➤　体积（V）：查询图形对象的体积。

2. 查询半径

半径查询命令可以获取圆或圆弧的半径。

1）命令的启动方法

●　在"菜单栏"中，选择"工具"→"查询"→"半径"选项。

●　"测量工具"工具栏（图 2-67），单击"半径"按钮🔾。

●　在"功能区"选项板中选择 "默认"选项卡，在"实用工具"面板（图 2-68）单击
　　"半径"按钮🔾。

●　在命令行提示符下键入 Measuregeom 或 Mea 后，按回车键，选择查询"半径（R）"。

2）查询半径的操作方法

以查询图 2-69（b）中圆弧 CDE 的半径为例，命令启动后依次有如下的提示信息：

◇　MEASUREGEOM 选择圆弧或圆：选择圆弧

在命令提示行中显示如下信息：

半径 = 247.9138

直径 = 495.8276

3. 查询角度

角度查询命令可以获取圆弧的包含角或直线之间的夹角。

1）命令的启动方法

●　在"菜单栏"中，选择"工具"→"查询"→"角度"选项。

●　"测量工具"工具栏（图 2-67），单击"角度"按钮🔼。

- 在"功能区"选项板中选择"默认"选项卡,在"实用工具"面板(图 2-68)单击"角度"按钮。
- 在命令行提示符下键入 Measuregeom 或 Mea 后,按回车键,选择查询"角度"。

2)查询角度的操作方法

以查询图 2-69(c)中∠HFG 的角度为例,命令启动后依次有如下的提示信息:

◇　MEASUREGEOM 选择圆弧、圆、直线或<指定顶点>: 选择直线 FG

◇　MEASUREGEOM 选择第二条直线: 选择直线 FH

在命令提示行中显示如下信息:

角度 = 46°

4. 查询面积

面积查询(Area)命令可以通过指定一系列的点或选择一个对象,获取其面积和周长。如果需要计算多个对象的组合面积,可在选择集中每次加减一个面积时保持总面积。

1)命令的启动方法

- 在"菜单栏"中,选择"工具"→"查询"→"面积"选项。
- "测量工具"工具栏(图 2-67),单击"面积"按钮。
- 在"功能区"选项板中选择"默认"选项卡,在"实用工具"面板(图 2-68)单击"面积"按钮。
- 在命令行提示符下键入 Area 后,按回车键。
- 在命令行提示符下键入 Measuregeom 或 Mea 后,按回车键,选择查询"面积(AR)"。

2)命令的操作方法

命令启动后依次有如下的提示信息:

◇　MEASUREGEOM 指定第一个角点或 [对象(O)增加面积(A)减少面积(S)退出(X)]:

在上述命令行中各项的意义如下。

➢　指定第一个角点: 指定一系列点所形成区域的第一点。

➢　对象(O): 选择需要查询的实体对象。可以计算圆、椭圆、样条曲线、多段线、多边形、面域和实体的面积。

➢　增加面积(A): 打开"增加面积"模式,将新选定区域面积加到总面积中。

➢　减少面积(S): 打开"减少面积"模式,从总面积中减去新选定区域面积。

以查询图 2-69(d)中圆和矩形之间阴影部分的面积为例,查询面积的操作如下:

◇　启动查询面积命令。

◇　MEASUREGEOM 指定第一个角点或 [对象(O)增加面积(A)减少面积(S)退出(X)]: A

◇　MEASUREGEOM 指定第一个角点或 [对象(O)减少面积(S)]: O

◇　AREA ("加"模式)选择对象: 选择"圆",按回车键结束"加"模式

◇　AREA 指定第一个角点或 [对象(O)减少面积(S)]: S

◇　AREA 指定第一个角点或 [对象(O)增加面积(A)]: O

◇　AREA ("减"模式)选择对象: 选择"矩形",按回车键结束"减"模式

在命令提示行中显示如下信息:

总面积 = 120711.3950

5. 查询点的坐标

查询点坐标（ID）命令可以查询指定点的坐标值。

1）命令的启动方法

- 在"菜单栏"中，选择"工具"→"查询"→"点坐标"选项。
- 在"查询"工具栏（图 2-66）上，单击"点坐标"按钮⬚。
- 在"功能区"选项板中选择 "默认"选项卡，在"实用工具"面板（图 2-68）上单击"点坐标"按钮⬚。
- 在命令行提示符下键入 Id 后，按回车键。

2）命令的操作方法

命令启动后有如下的提示信息：

◇ ID'_id 指定点：选中需要查询点

在命令提示行中显示如下信息：

X = 940.0000　　　　Y = 1840.0000　　　　Z = 0.0000

6. 列表查询

列表查询（List）命令可以查询所选实体的特性参数，包括实体的类型、所属图层以及空间特性等参数。

1）命令的启动方法

- 在"菜单栏"中，选择"工具"→"查询"→"列表"选项。
- 在"查询"工具栏（图 2-66）上，单击"列表"按钮⬚。
- 在命令行提示符下键入 List 后，按回车键。

2）命令的操作方法

命令启动后依次有如下的提示信息：

◇ LIST 选择对象：选择图 2-69（b）中的圆，并按回车键

在命令提示行中显示如下信息：

◇ 圆弧　　　　图层:"0"
◇ 空间：模型空间
◇ 句柄 = 289
◇ 圆心 点，X=3210.9083　Y=1242.7870　Z=　0.0000
◇ 半径　247.9138
◇ 起点 角度　　　4
◇ 端点 角度　　198
◇ 长度　839.6801

课 后 习 题

2-1　AutoCAD 2019 工作界面由哪几部分组成？

2-2　如何设置图形界限？如何设置图形单位？

2-3　如何新建图层和命名？图层的特性包括哪些？哪些图层是不能删除的？

2-4　冻结、关闭、锁定图层有什么区别？

2-5　如何设置"随层"的颜色、线型和线宽？

2-6　什么是透明命令？常用的透明命令有哪些？

2-7　在 AutoCAD 中，坐标输入方法有哪些？

2-8　什么是视图重画？什么是视图重生成？两者有何差别？

2-9　栅格与捕捉工具在绘图过程中有何作用？

2-10　极轴追踪与对象捕捉追踪有何区别？

第 3 章　平面图形的绘制

3.1　直线、构造线和射线

3.1.1　直线的绘制

直线（line）命令可创建一条或若干条直线。这里所指的直线是指几何意义上的直线即直线段（有两个端点）。可通过鼠标或键盘来指定线段的起点和终点。

1. 命令的启动方法

- 在"菜单栏"中，选择"绘图"→"直线"选项。
- 在"菜单栏"中，选择"工具"→"工具栏"→"AutoCAD"→"绘图"选项，在绘图窗口内出现"绘图"快捷工具栏（图 3-1），单击"直线"按钮 ╱。
- 在"功能区"选项板中选择"默认"选项卡，在"绘图"面板中单击"直线"按钮 ╱。
- 在命令行提示符下键入 Line 或 L 后，按回车键或空格键。

图 3-1　"绘图"快捷工具栏

2. 命令的操作方法

绘制如图 3-2 所示的平行四边形。直线命令启动后，在命令行中出现如下提示信息：

- ✧　LINE 指定第一点：100,100
- ✧　LINE 指定下一点或[放弃（U）]：@100<0
- ✧　LINE 指定下一点或[放弃（U）]：@70<-60
- ✧　LINE 指定下一点或[闭合（C）放弃（U）]：@100<180
- ✧　LINE 指定下一点或[闭合（C）放弃（U）]：c

3.1.2　构造线的绘制

构造线（Xline）命令可创建无限长的直线，用于创建其他对象的作图辅助线。

1. 命令的启动方法

- 在"菜单栏"中，选择"绘图"→"构造线"选项。
- 在"绘图"快捷工具栏（图 3-1）上，单击"构造线"按钮 ╱。
- 在"功能区"选项板中选择"默认"选项卡，在"绘图"面板中单击"构造线"按钮 ╱。
- 在命令行提示符下键入 Xline 或 Xl 后，按回车键。

2. 命令的操作方法

构造线命令启动后，在命令行中出现如下提示信息：

◇　XLINE 指定点或 [水平（H）垂直（V）角度（A）二等分（B）偏移（O）]:

◇　指定通过点:

其中各项的意义如下。

➢　指定点: 指定构造线通过的起始点，将来创建通过指定点的构造线。

➢　水平（H）: 创建一条通过选定点的平行于 X 轴的构造线。

➢　垂直（V）: 创建一条通过选定点的平行于 Y 轴的构造线。

➢　角度（A）: 以指定的角度创建一条参照线，选择此项后另有提示:

　　◇　XLINE 输入构造线的角度 （0）或 [参照（R）]:

　　　　☐　XLINE 输入构造线的角度（0）: 指定放置直线的角度。

　　　　☐　XLINE 参照（R）: 指定与选定参照线之间的夹角。

➢　二等分（B）: 创建一条参照线，它经过选定的角顶点，并且将选定的两条线之间的夹角平分。

➢　偏移（O）: 创建平行于另一个对象的构造线，选择此项后另有如下提示:

　　◇　XLINE 指定偏移距离或 [通过（T）] <通过>:

　　　　☐　XLINE 指定偏移距离: 指定构造线偏离选定对象的距离。

➢　XLINE 通过: 选择直线对象。

绘制如图 3-3 中∠AOB 的角平分线。构造线命令启动后有如下的提示信息:

➢　XLINE 指定点或 [水平（H）垂直（V）角度（A）二等分（B）偏移（O）]: b

➢　XLINE 指定角的顶点: 鼠标选择 O 点。

➢　XLINE 指定角的起点: 鼠标选择 B 点。

➢　XLINE 指定角的端点: 鼠标选择 A 点。

➢　XLINE 指定角的端点: 按回车键结束命令。

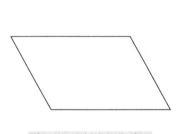

图 3-2　绘制平行四边形

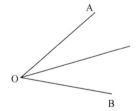

图 3-3　绘制角平分线

3.1.3　射线的绘制

射线命令可创建始向一个方向无限延伸的直线（称为射线），用于创建其他对象的作图辅助线。

1. 命令的启动方法

● 在"菜单栏"中，选择"绘图"→"射线"选项。

- 在"功能区"选项板中选择"默认"选项卡，在"绘图"面板中单击"射线"按钮。
- 在命令行提示符下键入 Ray 后，按回车键。

2. 命令的操作方法

射线命令启动后依次有如下的提示信息：

◇　RAY 指定起点：指定射线的起始点
◇　RAY 指定通过点：指定射线要通过的点

3.2　圆、圆弧、圆环和椭圆

3.2.1　圆的绘制

圆（Circle）命令可以多种方式来绘制圆。AutoCAD 提供了六种绘制圆的方式。

1. 命令的启动方法

- 在"菜单栏"中，选择"绘图"→"圆"选项中的子选项，如图 3-4 所示。
- 在"绘图"快捷工具栏（图 3-1）上，单击"圆"按钮。
- 在"功能区"选项板中选择"默认"选项卡，在"绘图"面板中单击"圆"按钮后选择一种画圆的方式。
- 在命令行提示符下键入 Circle 或 C 后，按回车键。

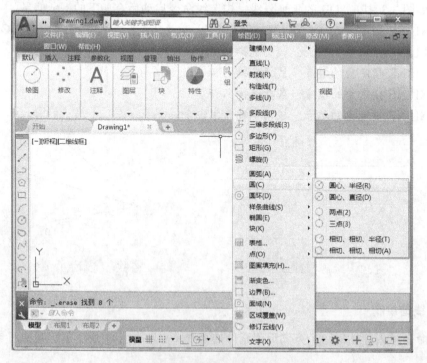

图 3-4　在"菜单栏"中启动画圆命令

2．命令的操作方法

1）已知圆心和半径绘制圆

如图 3-5 所示，在已知圆心位置和圆半径的情况下，绘制一个圆。在"菜单栏"中选择"绘图"→"圆"→"圆心、半径"选项，命令行出现如下提示信息：

◇　CIRCLE 指定圆的圆心或[三点（3P）　两点（2P）　切点、切点、半径（T）]：100,100

◇　CIRCLE 指定圆的半径或[直径（D）]：200

在命令提示行中各项的意义如下。

➤　指定圆的圆心：指定所绘制圆的圆心位置，这是该命令的默认选项。

➤　三点（3P）：通过圆周上给定的三点绘制圆。

➤　两点（2P）：通过确定圆直径的两个点绘制圆。

➤　相切、相切、半径（T）：通过两条切线和半径绘制圆。

2）已知圆心和直径绘制圆

如图 3-6 所示，在已知圆心位置和圆直径的情况下，绘制一个圆。在"菜单栏"中选择"绘图"→"圆"→"圆心、直径"选项，命令行出现如下提示信息：

◇　CIRCLE 指定圆的圆心或[三点（3P）　两点（2P）　切点、切点、半径（T）]：100,100

◇　CIRCLE 指定圆的半径或[直径（D）]：400

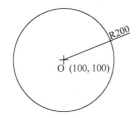

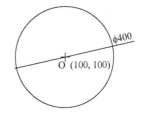

图 3-5　圆心和半径画圆　　　　　　　　图 3-6　圆心和直径画圆

3）已知两点绘制圆

如图 3-7 所示，在已知通过圆直径的两点的情况下，绘制一个圆。在"菜单栏"中选择"绘图"→"圆"→"两点"选项，命令行出现如下提示信息：

◇　CIRCLE 指定圆的圆心或[三点（3P）　两点（2P）　切点、切点、半径（T）]：_2p 指定圆直径的第一个端点：100,100

◇　CIRCLE 指定圆直径的第二个端点：500,100

4）已知三点绘制圆

如图 3-8 所示，在已知三个点的情况下，绘制一个圆。在"菜单栏"中选择"绘图"→"圆"→"三点"选项，命令行依次出现如下提示信息：

◇　CIRCLE 指定圆的圆心或[三点（3P）　两点（2P）　切点、切点、半径（T）]：_3p 指定圆上的第一个点：300,200

◇　CIRCLE 指定圆上的第二个点：500,400

◇　CIRCLE 指定圆上的第三个点：600,100

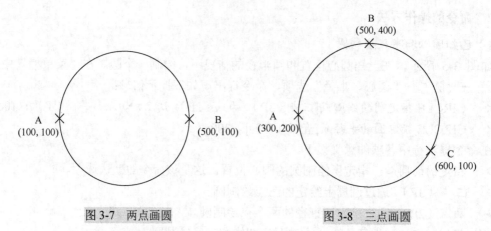

图 3-7　两点画圆　　　　　　　　　图 3-8　三点画圆

5）已知两切点和半径绘制圆

如图 3-9 所示，在已知与圆相切的两个点和圆半径的情况下，绘制一个圆。在"菜单栏"中选择"绘图"→"圆"→"相切、相切、半径"选项，命令行出现如下提示信息：

◇　CIRCLE 指定圆的圆心或[三点（3P）/两点（2P）/切点、切点、半径（T）]: _ttr:
指定对象与圆的第一个切点：得到递延切点 A

◇　CIRCLE 指定对象与圆的第二个切点：得到递延切点 C

◇　CIRCLE 指定圆的半径：150

6）已知三切点绘制圆

如图 3-10 所示，在已知（假定有三条相交直线）与圆相切的三个点的情况下，绘制一个圆。在"菜单栏"中选择"绘图"→"圆"→"相切、相切、相切"选项，命令行出现如下提示信息：

◇　CIRCLE 指定圆的圆心或[三点（3P）两点（2P）切点、切点、半径（T）]: _3p 指
定圆上的第一个点：_tan 到

◇　CIRCLE 指定圆上的第二个点：_tan 到

◇　CIRCLE 指定圆上的第三个点：_tan 到

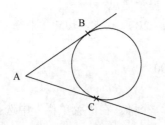
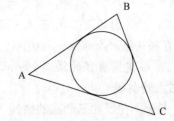

图 3-9　两切点和半径画圆　　　　　　图 3-10　三切点画圆

3.2.2　圆弧的绘制

圆弧（Arc）命令可以多种方式来绘制圆弧。AutoCAD 提供了 11 种绘制圆弧的方式。

1. 命令的启动方法

● 　在"菜单栏"中，选择"绘图"→"圆弧"选项中的子选项，如图 3-11 所示。

- 在"绘图"快捷工具栏（图 3-1）上，单击"圆弧"按钮 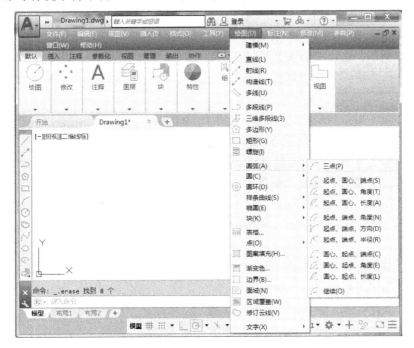。

- 在"功能区"选项板中选择"默认"选项卡，在"绘图"面板中单击"圆弧"按钮。
- 在命令行提示符下键入 Arc 或 A 后，按回车键。

图 3-11　在"菜单栏"中启动画圆弧命令

2．命令的操作方法

1）已知三点绘制圆弧

如图 3-12 所示，在已知三个点的情况下，绘制一个圆弧。在"菜单栏"中，选择"绘图"
→"圆弧"→"三点"选项，命令行出现如下提示信息：

- ◇　ARC 指定圆弧的起点或 [圆心（C）]: 300,200
- ◇　ARC 指定圆弧的第二个点或 [圆心（C）端点（E）]: 500,400
- ◇　ARC 指定圆弧的端点: 600,100

2）已知起点、圆心、端点绘制圆弧

如图 3-13 所示，在已知圆弧上的两点和圆心的情况下，绘制一个圆弧。在"菜单栏"中，
选择"绘图"→"圆弧"→"起点、圆心、端点"选项，命令行出现如下提示信息：

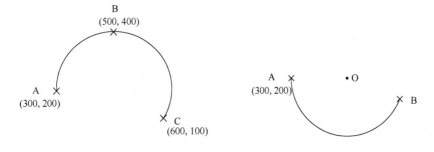

图 3-12　三点绘制圆弧　　　　　　　　图 3-13　起点、圆心、端点绘制圆弧

    ◇　ARC 指定圆弧的起点或 [圆心（C）]：300,200

    ◇　ARC 指定圆弧的圆心：500,200

    ◇　ARC 指定圆弧的端点（按住 Ctrl 键以切换方向）或 [角度（A）弦长（L）]：选择 B 点

3）已知起点、圆心、角度绘制圆弧

如图 3-14 所示，在已知圆弧上的起点和圆心以及角度的情况下，绘制一个圆弧。在"菜单栏"中，选择"绘图"→"圆弧"→"起点、圆心、角度"选项，命令行依次出现如下信息：

    ◇　ARC 指定圆弧的起点或 [圆心（C）]：300,200

    ◇　ARC 指定圆弧的圆心：500,200

    ◇　ARC 指定夹角（按住 Ctrl 键以切换方向）：120

4）已知起点、圆心、长度绘制圆弧

如图 3-15 所示，在已知圆弧上的起点、圆心和弦长的情况下，绘制一个圆弧。在"菜单栏"中，选择"绘图"→"圆弧"→"起点、圆心、长度"选项，命令行中依次出现如下提示信息：

    ◇　ARC 指定圆弧的起点或 [圆心（C）]：300,200

    ◇　ARC 指定圆弧的圆心：500,200

    ◇　ARC 指定弦长（按住 Ctrl 键以切换方向）：50

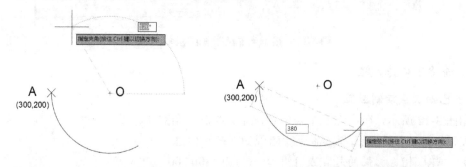

图 3-14　起点、圆心、角度绘制圆弧　　　　　图 3-15　起点、圆心、长度绘制圆弧

5）已知起点、端点、角度绘制圆弧

如图 3-16 所示，在已知圆弧上的起点、端点和角度的情况下，绘制一个圆弧。在"菜单栏"中，选择"绘图"→"圆弧"→"起点、端点、角度"选项，命令中行依次出现如下提示信息：

    ◇　ARC 指定圆弧的起点或 [圆心（C）]：300,200

    ◇　ARC 指定圆弧的端点：600,100

    ◇　ARC 指定夹角（按住 Ctrl 键以切换方向）：50

6）已知起点、端点、方向绘制圆弧

如图 3-17 所示，在已知圆弧上的起点、端点和起点方向的情况下，绘制一个圆弧。在"菜单栏"中，选择"绘图"→"圆弧"→"起点、端点、方向"选项，命令行中依次出现如下提示信息：

    ◇　ARC 指定圆弧的起点或 [圆心（C）]：300,200

◇　ARC 指定圆弧的端点：600,100
◇　ARC 指定圆弧起点的相切方向（按住 Ctrl 键以切换方向）：50

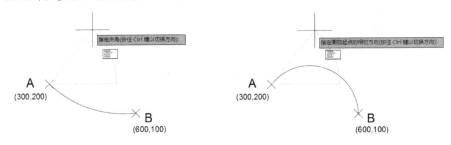

图 3-16　起点、圆心、角度绘制圆弧　　　　图 3-17　起点、端点、方向绘制圆弧

7）已知起点、端点、半径绘制圆弧

如图 3-18 所示，在已知圆弧上的起点、端点、半径的情况下，绘制一个圆弧。在"菜单栏"中，选择"绘图"→"圆弧"→"起点、端点、半径"选项，命令行中依次出现如下信息：

◇　ARC 指定圆弧的起点或 [圆心（C）]：300,200
◇　ARC 指定圆弧的端点：600,100
◇　ARC 指定圆弧的半径（按住 Ctrl 键以切换方向）：200

8）已知圆心、起点、端点绘制圆弧

如图 3-19 所示，在已知圆弧上的圆心、起点、端点的情况下，绘制一个圆弧。在"菜单栏"中，选择"绘图"→"圆弧"→"圆心、起点、端点"选项，命令行中依次出现如下提示信息：

◇　ARC 指定圆弧的圆心：500,200
◇　ARC 指定圆弧的起点：300,200
◇　ARC 指定圆弧的端点（按住 Ctrl 键以切换方向）或 [角度（A）弦长（L）]：选择 B 点

图 3-18　起点、端点、半径绘制圆弧　　　　图 3-19　圆心、起点、端点绘制圆弧

9）已知圆心、起点、角度绘制圆弧

如图 3-20 所示，在已知圆弧上的圆心、起点、角度的情况下，绘制一个圆弧。在"菜单栏"中，选择"绘图"→"圆弧"→"圆心、起点、角度"选项，命令行中依次出现如下提示信息：

◇　ARC 指定圆弧的圆心：500,200
◇　ARC 指定圆弧的起点：300,200
◇　ARC 指定夹角（按住 Ctrl 键以切换方向）：140

10）已知圆心、起点、长度绘制圆弧

如图 3-21 所示，在已知圆弧的圆心、起点、长度的情况下，绘制一个圆弧。在"菜单栏"中，选择"绘图"→"圆弧"→"圆心、起点、长度"选项，命令行依次出现如下提示信息：

- ✧ ARC 指定圆弧的圆心：550,550
- ✧ ARC 指定圆弧的起点：@100<70
- ✧ ARC 指定弦长（按住 Ctrl 键以切换方向）：260

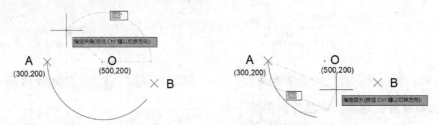

图 3-20　圆心、起点、角度绘制圆弧　　　图 3-21　圆心、起点、长度绘制圆弧

11）继续绘制圆弧

当用"继续"绘制圆弧时，创建圆弧使其相切于上一次绘制的直线或圆弧。创建直线或圆弧后，通过在"指定起点"提示下启动 ARC 命令并按回车键，可以立即绘制一个在端点处相切的圆弧。

如图 3-22 所示，绘制与直线 AB 相切的继续圆弧。在"菜单栏"中，选择"绘图"→"直线"选项，命令行依次出现如下提示信息：

- ✧ LINE 指定第一点：　300,200
- ✧ LINE 指定下一点或[放弃（U）]：400,100 并按 ENTER 键

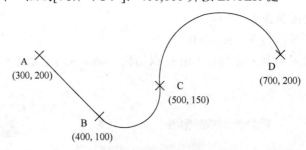

图 3-22　继续绘制圆弧

在"菜单栏"中，选择"绘图"→"圆弧"→"继续"选项，命令行中依次出现如下信息：

- ✧ ARC 指定圆弧的端点（按住 Ctrl 键以切换方向）：500,150 并按 ENTER 键
- ✧ ARC 指定圆弧的起点或[圆心（C）]：按 ENTER 键
- ✧ ARC 指定圆弧的端点（按住 Ctrl 键以切换方向）：700,200

3. 注意事项

绘制圆弧时，应注意起点、端点和半径正负值的选取。例如，在使用"起点、端点、半径"绘制圆弧时（图 3-23）：

- 当以 A 做起点，B 做端点，半径输入-40 时，绘制的圆弧如图 3-23（a）所示。

- 当以 A 做起点，B 做端点，半径输入 40 时，绘制的圆弧如图 3-23（b）所示。
- 当以 B 做起点，A 做端点，半径输入 40 时，绘制的圆弧如图 3-23（c）所示。
- 当以 B 做起点，A 做端点，半径输入-40 时，绘制的圆弧如图 3-23（d）所示。

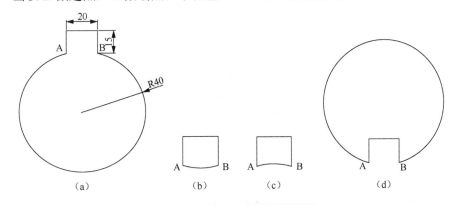

图 3-23　不同选项下绘制的圆弧

3.2.3　圆环的绘制

圆环（Donut）命令可以绘制空心的圆。空心圆拥有一个小半径（r），整个圆有一个大半径（R），整个圆的半径减去空心圆半径就是环宽。

1．命令的启动方法

- 在"菜单栏"中，选择"绘图"→"圆环"选项。
- 在"功能区"选项板中选择"默认"选项卡，在"绘图"面板中单击"圆环"按钮◎。
- 在命令行提示符下键入 Donut 或 Do 后，按回车键。

2．命令的操作方法

如图 3-24（a）所示，绘制一个空心圆。圆环命令启动后，命令行依次出现如下提示信息：

✧　DONUT 指定圆环的内径 <0.5000>: 10
✧　DONUT 指定圆环的外径 <1.0000>: 15
✧　DONUT 指定圆环的中心点或 <退出>: 100,100

命令行中各项的意义如下。

➢　指定圆环的内径：输入所绘制圆环的内径值。若将内径值设为"0"，得到填充的圆。
➢　指定圆环的外径：输入所绘制圆环的外径值。
➢　指定圆环的中心点：指定圆环中心的位置。

使用 FILL 命令可以改变圆环的填充效果。在 FILL 命令的提示下，选择"开（ON）"选项，可对圆环进行填充；选择"关（OFF）"选项，则对圆环不进行填充，只显示轮廓线，如图 3-24（b）所示。具体操作如下：

✧　命令: fill
✧　FILL 输入模式 [开（ON）　关（OFF）] <开>: off
✧　命令: regenall

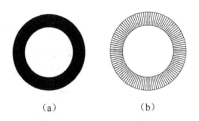

图 3-24　fill 命令效果

3.2.4　椭圆的绘制

椭圆（Ellipse）命令可以绘制椭圆和椭圆弧。AutoCAD 提供了三种绘制椭圆和椭圆弧的方式。

1．命令的启动方法

- 在"菜单栏"中，选择"绘图"→"椭圆"选项中的子选项，如图 3-25 所示。
- 在"绘图"快捷工具栏（图 3-1）上，单击"椭圆"按钮 。
- 在"功能区"选项板中，选择"默认"选项卡，在"绘图"面板中单击"椭圆"按钮 。
- 在命令行提示符下键入 Ellipse 或 El 后，按回车键。

图 3-25　在"菜单栏"中启动画椭圆命令

2．命令的操作方法

1）已知中心点绘制椭圆

如图 3-26 所示，在已知椭圆中心点、端点和另一半轴长的情况下，绘制一个椭圆。在"菜单栏"中，选择"绘图"→"椭圆"→"圆心"选项，命令行中依次出现如下提示信息：

◇　ELLIPSE 指定椭圆的中心点：500,200
◇　ELLIPSE 指定轴的端点：300,200
◇　ELLIPSE 指定另一条半轴长度或 [旋转（R）]：100

命令行中各项的意义如下。

➢　指定另一半轴长度：（系统默认选项）输入另一半轴长度。
➢　旋转（R）：输入旋转角度。根据系统提示输入旋转角度后，可得到以指定中心为圆心，指定轴线端点与中心的连线为半径的圆，该圆绕指定轴线旋转输入角度后，在 XOY 平面上产生的投影，为所绘制的椭圆。

2）已知轴和端点绘制椭圆

如图 3-27 所示，在已知椭圆中心点、端点和另一半轴长的情况下，绘制一个椭圆。在"菜单栏"中，选择"绘图"→"椭圆"→"轴、端点"选项，命令行中依次出现如下提示信息：

◇ ELLIPSE 指定椭圆的轴端点或 [圆弧（A）中心点（C）]：300,200
◇ ELLIPSE 指定轴的另一个端点：600,100
◇ ELLIPSE 指定另一条半轴长度或 [旋转（R）]：260

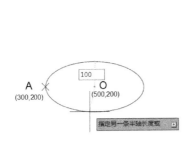

图 3-26 已知中心点绘制椭圆

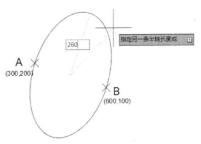

图 3-27 已知轴和端点绘制椭圆

3）绘制椭圆弧

如图 3-28 所示，在已知椭圆两个端点和另一半轴长的情况下，绘制一条椭圆弧。在"菜单栏"中，选择"绘图"→"椭圆"→"圆弧"选项，命令行中出现如下提示信息：

◇ ELLIPSE 指定椭圆的轴端点或 [圆弧（A）/中心点（C）]：300,200
◇ ELLIPSE 指定轴的另一个端点：600,100
◇ ELLIPSE 指定另一条半轴长度或 [旋转（R）]：260
◇ ELLIPSE 指定起始角度或 [参数（P）]：30
◇ ELLIPSE 指定端点角度或 [参数（P）夹角（I）]：150

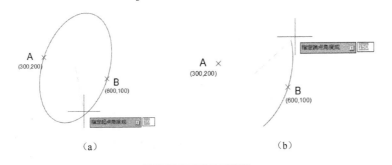

（a）　　　　　　　　　　　　　　（b）

图 3-28 绘制椭圆弧

3.3 矩形、正多边形和点

3.3.1 矩形的绘制

矩形（Rectang）命令可绘制出一般矩形、倒角矩形、圆角矩形、有厚度的矩形（在 3D 绘图中使用）、有宽度的矩形。

1. 命令的启动方法

- 在"菜单栏"中，选择"绘图"→"矩形"选项。
- 在"绘图"快捷工具栏（图 3-1）上，单击"矩形"按钮 ▭。
- 在"功能区"选项板中选择"默认"选项卡，在"绘图"面板中单击"矩形"按钮 ▭。
- 在命令行提示符下键入 Rectang 或 Rec 后，按回车键。

2. 命令的操作方法

1）绘制一般矩形

如图 3-29 所示，绘制一般矩形。矩形命令启动后出现如下提示信息：

- ◇ RECTANG 指定第一个角点或 [倒角（C）标高（E）圆角（F）厚度（T）宽度（W）]：200,100
- ◇ RECTANG 指定另一个角点或 [面积（A）尺寸（D）旋转（R）]：@50,30

其中，命令行信息中各项的意义如下。

- ➢ 指定第一个角点：用于确定矩形第一个角的位置，该项为系统默认选项。
- ➢ 倒角（C）：用于确定矩形的倒角尺寸。
- ➢ 标高（E）：用于确定矩形的标高（在 3D 绘图中使用）。
- ➢ 圆角（F）：用于确定矩形圆角尺寸。
- ➢ 厚度（T）：用于确定矩形的厚度（在 3D 绘图中使用）。
- ➢ 宽度（W）：用于确定矩形的线宽。
- ➢ 面积（A）：使用面积与长度或宽度创建矩形。如果"倒角"或"圆角"选项被激活，则区域将包括倒角或圆角在矩形角点上产生的效果。
- ➢ 尺寸（D）：使用长和宽创建矩形。
- ➢ 旋转（R）：按指定的旋转角度创建矩形。

2）绘制倒角矩形

如图 3-30 所示，绘制一个倒角矩形。矩形命令启动后，命令行中依次出现如下提示信息：

- ◇ RECTANG 指定第一个角点或 [倒角（C）标高（E）圆角（F）厚度（T）宽度（W）]：c
- ◇ RECTANG 指定矩形的第一个倒角距离 <0.0000>：5
- ◇ RECTANG 指定矩形的第二个倒角距离 <5.0000>：3
- ◇ RECTANG 指定第一个角点或 [倒角（C）标高（E）圆角（F）厚度（T）宽度（W）]：200,100
- ◇ RECTANG 指定另一个角点或 [面积（A）尺寸（D）旋转（R）]：@50,25

此时，若要恢复绘制一般矩形，则需要把两个倒角距离设成零即可。

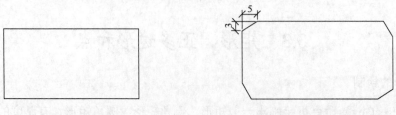

图 3-29　一般矩形　　　　　　　　　　图 3-30　倒角矩形

3）绘制圆角矩形

如图 3-31 所示，绘制一个有线宽的圆角矩形。矩形命令启动后，命令行中出现如下提示信息：

◇　RECTANG 指定第一个角点或[倒角（C）标高（E）圆角（F）厚度（T）宽度（W）]: f

◇　RECTANG 指定矩形的圆角半径 <0.0000>: 5

◇　RECTANG 指定第一个角点或 [倒角（C）标高（E）圆角（F）厚度（T）宽度（W）]: w

◇　RECTANG 指定矩形的线宽 <0.0000>: 1

◇　RECTANG 指定第一个角点或 [倒角（C）标高（E）圆角（F）厚度（T）宽度（W）]: 200,100

◇　RECTANG 指定另一个角点或 [面积（A）尺寸（D）旋转（R）]: @50,25

此时，若要再绘制一般矩形，则需要把圆角半径设成零即可。

4）绘制倾斜矩形

如图 3-32 所示，绘制一个倾斜矩形。矩形命令启动后，命令行中依次出现如下提示信息：

◇　RECTANG 指定第一个角点或 [倒角（C）标高（E）圆角（F）厚度（T）宽度（W）]: 200,100

◇　RECTANG 指定另一个角点或 [面积（A）尺寸（D）旋转（R）]: R

◇　RECTANG 指定旋转角度或 [拾取点（P）]<90>: 30

◇　RECTANG 指定另一个角点或 [面积（A）尺寸（D）旋转（R）]: D

◇　RECTANG 指定矩形的长度<200.0000>: 50

◇　RECTANG 指定矩形的宽度<50.0000>: 25

◇　RECTANG 指定另一个角点或 [面积（A）尺寸（D）旋转（R）]: 根据需要在绘图窗口中选择一点

此时，若要恢复绘制一般矩形，则需要把旋转角度设成零即可。

　　　　　　　　　　　　　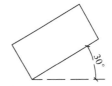

图 3-31　有线宽的圆角矩形　　　　　　　　　图 3-32　倾斜矩形

3.3.2　正多边形的绘制

正多边形（Polygon）命令可以绘制出各边和各角相等的多边形。

1. 命令的启动方法

●　在"菜单栏"中，选择"绘图"→"正多边形"选项。

●　在"绘图"快捷工具栏（图 3-1）上，单击"矩形"按钮。

●　在"功能区"选项板中选择"默认"选项卡，在"绘图"面板中单击"正多边形"按钮。

- 在命令行提示符下键入 Polygon 或 Pol 后，按回车键。

2. 命令的操作方法

正多边形命令启动后，命令行依次出现如下提示信息：

◇ POLYGON_polygon 输入侧面数<4>:

◇ POLYGON 指定正多边形的中心点或[边（E）]:

◇ POLYGON 输入选项 [内接于圆（I）外切于圆（C）]<I>:

◇ POLYGON 指定圆的半径:

其中命令行中各项的意义如下。

➢ 指定正多边形的中心点：该选项通过中心点绘制多边形。

➢ 边（E）：该选项用于通过边长绘制正多边形。

➢ 内接于圆（I）：该选项为通过内接圆法线绘制正多边形。选择该项后，会出现"指定圆半径"提示信息，要求输入内接圆半径。

➢ 外切于圆（C）：该选项为通过外切圆法线绘制正多边形。选择该项后，出现"指定圆半径"提示信息，要求输入外切圆半径。

1）内接于圆绘制正多边形

如图 3-33（a）所示，绘制一个内接于圆绘制正多边形。正多边形命令启动后，命令行依次出现如下提示信息：

◇ POLYGON _polygon 输入侧面数 <4>: 5

◇ POLYGON 指定正多边形的中心点或[边（E）]: 200,300

◇ POLYGON 输入选项[内接于圆（I）外切于圆（C）]<I>: i

◇ POLYGON 指定圆的半径: 30

2）外切于圆绘制正多边形

如图 3-33（b）所示，绘制一个外切于圆绘制正多边形。正多边形命令启动后，命令行依次出现如下提示信息：

◇ POLYGON _polygon 输入侧面数 <5>: 5

◇ POLYGON 指定正多边形的中心点或[边（E）]: 300,300

◇ POLYGON 输入选项[内接于圆（I）外切于圆（C）]<I>: c

◇ POLYGON 指定圆的半径: 30

（a）内接于圆　　　　（b）外切于圆

图 3-33　内接、外切圆的正多边形

3.3.3　点的绘制和等分

点（Point）命令可以绘制出多种样式的点对象。在绘制点对象之前，一般需要先设置点的样式。

1. 点的样式

在 AutoCAD 中，设置点样式的方法为：在"菜单栏"中，选择"格式"→"点样式"选择，打开"点样式"对话框，如图 3-34 所示。

- 图形选择框：如图 3-34 所示，有 20 种点样式供用户选择，其中点的默认样式是一个小圆点（第一种点样式）。
- "点大小"文本框：设置点的大小。
- "相对于屏幕设置大小"单选按钮：是否相对于屏幕的尺寸大小来设置点的尺寸大小。
- "按绝对单位设置大小"单选按钮：是否用绝对坐标单位设置点的尺寸大小。

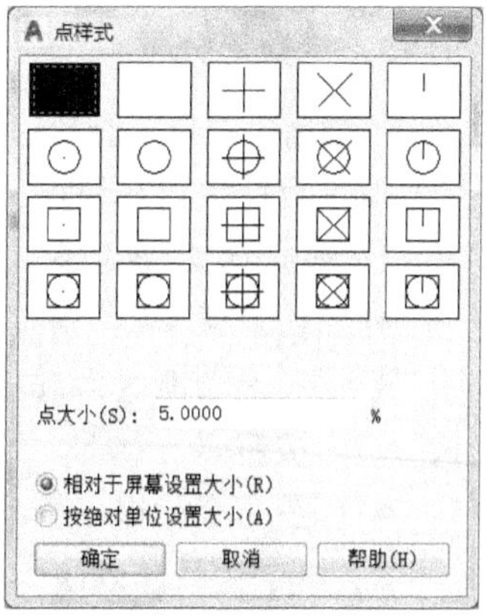

2．点的绘制

1）命令的启动方法

- 在"菜单栏"中，选择"绘图"→"点"选择，如图 3-35 所示。可以选择"单点"或"多点"选项。
- 在"绘图"快捷工具栏（图 3-1）上，单击"点"按钮。
- 在"功能区"选项板中选择"默认"选项卡，在"绘图"面板中单击"多点"按钮。
- 在命令行提示符下键入 Point 或 Po 后，按回车键。

图 3-34　点的样式

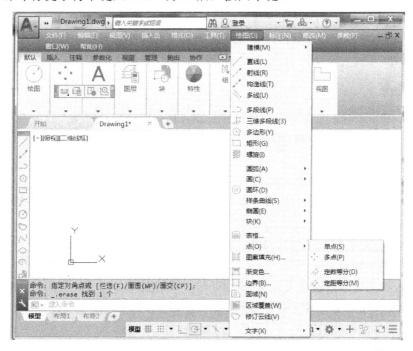

图 3-35　在"菜单栏"中启动画点命令

2）命令的操作方法

启动命令后，命令行依次出现如下提示信息：

- ◇　命令: point
- ◇　当前点模式: PDMODE=0　PDSIZE=0.0000
- ◇　指定点:

可以在窗口中一次绘制一个点或一次绘制多个点。

3．定数等分

定数等分（Divide）命令可以按指定的数目，将一条直线、圆弧或多段线平均分段，并在其上按段数标记点或块标记。

1）命令的启动方法

- 在"菜单栏"中，选择"绘图"→"点"→"定数等分"选项。
- 在"功能区"选项板中选择"默认"选项卡，在"绘图"面板中单击"定数等分"按钮 。
- 在命令行提示符下键入 Divide 或 Div 后，按回车键。

2）命令的操作方法

如图 3-36（a）所示的圆，将其定数等分成 5 等分。定数等分命令启动后，命令行中依次有如下的提示信息：

◇　DIVIDE 选择要定数等分的对象：选择要定数等分的圆

◇　DIVIDE 输入线段数目或 [块（B）]： 5

其中各项的意义如下。

➢　输入线段数目：输入沿选定对象等间距放置点对象的个数。
➢　块（B）：沿选定对象等间距放置块。如果块具有可变属性，插入的块中将不包含这些属性。

4．定距等分

定距等分（Measure）命令可以按指定的长度，从指定的端点测量一条直线、圆弧或多段线，并在其上按长度标记点或块标记。

1）命令的启动方法

- 在"菜单栏"中，选择"绘图"→"点"→"定距等分"选项。
- 在"功能区"选项板中选择"默认"选项卡，在"绘图"面板中单击"定距等分"按钮 。
- 在命令行提示符下键入 Measure 或 Me 后，按回车键。

2）命令的操作方法

如图 3-36（b）所示的圆（周长为 188.4956），以长度为 40 对其进行定距等分。定距等分命令启动后，在命令行中依次有如下的提示信息：

◇　MEASURE 选择要定距等分的对象：选择要定距等分的圆

◇　MEASURE 指定线段长度或 [块（B）]： 40

其中各项的意义如下。

（a）定数等分圆　　　（b）定距等分圆

图 3-36　定数和定距等分圆

➢　输入线段长度：输入沿选定对象等间距放置点对象的距离，从最靠近用于选择对象的点的端点处开始放置。闭合多段线的定距等分从它们的初始顶点（绘制的第一个点）处开始。圆的定距等分从设置为当前捕捉旋转角的自圆心的角度开始。如果捕捉旋转角为零，则从圆心右侧的圆周点开始定距等分圆。

> 块（B）：沿选定对象等距离放置块。如果块具有可变属性，插入的块中将不包含这些属性。

3.4 多段线、多线与样条曲线

3.4.1 多段线的绘制

多段线（Pline）命令可以绘制由几段线段或圆弧构成的连续线条。在 AutoCAD 中绘制的一整条多线段，无论有多少个点（段），均为一个整体，不能对其中的某一段进行单独编辑（除非把它分解后再编辑）。

1．命令的启动方法

- 在"菜单栏"中，选择"绘图"→"多段线"选项。
- 在"绘图"快捷工具栏（图 3-1）上，单击"多段线"按钮 。
- 在"功能区"选项板中选择"默认"选项卡，在"绘图"面板中单击"多段线"按钮 。
- 在命令行提示符下键入 Pline 或 Pl 后，按回车键。

2．命令的操作方法

多段线命令启动后，在命令行中依次出现如下提示信息：

◇ PLINE 指定起点：
◇ 当前线宽为 0.0000
◇ PLINE 指定下一个点或[圆弧（A）半宽（H）长度（L）放弃（U）宽度（W）]：
其中各项的意义如下。

> 圆弧（A）：以圆弧的形式绘制多段线。
> 闭合（C）：自动将多段线闭合。
> 半宽（H）：设置多段线的半宽值。
> 长度（L）：指定下一段多段线的长度。
> 放弃（U）：取消刚刚绘制的那一段多段线。
> 宽度（W）：设置多段线的宽度值。

绘制如图 3-37 所示多段线，多段线命令启动后，在命令行中依次出现如下提示信息：

◇ PLINE 指定起点：10,20
◇ 当前线宽为 0.0000
◇ PLINE 指定下一个点或[圆弧（A）半宽（H）
   长度（L）放弃（U）
◇ 宽度（W）]：w
◇ PLINE 指定起点宽度 <0.0000>：0
◇ PLINE 指定端点宽度 <0.0000>：20
◇ PLINE 指定下一个点或[圆弧（A）半宽（H）
   长度（L）放弃（U）宽度（W）]：@50<0

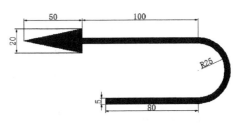

图 3-37 绘制多段线

◇　PLINE 指定下一点或[圆弧（A）闭合（C）半宽（H）长度（L）放弃（U）宽度（W）]：w

◇　PLINE 指定起点宽度 <20.0000>：5

◇　PLINE 指定端点宽度 <5.0000>：5

◇　PLINE 指定下一点或[圆弧（A）闭合（C）半宽（H）长度（L）放弃（U）宽度（W）]：
　　@100<0

◇　PLINE 指定下一点或[圆弧（A）闭合（C）半宽（H）长度（L）放弃（U）宽度（W）]：a

◇　PLINE 指定圆弧的端点（按住 Ctrl 键以切换方向）或[角度（A）圆心（CE）闭合（CL）
　　方向（D）半宽（H）直线（L）半径（R）第二个点（S）放弃（U）宽度（W）]：a

◇　PLINE 指定夹角：-180

◇　PLINE 指定圆弧的端点（按住 Ctrl 键以切换方向）或 [圆心（CE）半径（R）]：@50<270

◇　PLINE 指定圆弧的端点（按住 Ctrl 键以切换方向）或[角度（A）圆心（CE）闭合（CL）
　　方向（D）半宽（H）直线（L）半径（R）第二个点（S）放弃（U）宽度（W）]：l

◇　PLINE 指定下一点或 [圆弧（A）闭合（C）半宽（H）长度（L）放弃（U）宽度（W）]：
　　80<180，按回车键

3.4.2　多线的绘制

多线（Mline）命令可以同时画出多条平行的线出来，线的数量、间距、线型可以用多线样式设定。多线命令常用于绘制墙线、道路、巷道等。

1. 命令的启动方法

● 　在"菜单栏"中，选择"绘图"→"多线"选项。

● 　在命令行提示符下键入 Mline 或 Ml 后，按回车键。

2. 命令的操作方法

启动多线命令后，在命令行中依次出现如下提示信息：

◇　当前设置：对正 = 上，比例 = 20.00，样式 = STANDARD

◇　MLINE 指定起点或 [对正（J）比例（S）样式（ST）]：

◇　MLINE 指定下一点：

◇　MLINE 指定下一点或 [放弃（U）]：

◇　MLINE 指定下一点或 [闭合（C）放弃（U）]：

其中各项的意义如下。

➢　对正（J）：设置多线相对于用户输入端点的偏移位置。

➢　比例（S）：设置定义的平行多线绘制时的比例。

➢　样式（ST）：设置绘制平行多线时使用的样式。

AutoCAD 默认的样式为：STANDARD。

绘制如图 3-38 所示的多线。启动多线命令后，在命令行中依次出现如下提示信息：

◇　MLINE 指定起点或[对正（J）比例（S）样式（ST）]：J

◇　MLINE 输入对正类型[上（T）无（Z）下（B）)：B

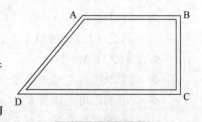

图 3-38　绘制多线

◇　MLINE 指定起点或[对正（J）比例（S）样式（ST）]: S

◇　MLINE 输入多线比例<20.00>: 5

◇　MLINE 指定起点或[对正（J）比例（S）样式（ST）]: 100,200

◇　MLINE 指定下一点: @150<0

◇　MLINE 指定下一点或[放弃（U）]: @100<270

◇　MLINE 指定下一点或[闭合（C）放弃（U）]: @250<180

◇　MLINE 指定下一点或[闭合（C）放弃（U）]: C

3.4.3　样条曲线的绘制

样条曲线（Spline）命令可以通过一系列给定的点绘制光滑曲线。AutoCAD 提供了两种样条曲线的绘制方法，可以给定一组控制点而得到一条曲线，也可以给定一组拟合点而得到一条曲线。

1．命令的启动方法

- 在"菜单栏"中，选择"绘图"→"样条曲线"选项中的子选项，"拟合点"或"控制点"，如图 3-39 所示。

图 3-39　在"菜单栏"中启动画样条曲线命令

- 在"绘图"快捷工具栏（图 3-1）上，单击"样条曲线"按钮 。
- 在"功能区"选项板中选择"默认"选项卡，在"绘图"面板中单击"样条曲线拟合"按钮 或"样条曲线控制点"按钮 。
- 在命令行提示符下键入 Spline 或 Spl 后，按回车键。

2. 命令的操作方法

样条曲线命令启动后，在命令行中依次出现如下提示信息：

◇ 当前设置：方式＝拟合   节点＝弦

◇ SPLINE 指定第一个点或 [方式（M）节点（K）对象（O）]：

◇ SPLINE 输入下一点或 [起点切向（T）公差（L）]：

◇ SPLINE 输入下一个点或 [端点相切（T）公差（L）放弃（U）]：

◇ SPLINE 输入下一个点或 [端点相切（T）公差（L）放弃（U）闭合（C）]：

其中各项的意义如下。

➢ 方式（M）：选择用控制点（CV）或用拟合点（F）绘制样条曲线。

➢ 节点（K）：设置节点参数。

➢ 对象（O）：选所拟合的对象。

➢ 起点切向（T）：指定起点的切向。

➢ 端点相切（T）：指定端点的切向。

➢ 公差（L）：输入曲线拟合的偏差值。

➢ 闭合（C）：生成一条闭合的样条曲线。

分别用拟合点和控制点绘制的样条曲线如图 3-40（a）和图 3-40（b）所示。

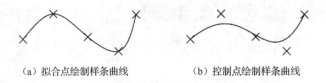

（a）拟合点绘制样条曲线   （b）控制点绘制样条曲线

图 3-40   样条曲线的绘制

3.5   区域填充、面域与区域覆盖

3.5.1 图案填充

图案填充（Bhatch）命令可以使用填充图案、实体填充或渐变填充来填充封闭区域或选定对象。常用于表示剖切面和不同类型对象的外观纹理等，广泛应用于专题地图、建筑图、地质构造图等各类图形中。

AutoCAD 不仅可以填充某一图形区域，而且可以根据需要对填充的图案、填充的样式进行设置。图案填充就是用某种图案充满指定的图形区域，可使用 BHATCH 或 HATCH 等图案填充命令来完成。图案填充可以分为关联或非关联的图案填充。关联图案填充就是图案填充与它们的边界相连接并且当修改边界时自动更新，非关联图案填充则独立于它们的边界，即使修改图案填充和渐变色也不会变化。因此，关联图案填充适合于封闭图形的填充，而非关联图案填充特别适用于非封闭图形的填充。

1. 命令的启动方法

● 在"菜单栏"中，选择"绘图"→"图案填充"或"渐变色"选项。

- 在"绘图"快捷工具栏（图 3-1）上单击"图案填充"按钮 或"渐变色"按钮 。
- 在"功能区"选项板中选择"默认"选项卡，在"绘图"面板中单击"图案填充"按钮 或"渐变色"按钮 。
- 在命令行提示符下键入 Bhatch 或 Hatch 或 BH 或 H 后，按回车键。

2．命令的操作方法

图案填充命令启动后，将弹出"图案填充创建"功能区，如图 3-41 所示，然后再单击"选项"右下角箭头 ，打开的对话框如图 3-42 所示。

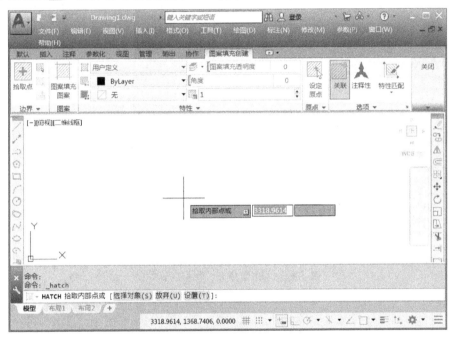

图 3-41　"图案填充创建"功能区

1）查找封闭区域填充图案

图案填充命令启动后，在"图案填充创建"功能区（图 3-41）或"图案填充编辑"对话框（图 3-42）中进行如下操作。

- 单击"拾取点"按钮 ，表示通过拾取边界内部的点指定边界。
- 在需要填充图案的区域内指定一点后单击，即可以使用当前的图案、缩放比例和角度填充封闭区域，也可以根据需要修改这些设置。封闭区域填充图案后的效果如图 3-43 所示。

2）选择对象填充图案

除使用特定图案和样式填充封闭的面域外，AutoCAD 允许填充对象可为封闭的边界，也可为不封闭的边界对象。

图案填充命令启动后，在"图案填充创建"功能区（图 3-41）或"图案填充编辑"对话框（图 3-42）中进行如下的操作。

- 单击"选择对象"按钮 ，表示通过拾取对象（无须具有闭合的边界）指定边界。

- 拾取需要图案填充的对象，就会发现不闭合的区域也可以进行图案填充，但很明显不是完全填充。不闭合的图形填充后结果如图 3-44 所示。

图 3-42　"图案填充编辑"对话框一

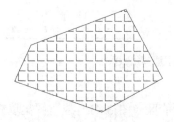

图 3-43　封闭对象图案填充

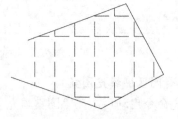

图 3-44　非封闭对象图案填充

3）定义图案填充边界

边界是构成封闭对象的轮廓，它可以是线、圆弧、圆、二维多段线、椭圆、样条曲线等的任意组合。

在"图案填充创建"功能区（图 3-41）中，选择"选项"→"孤岛检测"选项，如图 3-45 所示，或在"图案填充编辑"对话框中单击右下角的"更多选项"按钮，打开如图 3-46 所示的对话框。通过这两种途径均可以设置填充图形中的孤岛及边界等。

"孤岛检测"选项主要用于设置孤岛的填充方式，其中包括"普通孤岛检测"、"外部孤岛检测"和"忽略孤岛检测"。

- "普通孤岛检测"方式：从最外边界向里面填充线，遇到与之相交的内部边界时断开填充线，再遇到下一个内部边界时再继续绘制填充线。

- "外部孤岛检测"方式：从最外边界向里面填充线，遇到与之相交的内部边界时断开填充线，不再继续往里绘制填充线。
- "忽略孤岛检测"方式：忽略边界内的对象，所有内部结构都被填充线覆盖。

图 3-45　"孤岛检测"选项

图 3-46　"图案填充编辑"对话框二

4）"渐变色"选项卡

在"菜单栏"中，选择"绘图"→"渐变色"选项，在"图案填充创建"功能区（图 3-40）中选择"渐变色"选项（图 3-47），或在"图案填充编辑"对话框（图 3-48）中使用"渐变色"

选项卡。通过这两种途径均可以使用一种或两种颜色形成的渐变色来填充图形。

图 3-47　渐变色图案填充

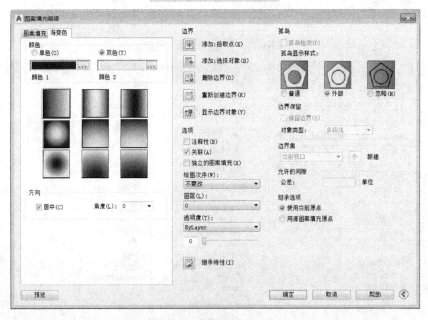

图 3-48　"图案填充编辑"对话框三

5）用户定义填充图案

AutoCAD 提供了多种填充图案，在"图案填充创建"功能区（图 3-41）中，打开 "图案填充图案"（图 3-49），或在"图案填充编辑"对话框中单击右下角的"更多选项"按钮 ⟩，打开如图 3-46 所示的对话框。通过这两种途径均可以定义填充图案。

在"图案填充创建"功能区中完成用户定义填充图案的方法与步骤如下。

- 在"图案填充创建"功能区中的"特性"中，选择"用户定义"，表示按用户定义的填充图案样式填充区域。

- 角度：指定填充图案的角度（相对当前 UCS 坐标系的 X 轴）。
- 间距：指定用户定义图案中的直线间距，只有将"类型"设置为"用户定义"，此选项才可用。
- 图案填充透明度：指定填充图案的透明度。

也可以在"图案填充编辑"对话框（图 3-46）中完成用户定义填充图案。

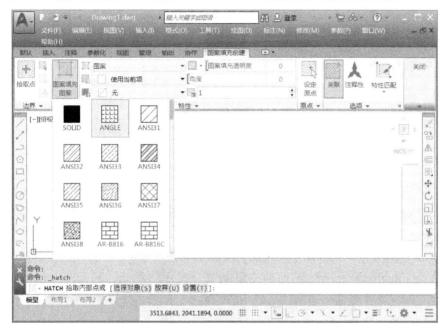

图 3-49　在"图案填充创建"功能区中打开填充图案

6）孤岛设置

在进行图案填充时，通常将一个已定义的填充区域内的封闭区域称为孤岛。在"图案填充编辑"对话框中单击右下角的"更多选项"按钮 ⊙，打开如图 3-46 所示的对话框，可以对孤岛和边界进行设置，该选项卡中各项的具体意义如下。

- 保留边界：根据临时图案填充边界创建边界对象，并将其添加到图形中。
- 对象类型：控制新边界对象的类型。生成的边界对象可以是面域或多段线对象。仅当选择"保留边界"时，此选项才可用。
- 边界集：当使用"选择对象"定义边界时，选定的边界集无效。默认情况下，当使用"拾取点"定义边界时，AutoCAD 分析当前视口中所有可见的对象。
- 当前视口：根据当前视口范围中的所有对象定义边界集选择此选项将放弃当前的任何边界集。
- 现有集合：从使用"新建"选定的对象定义边界集。如果还没有用"新建"创建边界集，则"现有集合"选项不可用。
- 新建：提示用户选择用来定义边界集的对象。
- 允许的间隙区域：设置将对象用作图案填充边界时可以忽略的最大间隙。默认值为0，此值指定对象必须封闭区域而没有间隙。

- 继承选项区域：使用"继承特性"创建图案填充时，这些设置将控制图案填充原点的位置。

3.5.2　面域创建

面域（Region）命令可以用闭合的形状或环来创建二维区域，该区域内部可以包含孔。在 AutoCAD 中，能够把由某些对象围成的封闭区域创建成面域，这些封闭区域可以是圆、椭圆、封闭的二维多段线和封闭的样条曲线等对象，也可以是由圆弧、直线、二维多段线、椭圆弧及样条曲线等对象构成的封闭区域。

1．命令的启动方法

- 在"菜单栏"中，选择"绘图"→"面域"选项。
- 在"绘图"快捷工具栏（图 3-1）上单击"面域"按钮 ⃞。
- 在"功能区"选项板中选择"默认"选项卡，在"绘图"面板中单击"面域"按钮 ⃞。
- 在命令行提示符下键入 Region 或 Reg 后，按回车键。

2．命令的操作方法

在 AutoCAD 中，可以通过选择封闭面来创建面域，或通过图形边界创建面域。

1）选择封闭图形创建面域

如图 3-50 所示有两个闭合图形，选择封闭图形创建面域。
启动面域命令（Region）后，命令行中依次出现如下提示信息：

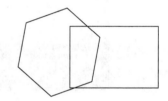

- ✧　REGION 选择对象：用鼠标选取正六边形
- ✧　选择对象：找到 1 个
- ✧　REGION 选择对象：用鼠标选取矩形
- ✧　选择对象：找到 1 个，总计 2 个

图 3-50　选择封闭图形创建面域

系统给出 AutoCAD 检测到多少个封闭环面的信息，按 Enter 键结束面域的创建。如图 3-50 所示有两个闭合图形，表面上看来，创建面域与原来的图形没有什么区别，但 AutoCAD 已经在面域上加上了标记。

2）使用边界创建面域

使用边界创建面域的方法和步骤如下。

- 设置边界：在"菜单栏"中，选择"绘图"→"边界"选项，或在"功能区"选项板中选择"默认"选项卡，在"绘图"面板中单击"边界"按钮 ⃞，或在命令行键入 boundary 后按回车键，弹出"边界创建"对话框，如图 3-51 所示。
- 在"边界创建"对话框的"对象类型"下，可以选择创建的边界类型，选择"面域"，即可以创建面域的边界。
- 单击"新建"按钮，表示标记新的边界。
- 选择用边界创建面域的对象，如图 3-52（a）选择大圆和小圆。命令行中显示创建了两个面域，按回车键回到"边界创建"对话框。
- 选择"拾取点"，在想要定义为面域的图形的每一个区域内指定一点，然后单击。该点就作为所创建面域的内部点，虚线包围的区域为创建的面域，而虚线就是标记的边界，如图 3-52（b）所示。

图 3-51　"边界创建"对话框

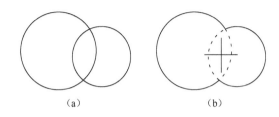

图 3-52　选择边界创建面域

3.5.3　区域覆盖

区域覆盖命令就是创建多边形区域，该区域将用当前背景色屏蔽其下面的对象。此区域覆盖区域由边框进行绑定，用户可以打开或关闭该边框。也可以选择在屏幕上显示边框并在打印时隐藏它。

1. 命令的启动方法

- 在"菜单栏"中，选择"绘图"→"区域覆盖"选项。
- 在"功能区"选项板中选择"默认"选项卡，在"绘图"面板中单击"区域覆盖"按钮▧。
- 在命令行提示符下键入 Wipeout 后，按回车键。

2. 命令的操作方法

如图 3-53 所示，创建一个四边形区域，用当前背景色屏蔽其下面的对象。当启动区域覆盖命令后，在命令行中依次出现如下提示信息：

◇　WIPEOUT 指定第一点或 [边框（F）多段线（P）]<多段线>：用鼠标在屏幕上选取点 1

◇　WIPEOUT 指定下一点：用鼠标在屏幕上选取点 2

◇　WIPEOUT 指定下一点或[放弃（U）]：用鼠标在屏幕上选取点 3

◇　WIPEOUT 指定下一点或[闭合（C）放弃（U）]：用鼠标在屏幕上选取点 4

◇　WIPEOUT 指定下一点或[闭合（C）放弃（U）]：c

其中各项的意义如下。

➢　边框（F）：打开或关闭覆盖区域的边界。

➢　多段线（P）：用多段线绘制覆盖区域。

"区域覆盖"效果如图 3-53（b）所示。

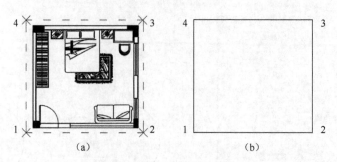

(a)　　　　　　　　　　(b)

图 3-53　"区域覆盖"屏蔽对象

课 后 习 题

3-1　Pline 与 line 命令有什么不同？

3-2　如何使用 Xline 命令平分两条直线所夹的角？

3-3　AutoCAD 绘制圆的方法有哪些？

3-4　AutoCAD 绘制圆弧的方法有哪些？

3-5　如何使用 Rectang 命令绘制倒角和圆角矩形？

3-6　绘制正多边形命令中内接法与外切法有什么不同？

3-7　如何控制所绘制的点的形式？

3-8　定数等分与定距等分有什么不同？

3-9　绘制多线时，多线的对齐方式有哪几种？比例是指什么含义？

3-10　不封闭的曲线或多边形能够进行图案填充吗？如何控制填充图案与边界关联？

第4章 平面图形的编辑

4.1 图形对象选择

在 AutoCAD 绘图中，快捷、有效地选择实体对象是进行图形绘制与编辑的基础。当在 AutoCAD 绘图中选择实体目标后，该实体将呈亮度显示，从而与未选择的实体区分开。在"选择对象"提示下，可以选择一个对象，可以逐个选择多个对象，也可以一次性选择所有对象。在"功能区"选项板中选择"默认"选项卡，在"实用工具▦"面板上单击"全部选择"按钮▦，或同时按住 Ctrl＋A 键或在命令行中输入 Selall。就可以实现一次性选择所有对象。

4.1.1 拾取框选择

当执行编辑命令后，在绘图区内的十字光标就会变成一个正方形的小框，在 AutoCAD 中称为拾取框，同时在命令行提示"选择对象:"，拾取框光标放在要选择对象的位置将亮显对象。单击以选择对象。当用拾取框选择一个实体目标后，命令行仍继续提示"选择对象:"直到按回车键、空格键或右击来结束选择。用拾取框选择实体对象时，一次只能选择一个对象。

如果在"选择对象:"提示后键入"?"，则有如下选择:

✧ 需要点或窗口（W）/上一个（L）/窗交（C）/框（BOX）/全部（ALL）/栏选（F）/圈围（WP）/圈交（CP）/编组（G）/添加（A）/删除（R）/多个（M）/前一个（P）/放弃（U）/自动（AU）/单个（SI）/子对象（SU）/对象（O）

命令行提示信息中各项的意义如下。

➢ 窗口（W）: 窗口选择方式。

➢ 上一个（L）: 选择最后绘制的图形作为对象。

➢ 窗交（C）: 交叉窗口选择方式。

➢ 框（BOX）: 矩形框选择方式。相当于窗口选择和窗交选择的综合使用。

➢ 全部（ALL）: 全选方式。选取绘图窗口中所有的实体。

➢ 栏选（F）: 栏线选择方式。可以构造任意折线，与该折线相交的实体均被选择。

➢ 圈围（WP）: 多边形窗口方式。该选项与窗口选择方式相似，但可构造任意形状的多边形区域，在此区域的对象都被选择。

➢ 圈交（CP）: 交叉多边形窗口选择方式。该选项与窗交选择方式相似，但可构造任意形状的多边形区域，在此区域的对象以及与多边形边界相交的对象都被选择。

➢ 编组（G）: 输入已定义的选择集。

➢ 添加（A）: 将未选择的目标添加到选择对象中。

➢ 删除（R）: 从已选择的目标中删除一个或多个对象。

➢ 多个（M）: 多项选择。按照单选的方式，逐个点取要选择的对象。

➢ 前一个（P）: 选择前一次操作所选取的选择集。

➢ 放弃（U）: 取消上一步所选取的对象。

> ➢ 自动（AU）：自动选择。等效于单点选择、窗口选择或交叉方式。
> ➢ 单个（SI）：切换到单选模式，选择指定的第一个或第一组对象而不继续提示进一步选择。
> ➢ 子对象（SU）：使用户可以逐个选择原始形状，这些形状是复合实体的一部分或三维实体上的顶点、边和面。可以选择这些子对象的其中之一，也可以创建多个子对象的选择集。选择集可以包含多种类型的子对象。
> ➢ 对象（O）：结束选择子对象的功能。使用户可以使用对象选择方法。

4.1.2　矩形框选择

除了用拾取框选择实体对象，AutoCAD 还提供了矩形框来选择多个实体。矩形框选择有窗口（Window）和交叉（Crossing）两种方式。

1．窗口方式选择

当执行编辑命令出现"选择对象："提示符后，在适当的位置单击，选择矩形对角线上的第一个点，从左向右拖动鼠标至适当的位置，即可看到在绘图区内出现一个实线的矩形，称为窗口方式下的矩形选择框，如图 4-1 所示。此时，只有完全包含在该矩形选择框内的实体目标才会被选择。

2．交叉方式选择

当执行编辑命令出现"选择对象："提示符后，在适当的位置单击，选择矩形对角线上的第一个点，从右向左拖动鼠标至适当的位置，即可看到在绘图区内出现一个虚线的矩形，称为交叉方式下的矩形选择框，如图 4-2 所示。此时，完全包含在该矩形选择框内的实体目标以及与该选择框相交的实体目标均被选择。

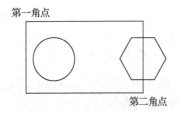

图 4-1　窗口方式选择对象

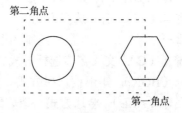

图 4-2　交叉方式选择对象

4.1.3　过滤选择

过滤命令可以以对象的类型（如直线、圆及圆弧等）、图层、颜色、线型或线宽等特性作为条件，过滤选择符合设定条件的对象。

1．命令的启动方法

在命令行中输入 Filter 或 Fi 命令后，按回车键，打开"对象选择过滤器"对话框（图 4-3）。

2．命令的操作方法

具体操作步骤如下。

- 打开"对象选择过滤器"对话框（图 4-3），选择过滤器确定要选择的对象类型。
- 单击"添加选定对象"按钮，将过滤的对象类型加入过滤列表内。
- 单击"应用"按钮。
- 在"选择对象"提示符下，用矩形方式（窗口或交叉）选择一个范围。

用过滤选择可在一复杂的区域内选择满足用户要求的实体对象。需要注意此时必须考虑图形中对象的这些特性是否设置为随层。

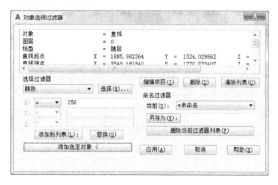

图 4-3　"对象选择过滤器"对话框

4.1.4　快速选择

在 AutoCAD 中，当需要选择具有某些共同特性的对象时，可利用"快速选择"工具，根据对象的图层、线型、颜色、图案填充等特性和类型，创建选择集。

1．命令的启动方法

- 在"菜单栏"中，选择"工具"→"快速选择（K）"选项。
- 单击"默认"功能区选项板的"实用工具"面板下"快速选择"按钮 。
- 在命令行提示符下键入 Qselect 或 Qse 后，按回车键。

2．命令的操作方法

启动 Qselect 命令后，打开"快速选择"对话框（图 4-4），具体操作步骤如下。

- 确定快速选择的"对象类型"和"特性"。
- 确定应用范围或单击 按钮，用矩形方式（窗口或交叉）选择一个范围。
- 单击"确定"按钮进行快速选择。

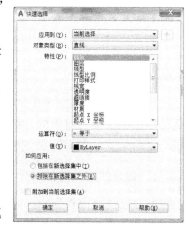

图 4-4　"快速选择"对话框

4.2　位置和大小编辑

4.2.1　移动命令

移动（Move）命令用于将选定的图形对象从当前位置平移到一个新的位置，而不改变图形对象的大小和方向。

1. 命令的启动方法

- 在"菜单栏"中，选择"修改"→"移动"选项。
- 在"绘图"快捷工具栏上单击"移动"按钮✛。
- 在"功能区"选项板中选择"默认"选项卡，在"修改"面板中单击"移动"按钮✛。
- 在命令行提示符下键入 Move 或 M 后，按回车键。

2. 命令的操作方法

图形移动操作如图 4-5 所示，将图 4-5（a）中的圆移动至图 4-5（b）中，得到图 4-5（c）。移动命令启动后依次有如下的提示信息：

- ◇ MOVE 选择对象：选择圆
- ◇ MOVE 指定基点或[位移（D）]<位移>：圆心
- ◇ MOVE 指定第二个点或<使用第一个点作为位移>：矩形中心

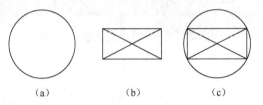

　　　　　（a）　　　　　　　　　（b）　　　　　　　　　（c）

图 4-5　图形移动

命令行提示信息中各项的意义如下。

- ➢ 指定基点或[位移（D）]<位移>：指定一点作为对象移动的基点。
- ➢ 指定第二个点或<使用第一个点作为位移>：指定对象移动的目标点。
- ➢ 位移（D）：输入相对于当前点的位移量。

4.2.2　旋转命令

旋转（Rotate）命令用于将选择的图形对象从原来的位置旋转到用户指定的角度位置上。旋转中心位于图形对象的几何中心时，旋转后该图形对象的位置不变，只是放置的方向旋转了一定的角度。当旋转中心不位于图形对象的几何中心时，图形对象的位置会改变。

1. 命令的启动方法

- 在"菜单栏"中，选择"修改"→"旋转"选项。
- 在"绘图"快捷工具栏上单击"旋转"按钮↻。
- 在"功能区"选项板中选择"默认"选项卡，在"修改"面板中单击"旋转"按钮↻。
- 在命令行提示符下键入 Rotate 或 Ro 后，按回车键。

2. 命令的操作方法

图形旋转操作如图 4-6 所示，将图 4-6（a）中直三角形 ABC 进行旋转，让直角边 BC 与直线 BD 重合，得到图 4-6（b）。旋转（Rotate）命令启动后依次有如下的提示信息：

◇ UCS 当前的正角方向： ANGDIR=逆时针
ANGBASE=0

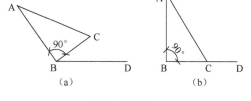

◇ ROTATE 选择对象：选择直三角形 ABC
（可用窗选或交叉窗口方式选取）

◇ ROTATE 指定基点：选择 B 点

◇ ROTATE 指定旋转角度，或 [复制（C）
参照（R）] <0>: r

图 4-6　图形旋转

◇ ROTATE 指定参照角<0>：选择 B 点

◇ ROTATE 指定参照角<0>：指定第二点：选择 C 点

◇ ROTATE 指定新角度或[点（P）] <0>：选择 D 点

命令行提示信息中各项的意义如下。

➤ 指定基点：指定一点作为对象旋转的基点。

➤ 指定旋转角度，或 [复制（C）参照（R）] <0>：如果直接输入角度值，则可以将对象绕基点转动该角度，角度为正时逆时针旋转，角度为负时顺时针旋转。

➤ 如果选择"复制"选项，则对象旋转后保留原对象不被删除；如果选择"参照"选项，将以参照方式旋转对象，需要依次指定参照方向的角度值和相对于参照方向的角度值。

4.2.3　缩放命令

缩放（Scale）命令用于将所选择的图形对象进行放大或缩小。缩放后对象的比例保持不变。

1．命令的启动方法

● 在"菜单栏"中，选择"修改"→"缩放"选项。

● 在"绘图"快捷工具栏上单击"缩放"按钮 。

● 在"功能区"选项板中选择"默认"选项卡，在"修改"面板中单击"缩放"按钮 。

● 在命令行提示符下键入 Scale 或 Sc 后，按回车键。

2．命令的操作方法

图形缩放操作如图 4-7 所示，将图 4-7（a）中的三角形 ABC 进行缩放，让直角边 BC 长度和直线 BD 的长度相等并保留原三角形 ABC，得到图 4-7（b）。缩放（Scale）命令启动后依次有如下的提示信息：

◇ SCALE 选择对象：选择直三角形 ABC（可用窗选或交叉窗口方式选取）

◇ SCALE 指定基点：选择 B 点

◇ SCALE 指定比例因子或[复制（C）参照（R）]：c

◇ SCALE 指定比例因子或[复制（C）参照（R）]：r

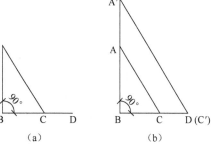

图 4-7　图形比例缩放

◇　SCALE 指定参照长度<1.0000>: 选择 B 点
◇　SCALE 指定参照长度<1.0000>: 指定第二点: 选择 C 点
◇　SCALE 指定新长度或[点（P）] <1.0000>: 选择 D 点
命令行提示信息中各项的意义如下。

➤　指定比例因子: 大于 1 的比例因子使图形对象放大; 介于 0 和 1 之间的比例因子使
　　图形对象缩小。还可以拖动光标使对象变大或变小。
➤　复制（C）: 创建要缩放的选定对象的副本。
➤　参照（R）: 按参照长度和指定的新长度缩放所选对象, 选择此项后有如下的信息
　　提示:
　　◇　SCALE 指定参照长度 <1>: 指定缩放选定对象的起始长度
　　◇　SCALE 指定新的长度或 [点（P）]<1.0000>: 指定将选定对象缩放到的最终长
　　　　度, 或输入 p, 使用两点来定义长度

4.2.4　拉长命令

拉长（Lengthen）命令用于修改图形对象的长度或圆弧的包含角, 因而可改变直线、多
段线、圆弧, 椭圆弧和样条曲线等非封闭曲线的长度。

1. 命令的启动方法

●　在"菜单栏"中, 选择"修改"→"拉长"选项。
●　在"功能区"选项板中选择"默认"选项卡, 在"修改"面板中单击"拉长"按钮　。
●　在命令行提示符下键入 Lengthen 或 Len 后, 按回车键。

2. 命令的操作方法

如图 4-8（a）中所示的圆弧 ABC, 将其弧长从端点 C 拉长 100, 从端点 A 拉长 200, 得
到图 4-8（b）。拉长（Lengthen）命令启动后依次有如下的提示信息:

◇　LENGTHEN 选择要测量的对象或 [增量（DE）百分数（P）总计（T）动态（DY）]<
　　总计（T）>: de
◇　LENGTHEN 输入长度增量或 [角度（A）] <0.0000>: 100
◇　LENGTHEN 选择要修改的对象或 [放弃（U）]: 选择弧 ABC 的端点 C 部分
◇　LENGTHEN 选择要修改的对象或 [放弃（U）]: 选择弧 ABC 的端点 A 部分
◇　LENGTHEN 选择要修改的对象或 [放弃（U）]: 选择弧 ABC 的端点 A 部分
命令行提示信息中各项的意义如下。

➤　选择要测量的对象: 测量所选对象的长度或角度
➤　增量（DE）: 选择此项后另有提示信息:
　　◇　LENGTHEN 输入长度增量或 [角度（A）] <0.0000>:
　　　　□　输入长度增量: 以指定的修改对象的长度差值, 该增量从距离选择点最近
　　　　　　的端点处开始测量。增量为正值延伸对象, 增量为负值修剪对象。
　　　　□　角度（A）: 以指定的角度修改选定圆弧的包含角。
➤　百分数（P）: 通过指定对象总长度的百分数设置对象长度。
➤　全部（T）: 选择此项后另有提示信息:

◇　LENGTHEN 指定总长度或 [角度（A）] <0.0000>:
　　　　☐　指定总长度：将对象从离选择点最近的端点拉长到指定值。
　　　　☐　角度（A）：设置选定圆弧的包含角。
➤　动态（DY）：打开动态拖动模式。通过拖动选定对象的端点之一来改变其长度，而另一端点保持不变。

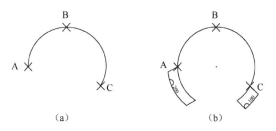

（a）　　　　　　　　　（b）

图 4-8　图形拉长

4.3　图形复制类编辑

4.3.1　复制命令

复制（Copy）命令用于复制与原对象完全相同的副本。

1. 命令的启动方法

● 在"菜单栏"中，选择"修改"→"复制"选项。
● 在"绘图"快捷工具栏上，单击"复制"按钮。
● 在"功能区"选项板中选择"默认"选项卡，在"修改"面板中单击"复制"按钮。
● 在命令行提示符下键入 Copy 或 Co 后，按回车键。

2. 命令的操作方法

如图 4-9 所示，将图 4-9（a）中 A 点处的圆复制到三角形的另外两个顶点上，得到图 4-9（b）。复制命令启动后依次有如下的提示信息：

◇　COPY 选择对象：选择图中的圆后按回车键
◇　COPY 指定基点或 [位移（D）模式（O）] <位移>：选择圆心点（也即 A 点）
◇　COPY 指定第二个点或 [阵列（A）] <使用第一个点作为位移>：选择 B 点
◇　COPY 指定第二个点或 [阵列（A）退出（E）放弃（U）] <退出>：选择 C 点
◇　COPY 指定第二个点或 [阵列（A）退出（E）放弃（U）] <退出>：按回车键确认

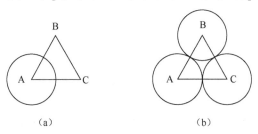

（a）　　　　　　　　　（b）

图 4-9　图形复制

在上述命令行中各项的意义如下。

- ➢ 指定基点：输入对象复制的基点。
- ➢ 位移（D）：通过指定的位移量来复制选择的对象。若选择该选项，则系统继续出现如下提示信息：
  - ✧ COPY 指定位移<0.0000，0.0000，0.0000>：指定副本的位置坐标（x,y,z）
- ➢ 模式（O）：控制复制模式选项。若选择该选项，则系统继续出现如下提示信息；
  - ✧ COPY 输入复制模式选项[单个（S）多个（M）]<多个>：
  - ✧ 单个（S）：仅复制一个副本
  - ✧ 多个（M）：可以连续复制多个副本
- ➢ 指定第二个点：指定复制对象的目标点。
- ➢ 阵列（A）：按给定的项目数沿直线阵列（复制）多个副本。
- ➢ 退出（E）：退出 Copy 命令。
- ➢ 放弃（U）：放弃上一次复制对象。

4.3.2　偏移命令

偏移（Offset）命令用于按指定距离或通过一个点偏移对象。用户使用该命令可以很方便地创建一些等间距、形相似的图形，如同心圆、平行线和平行曲线等。

1．命令的启动方法

- • 在"菜单栏"中，选择"修改"→"偏移"选项。
- • 在"绘图"快捷工具栏上，单击"偏移"按钮☰。
- • 在"功能区"选项板中选择"默认"选项卡，在"修改"面板中单击"偏移"按钮☰。
- • 在命令行提示符下键入 Offset 或 O 后，按回车键。

2．命令的操作方法

利用偏移命令将图 4-10（a）画成图 4-10（b）所示的图形。偏移命令启动后依次有如下的提示信息：

- ✧ OFFEST 指定偏移距离或 [通过（T）删除（E）图层（L）]<通过>：2
- ✧ OFFEST 选择要偏移的对象，或 [退出（E）放弃（U）]<退出>：选择三角形 ABC
- ✧ OFFEST 指定要偏移的那一侧上的点，或 [退出（E）多个（M）放弃（U）]<退出>：m
- ✧ OFFEST 指定要偏移的那一侧上的点，或[退出（E）放弃（U）]<下一个对象>：光标置于选择图形内单击
- ✧ OFFEST 指定要偏移的那一侧上的点，或[退出（E）放弃（U）]<下一个对象>：光标置于选择图形内单击
- ✧ OFFEST 选择要偏移的对象，或 [退出（E）放弃（U）]<退出>：e

在上述命令行中各项的意义如下。

- ➢ 指定偏移距离：在距现有对象指定的距离处创建对象。
- ➢ 通过（T）：创建通过指定点的对象。
- ➢ 图层（L）：确定将偏移对象创建在当前图层上还是源对象所在的图层上。

➤ 多个（M）：输入"多个"偏移模式，这将使用当前偏移距离重复进行偏移操作，并接受附加的通过点。

➤ 放弃（U）：放弃前一个偏移图形。

➤ 退出（E）：退出偏移命令。

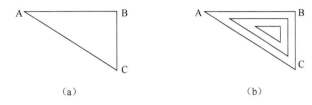

图 4-10　图形偏移

4.3.3　镜像命令

镜像（Mirror）命令用于绘制对称的图形。选择对称图形的一半并沿指定的线创建另一半对称的图形。

1. 命令的启动方法

● 在"菜单栏"中，选择"修改"→"镜像"选项。

● 在"绘图"快捷工具栏上单击"镜像"按钮 ⚠ 。

● 在"功能区"选项板中选择"默认"选项卡，在"修改"面板中单击"镜像"按钮 ⚠ 。

● 在命令行提示符下键入 Mirror 或 Mi 后，按回车键。

2. 命令的操作方法

如图 4-11 所示，用镜像命令将图 4-11（a）画为图 4-11（b）所示的图形。镜像命令启动后依次有如下的提示信息：

◇ MIRROR 选择对象：选择图 4-11（a）中三个三角形后按回车键

◇ MIRROR 指定镜像线的第一点：选择 B 点

◇ MIRROR 指定镜像线的第二点：选择 C 点

◇ MIRROR 要删除源对象吗？[是（Y）否（N）] <否>: n

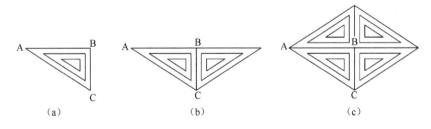

图 4-11　图形镜像

按回车键或空格键重新启动镜像命令后，依次有如下的提示信息：

◇ MIRROR 选择对象：选择图 4-11（b）中六个三角形后按回车键

◇ MIRROR 指定镜像线的第一点：选择 A 点

◇ MIRROR 指定镜像线的第二点：选择 B 点

◇　MIRROR 要删除源对象吗？[是（Y）否（N）] <否>：n

在上述命令行中各项的意义如下。

➢　选择对象：选择需要镜像的对象。

➢　指定镜像线的第一点：选择镜像线上的任意一点。

➢　指定镜像线的第二点：选择镜像线上的另一点。

➢　是否删除源对象：设定是否在镜像对象后删除源对象。

4.3.4　阵列命令

阵列（Array）命令可以创建按指定方式排列的多个对象副本。命令有三种排列方式：一是矩形阵列，可创建由选定对象副本的行和列数所定义的阵列；二是路径阵列，选定对象的副本将均匀地沿路径或部分路径分布。路径可以是直线、多段线、样条曲线、圆弧、圆或椭圆。三是环形阵列，可通过围绕圆心复制选定对象来创建阵列。

1．命令的启动方法

- 在"菜单栏"中，选择"修改"→"阵列"→"矩形阵列"或"路径阵列"或"环形阵列"选项。

- 在"菜单栏"中，选择"工具"→"工具栏"→"AutoCAD"→"阵列_工具栏"选项，在绘图窗口内出现"阵列"快捷工具栏 ▦ ⠿ ⠿ 。

- 在"功能区"选项板中选择"默认"选项卡，在"修改"面板上，单击"矩形阵列"按钮▦或"路径阵列"按钮⠿或"环形阵列"按钮⠿。

- 在命令行提示符下键入 Array 或 Ar 后，按回车键。

2．命令的操作方法

阵列（Array）命令启动后依次有如下的提示信息：

◇　ARRAY 选择对象：

◇　ARRAY 输入阵列类型 [矩形（R）路径（PA）极轴（PO）] <极轴>：

在上述命令行中各项的意义如下。

➢　矩形（R）：按照网格行列的方式，复制选定对象来创建阵列。

➢　路径（PA）：按照路径分布的方式，复制选定对象来创建阵列。

➢　极轴（PO）：按照围绕圆心的方式，复制选定对象来创建阵列。

1）矩形阵列

选择"矩形（R）"工具，在"功能区"选项板中弹出"阵列创建"选项卡（图 4-12），命令行中有如下的提示信息：

◇　ARRAY 选夹点以编辑阵列或 [关联（AS）基点（B）计数（COU）间距（S）列数（COL）行数（R）层数（L）　退出（X）] <退出>：

在选项卡（图 4-12）和上述命令行中各项的意义如下。

➢　关联（AS）：表示所形成的矩形阵列中的每个单元都是相互关联的，修改任何一个单元，其他的都跟着变化。

➢　基点（B）：绘图区最左下角的那个夹点，它的位置原则上是任意取的，主要根据绘图需要进行选取。

- ➤ 计数（COU）：指定阵列的行数与列数，与后面的[列数（COL）]和[行数（R）]作用重复。
- ➤ 间距（S）：指定每列的列距与每行之间的行距。
- ➤ 列数（COL）：指定阵列的列数。
- ➤ 行数（R）：指定阵列的行数。
- ➤ 层数（L）：表示 Z 轴方向的层数，该选项中还包含每层之间的距离，在 3D 绘图中使用。
- ➤ 退出（X）：结束命令。

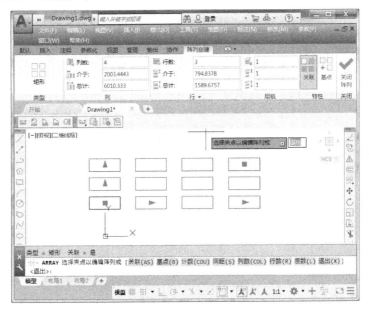

图 4-12　矩形阵列

矩形阵列（Arrayrect）命令启动方式如下。

- ● 在"绘图"快捷工具栏上单击"阵列"按钮 。
- ● 在命令行中输入 Arrayrect，按回车键。

2）路径阵列

选择"路径（PA）"后，在"功能区"选项板中弹出"阵列创建"选项卡（图 4-13），命令行中有如下的提示信息：

- ◇ ARRAY 选择路径曲线：需要指定一条路径曲线
- ◇ ARRAY 选夹点以编辑阵列或 [关联（AS）方法（M）基点（B）切向（T）项目（I）行（R）层（L）对齐项目（A）方向（Z）退出（X）]<退出>：

在选项卡（图 4-13）和上述命令行中各项的意义如下。

- ➤ 关联（AS）：表示所形成的路径阵列中的每个单元都是相互关联的，修改任何一个单元，其他的都跟着变化。
- ➤ 方法（M）：主要是设置路径矩阵的等分方式，有两个选择，定数或是定距。
- ➤ 基点（B）：默认的基点是路径的端点。如果选择对象的某特征点为基点，则原始对象的位置都会随着设置调整。这是唯一一个能调整本体位置的阵列命令。

➤　切向（T）：类似于基点参数。默认的切向就是路径曲线端点的切向。人为调整成其他切向后，本体位置随之改变。

➤　项目（I）：与矩形阵列类似。可以定义路径曲线上分布的数量和间距。

➤　行（R）：设置行数。

➤　层（L）：可以设置层数和层间间距，是 Z 方向上的设置项。在 3D 绘图中使用。

➤　对齐项目（A）：可选择与路径曲线对齐，或是与原对象保持一致。

➤　方向（Z）：如果选择的路径曲线是 3D 曲线，那么此设置项生效。可选择 Z 方向不变或是随路径变化。

➤　退出（X）：结束命令。

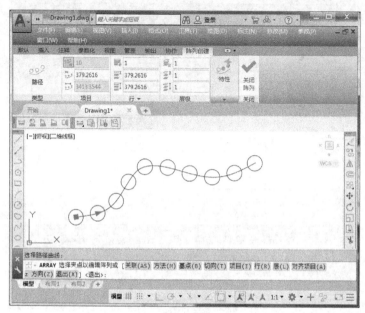

图 4-13　路径阵列

3）环形阵列

选择"极轴（PO）"后，在命令行中有如下的提示信息：

✧　ARRAY 指定阵列的中心点或[基点（B）旋转轴（A）]：

上述命令行中各项的意义如下。

➤　指定阵列的中心点：指定环形阵列的中心点。

➤　基点（B）：原则上是任意取的，主要根据绘图需要进行选取。

➤　旋转轴（A）：通过两点来确定旋转轴。

环形阵列的中心点选定后，在"功能区"选项板中弹出"阵列创建"选项卡（图 4-14），命令行中有如下的提示信息：

✧　ARRAY 选择夹点以编辑阵列或[关联（AS）基点（B）项目（I）项目间角度（A）
　　充填角度（F）行（ROW）层（L）旋转项目（ROT）退出（X）]< 退出>：

上述命令行中各项的意义如下。

➤　关联（AS）：表示所形成的一环形阵列中的每个单元都是相互关联的，修改任何一个单元，其他的都跟着变化。

> ➤ 基点（B）：选取的原则应该是为了作图方便。
> ➤ 项目（I）：表示对象阵列后的数目。默认为6，这个根据作图的需要进行输入。
> ➤ 项目间角度（A）：表示相邻两个单元之间与中心点之间的夹角。
> ➤ 充填角度（F）：表示极轴阵列的夹角范围，默认填充角度为360°。填充角度默认逆时针方向为正值，顺时针方向为负值。
> ➤ 行（ROW）：表示向外辐射的圈数。行间距则表示圈与圈之间的径向距离。而标量增高表示相邻圈之间在 Z 轴方向的垂直距离。
> ➤ 层（L）：表示在 Z 轴方向的层数，包括层数与层间距两个参数。在 3D 绘图中使用。
> ➤ 旋转项目（ROT）：表示对象在旋转过程中是否跟随着旋转。默认为"是（Y）"，即对象跟着旋转。如果不想让对象跟着旋转则选"否（N）"。
> ➤ 退出（X）：结束命令。

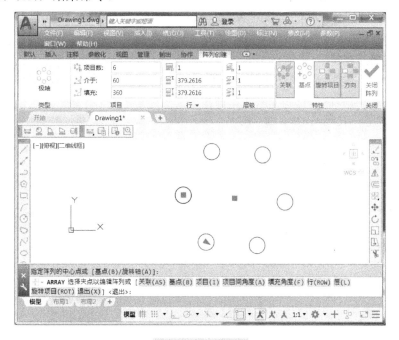

图 4-14　环形阵列

3．阵列对象修改

如果要对已经阵列的对象进行修改，可以利用"编辑阵列（Arrayedit）"命令完成。其命令启动的方法如下。

- 在"菜单栏"中，选择"修改"→"对象"→"阵列"选项。
- 在"功能区"选项板中选择"默认"选项卡，在"修改"面板上，单击"编辑阵列"按钮。
- 在命令行提示符下键入 Arrayedit 后，按回车键。
- 双击已经阵列的对象也可以进行阵列参数设置与修改。

4.4　图形特性编辑

4.4.1　修剪和延伸命令

1. 修剪命令

修剪（Trim）命令可将选择的对象沿选择的剪切边界断开，精确地去掉修剪边界之外的部分。

1）命令的启动方法

- 在"菜单栏"中，选择"修改"→"修剪"选项。
- 在"绘图"快捷工具栏上单击"修剪"按钮 ✂。
- 在"功能区"选项板中选择"默认"选项卡，在"修改"面板单击"修剪"按钮 ✂。
- 在命令行提示符下键入 Trim 或 Tr 后，按回车键。

2）命令的操作方法

如图 4-15（a）所示，以直线 EF 为剪切边界，剪掉直线 BC 部分，修剪结果如图 4-15（b）所示。修剪命令启动后依次有如下的提示信息：

- ◇ 当前设置：投影=UCS，边=无
- ◇ 选择剪切边…
- ◇ TRIM 选择对象或 <全部选择>：选择直线 EF
- ◇ 选择对象：按回车键
- ◇ 选择要修剪的对象，或按住 Shift 键选择要延伸的对象，或 TRIM [栏选（F）　窗交（C）　投影（P）　边（E）　删除（R）　放弃（U）]：选择直线 BC 并按回车键结束命令

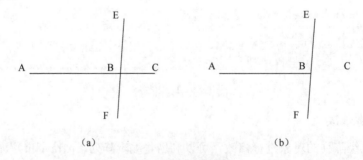

（a）　　　　　　　　　　　　　　　　（b）

图 4-15　图形修剪

在上述命令行中各项的意义如下。

- ➢ 选择要修剪的对象：指定对象作为修剪的边界。可以选择多个修剪对象。按回车键退出命令。
- ➢ 栏选（F）：选择与选择栏相交的所有对象。选择栏是一系列临时线段，它们是用两个或多个栏选点指定的。选择栏不构成闭合环。选此项另有提示信息：
  - ◇ TRIM 指定第一个栏选点或拾取/拖动光标：指定选择栏的起点
  - ◇ TRIM 指定下一个栏选点或 [放弃（U）]：指定选择栏的下一点

◇　TRIM 指定下一个栏选点或 [放弃（U）]：指定选择栏的下一个点、输入 u 或按回车键结束栏选

➢　窗交（C）：选择矩形区域（由两点确定）内部或与之相交的对象。选此项另有提示信息：

◇　TRIM　指定第一个角点：

◇　TRIM　指定第一个角点：指定对角点：指定对角点：

➢　投影（P）：指定修剪对象时使用的投影方式。选此项另有提示信息：

◇　TRIM　输入投影选项 [无（N）　UCS（U）　视图（V）] < UCS >：

在上述命令行中各项的意义如下。

◇　无（N）：指定无投影。该命令只修剪与三维空间中的剪切边相交的对象。

◇　UCS（U）：指定在当前用户坐标系 XY 平面上的投影。该命令将修剪不与三维空间中的剪切边相交的对象。

◇　视图（V）：指定沿当前视图方向的投影。该命令将修剪与当前视图中的边界相交的对象。

➢　边（E）：确定对象是在另一对象的延长边处进行修剪，还是仅在三维空间中与该对象相交的对象处进行修剪。选此项另有提示信息：

◇　TRIM　输入隐含边延伸模式 [延伸（E）　不延伸（N）] <不延伸>：

◇　延伸（E）：沿自身延伸剪切边使它与三维空间中的对象相交。

◇　不延伸（N）：指定对象只在三维空间中与其相交的剪切边处修剪。

➢　删除（R）：删除选定的对象。此选项提供了一种用来删除不需要的对象的简便方式，而无须退出 TRIM 命令。

➢　放弃（U）：撤销由 TRIM 命令所做的最近一次修改。

2. 延伸命令

延伸（Extend）命令可以延伸对象，使它们精确地延伸至由其他对象定义的边界。

1）命令的启动方法

● 在"菜单栏"中，选择"修改"→"延伸"选项。

● 在"绘图"快捷工具栏上单击"延伸"按钮 ⟶｜。

● 在"功能区"选项板中选择"默认"选项卡，在"修改"面板单击"延伸"按钮 ⟶｜。

● 在命令行提示符下键入 Extend 或 Ex 后，按回车键。

2）命令的操作方法

如图 4-16（a）所示，将直线 AB 延伸至直线 EF，延伸结果如图 4-16（b）所示。延伸（Extend）命令启动后依次有如下的提示信息：

◇　当前设置：投影=UCS，边=无

◇　选择边界的边…

◇　EXTEND 选择对象或 <全部选择>：选择直线 EF

◇　选择对象：按回车键

◇　选择要延伸的对象，或按住 Shift 键选择要修剪的对象，或 EXTEND　[栏选（F）窗交（C）　投影（P）　边（E）　删除（R）　放弃（U）]：选择直线 AB 并按回

车键结束命令

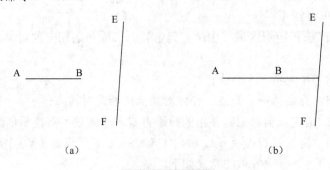

图 4-16　图形延伸

在上述命令行中各项的意义如下。

➢ 选择要延伸的对象：指定对象作为延伸的边界。可以选择多个延伸对象。按回车键退出命令。

➢ 栏选（F）：选择与选择栏相交的所有对象。选择栏是一系列临时线段，它们是用两个或多个栏选点指定的。选择栏不构成闭合环。选此项另有提示信息：

  ◇ EXTEND 指定第一个栏选点或拾取/拖动光标：指定选择栏的起点

  ◇ EXTEND 指定下一个栏选点或 [放弃（U）]：指定选择栏的下一点

  ◇ EXTEND 指定下一个栏选点或 [放弃（U）]：指定选择栏的下一个点、输入 u 或按回车键结束栏选

➢ 窗交（C）：选择矩形区域（由两点确定）内部或与之相交的对象；选此项另有提示信息：

  ◇ EXTEND 　指定第一个角点：

  ◇ EXTEND 　指定第一个角点：指定对角点：指定对角点：

➢ 投影（P）：指定延伸对象时使用的投影方式。选此项另有提示信息：

  ◇ EXTEND 　输入投影选项 [无（N）　UCS（U）　视图（V）] < UCS >：

    在上述命令行中各项的意义如下。

    ¤ 无（N）：指定无投影。该命令只延伸到与三维空间中的延伸边相交的对象。

    ¤ UCS（U）：指定在当前用户坐标系 XY 平面上的投影。该命令将延伸不与三维空间中的延伸边相交的对象。

    ¤ 视图（V）：指定沿当前视图方向的投影。该命令将延伸到与当前视图中的边界相交的对象。

➢ 边（E）：将对象延伸到另一个对象的隐含边，或仅延伸到三维空间中与其实际相交的对象；选此项另有提示信息：

  ◇ EXTEND 　输入隐含边延伸模式 [延伸（E）　不延伸（N）] <不延伸>：

    ¤ 延伸（E）：沿自身延伸边使它与三维空间中的对象相交。

    ¤ 不延伸（N）：指定对象只在三维空间中延伸到与其相交的边。

➢ 删除（R）：删除选定的对象。此选项提供了一种用来删除不需要的对象的简便方式，而无须退出 EXTEND 命令。

➢ 放弃（U）：撤销由 EXTEND 命令所做的最近一次修改。

4.4.2 打断和拉伸命令

1．打断命令

打断（Break）命令可以在对象上的两个指定点之间创建间隔，从而将对象打断为两个对象。对象之间可以具有间隙，也可以没有间隙。如果这些点不在对象上，则会自动投影到该对象上。

1）命令的启动方法

- 在"菜单栏"中，选择"修改"→"打断"选项。
- 在"绘图"快捷工具栏上单击"打断"按钮 或"打断于点"按钮 。
- 在"功能区"选项板中选择"默认"选项卡，在"修改"面板单击"打断"按钮 或"打断于点"按钮 。
- 在命令行提示符下键入 Break 或 Br 后，按回车键。

2）命令的操作方法

如图 4-17（a）所示，将直线 AB 打断于 1 和 2 两点，结果如图 4-17（b）所示。打断命令启动后依次有如下的提示信息：

- ◇　BREAK 选择对象：
- ◇　BREAK 指定第二个打断点 或 [第一点（F）]：f
- ◇　BREAK 指定第一个打断点：选择点 1
- ◇　BREAK 指定第二个打断点：选择点 2

图 4-17　图形打断

在上述命令行中各项的意义如下。

- ➢　选择对象：选择要打断的对象。
- ➢　指定第二个打断点：指定用于打断对象的第二个点，且以选择对象时的位置作为打断对象的第一个点。
- ➢　第一点（F）：用指定的新点替换原来的第一个打断点。选此项另有信息提示：
  - ◇　BREAK　指定第一个打断点：
  - ◇　BREAK　指定第二个打断点：

注意：打断于点就相当于要打断对象而不创建间隙，请在相同的位置指定两个打断点。或在提示输入第二点时输入@0,0。

2．拉伸命令

拉伸（Stretch）命令可对选择部位的图形进行拉伸（或压缩）。

1）命令的启动方法

- 在"菜单栏"中，选择"修改"→"拉伸"选项。
- 在"绘图"快捷工具栏上，单击"拉伸"按钮 。
- 在"功能区"选项板中选择"默认"选项卡，在"修改"面板单击"拉伸"按钮 。

- 　在命令行提示符下键入 Stretch 或 Str 或 S 后，按回车键。

2）命令的操作方法

如图 4-18（a）所示，将矩形进行拉伸，得到图 4-18（b）。拉伸命令启动后依次有如下的提示信息：

- ✧　以交叉窗口或交叉多边形选择要拉伸的对象…
- ✧　STRETCH 选择对象：交叉选择矩形的右上部分
- ✧　STRETCH 选择对象：按回车键
- ✧　STRETCH 指定基点或 [位移（D）] <位移>：选择矩形的右上角作为拉伸的基点
- ✧　STRETCH 指定第二个点或 <使用第一个点作为位移>：用鼠标在矩形右上角外侧选择一点

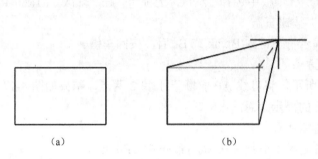

（a）　　　　　　　　　　　　（b）

图 4-18　图形拉伸

在上述命令行中各项的意义如下。

- ➢　指定基点：指定拉伸的基点。
- ➢　位移（D）：输入位移坐标。
- ➢　指定第二个点：指定拉伸的目标点。
- ➢　<使用第一个点作为位移>：按回车键默认以第一点的坐标为位移值。

注意：拉伸时若选择整个图形，和移动效果一样。有些图形不能拉伸，如圆和椭圆等。

4.4.3　倒角、圆角和光顺曲线

1．倒角命令

倒角（Chamfer）命令可在两线相接处创建倒角或圆角。

1）命令的启动方法

- 　在"菜单栏"中，选择"修改"→"倒角"选项。
- 　在"绘图"快捷工具栏上，单击"倒角"按钮 。
- 　在"功能区"选项板中选择"默认"选项卡，在"修改"面板单击"倒角"按钮 。
- 　在命令行提示符下键入 Chamfer 或 Cha 后，按回车键。

2）命令的操作方法

如图 4-19（a）所示，将两线相接处创建倒角，得到图 4-19（b）。倒角命令启动后依次有如下的提示信息：

- ✧　（"修剪"模式）当前倒角距离 1 = 0.0000，距离 2 = 0.0000

◇ CHAMFER 选择第一条直线或 [放弃（U） 多段线（P） 距离（D） 角度（A） 修剪（T） 方式（E） 多个（M）]: d

◇ CHAMFER 指定 第一个 倒角距离<0.0000>: 3

◇ CHAMFER 指定 第二个 倒角距离<3.0000>: 5

◇ CHAMFER 选择第一条直线或 [放弃（U） 多段线（P） 距离（D） 角度（A） 修剪（T） 方式（E） 多个（M）]: 选择线段 AB

◇ CHAMFER 选择第二条直线，或按住 Shift 键选择直线以应用角点或[距离（D） 角度（A） 方法（M）]: 选择线段 BC

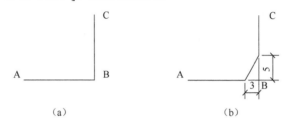

(a)　　　　　　　　　　　(b)

图 4-19　图形倒角

在上述命令行中各项的意义如下。

➢ 选择第一条直线：指定倒角所需的两条边中的第一条边。

➢ 放弃（U）：恢复在命令中执行的上一个操作。

➢ 多段线（P）：指定要倒角的多段线，对整个二维多段线倒角。

➢ 距离（D）：设置倒角至选定边端点的距离，选此项另有信息提示：

　　◇ CHAMFER 指定第一个倒角距离 <当前>:

　　◇ CHAMFER 指定第二个倒角距离 <当前>:

➢ 角度（A）：用第一条线的倒角距离和第二条线的角度设置倒角距离。

➢ 修剪（T）：控制倒角是否将选定的边修剪到倒角直线的端点。选此项另有信息提示：

　　◇ CHAMFER 输入修剪模式选项 [修剪（T） 不修剪（N）] <修剪>:

➢ 方式（E）：控制倒角使用两个距离还是一个距离和一个角度来创建倒角。选此项另有信息提示：

　　◇ CHAMFER 输入修剪方法 [距离（D） 角度（A）] <距离>:

➢ 多个（M）：为多组对象的边倒角。倒角命令将重复显示主提示和"选择第二个对象"的提示，直到用户按回车键结束命令。

2. 圆角命令

圆角（Fillet）命令可通过指定半径的圆弧来连接两个对象，并与对象相切。可以圆角的对象有直线、多段线、构造线、样条曲线、圆、圆弧、椭圆、椭圆弧等。

1）命令的启动方法

● 在"菜单栏"中，选择"修改"→"圆角"选项。

● 在"绘图"快捷工具栏上，单击"圆角"按钮。

● 在"功能区"选项板中选择"默认"选项卡，在"修改"面板单击"圆角"按钮。

● 在命令行提示符下键入 Fillet 或 F 后，按回车键。

2）命令的操作方法

如图 4-20（a）所示，将两线相接处创建圆角，得到图 4-20（b）。圆角命令启动后依次有如下的提示信息：

✧ 当前设置：模式 = 修剪，半径 = 0.0000

✧ FILLET 选择第一个对象或 [放弃（U） 多段线（P） 半径（R） 修剪（T） 多个（M）]：r

✧ FILLET 指定圆角半径<0.0000>: 5

✧ FILLET 选择第一个对象或 [放弃（U） 多段线（P） 半径（R） 修剪（T） 多个（M）]：选择线段 AB

✧ FILLET 选择第二条直线，或按住 Shift 键选择对象以应用角点或[半径（R）]：选择线段 BC

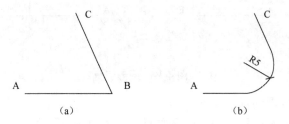

(a)   (b)

图 4-20　图形圆角

在上述命令行中各项的意义如下。

➢ 选择第一个对象：选择定义二维圆角所需的两个对象中的第一个对象，或选择三维实体的边以便给其加圆角。

➢ 选择第二个对象：选择圆角的第二对象。如果选择直线、圆弧或多段线，它们的长度将进行调整以适应圆角弧度。

➢ 放弃（U）：恢复在该命令中执行的上一个操作。

➢ 多段线（P）：在二维多段线中两条线段相交的每个顶点处插入圆角弧。

➢ 半径（R）：定义圆角弧的半径。

➢ 修剪（T）：控制圆角是否将选择的边修剪到圆角弧的端点。选此项另有信息提示：

✧ FILLET 输入修剪模式选项 [修剪（T） 不修剪（N）] <修剪>:

➢ 多个（M）：给多个对象加圆角。圆角命令将重复显示主提示和"选择第二个对象"提示，直到用户按回车键结束该命令。

3. 光顺曲线

光顺曲线（Blend）命令可在两条选定直线或曲线之间的间隙中创建样条曲线。有效对象包括直线、圆弧、椭圆弧、螺旋、开放的多段线和开放的样条曲线。

1）命令的启动方法

● 在"菜单栏"中，选择"修改"→"光顺曲线"选项。

● 在"绘图"快捷工具栏上，单击"光顺曲线"按钮～。

● 在"功能区"选项板中选择"默认"选项卡，在"修改"面板单击"光顺曲线"按钮～。

- 在命令行提示符下键入 Blend 或 Ble 后，按回车键。

2）命令的操作方法

如图 4-21（a）所示，在直线 AB 和曲线 CD 之间创建光顺曲线，得到图 4-21（b）。光顺曲线命令启动后依次有如下的提示信息：

◇ 连续性 ＝ 相切

◇ BLEND 选择第一个对象或 [连续性（CON）]：选择直线 AB 的 B 端

◇ BLEND 选择第二点：选择曲线 CD 的 C 端

在上述命令行中各项的意义如下。

➢ 选择第一个对象：选择样条曲线起点附近的直线或开放曲线。

➢ 选择第二点：选择样条曲线端点附近的另一条直线或开放的曲线。

➢ 连续性（CON）：在两种过渡类型中指定一种。选此项另有信息提示：

◇ BLEND 输入连续性[相切（T） 平滑（S）] <相切>：

➢ 相切（T）：创建一条 3 阶样条曲线。

➢ 平滑（S）：创建一条 5 阶样条曲线。如果使用"平滑"选项，请勿将显示从控制点切换为拟合点。此操作将样条曲线更改为 3 阶，这会改变样条曲线的形状。

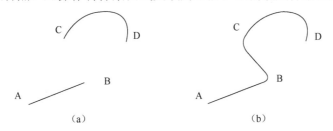

图 4-21 光顺曲线

4.4.4 对象特性编辑

1．对象特性设置和修改

对象特性包含一般特性和几何特性，一般特性包括对象的颜色、线型、图层及线宽等，几何特性包括对象的尺寸和位置。可以直接在"特性"选项板中设置和修改对象的特性。

1）"特性"选项板

- 在"菜单栏"中，选择"修改"→"特性"选项。

- 在命令行提示符下键入 Properties 或 Props 后，按回车键。

- 快捷菜单：选择要查看或修改其特性的对象，在绘图区域中右击，然后单击"特性"选项。

启动命令后将弹出"特性"选项板，如图 4-22 所示。

2）显示选定对象或对象集的特性

- 选择多个对象时，"特性"选项板只显示选择集中所有对象的公共特性。

- 如果未选择对象，"特性"选项板将只显示当前图层和布局的基本特性、附着在图层上的打印样式表名称、视图特性和 UCS 的相关信息。

3）"特性"选项板操作

- 对象类型列表框：显示选定对象的类型。
- 切换 PICKADD 系统变量的值：1（表示打开）或为 0（表示关闭）。打开 PICKADD 时，每个选定对象（无论是单独选择或通过窗口选择的对象）都将添加到当前选择集中。关闭 PICKADD 时，选定对象将替换当前选择集。
- 选择对象：使用任意选择方法选择所需对象。"特性"选项板将显示选定对象的共有特性。然后可以在"特性"选项板中修改选定对象的特性，或输入编辑命令对选定对象做其他修改。
- 快速选择：显示"快速选择"对话框，如图 4-4 所示。使用"快速选择"创建基于过滤条件的选择集。

4）修改对象的特性

在"无选择"情况下，"特性"选项板一般有"常规"、"三维效果"、"打印样式"、"视图"和"其他"特性选项，如图 4-22 所示。单击相应特性右侧的加号 ✚ 并从列表中根据绘图需要可以对相应的对象特性做修改。

2. 对象特性匹配

对象特性匹配（Matchprop）命令可以将选定对象的特性应用于其他对象。可应用的特性类型包含颜色、图层、线型、线型比例、线宽、打印样式、透明度和其他指定的特性。

1）命令的启动方法

- 在"菜单栏"中，选择"修改"→"特性匹配"选项。
- 在"功能区"选项板中选择"默认"选项卡，在"特性"面板单击"特性匹配"按钮 📋。
- 在命令行提示符下键入 Matchprop 或 Ma 后，按回车键。

图 4-22　"特性"选项板

2）命令的操作方法

对象特性匹配命令启动后依次有如下的提示信息：

◇　MATCHPROP　选择源对象：

◇　MATCHPROP　选择目标对象或[设置（S）]：

在上述命令行中各项的意义如下。

➢ 选择源对象：选择一个源对象。

➢ 选择目标对象：选择一个或多个目标对象。

➢ 设置（S）：选此项会弹出一个"特性设置"对话框，如图 4-23 所示，可以设置相应的对象特性。

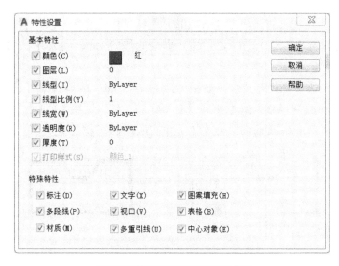

图 4-23　"特性设置"对话框

4.5　复杂图形编辑

4.5.1　复杂线对象编辑

1. 多段线编辑

多段线编辑（Pedit）命令可以合并二维多段线、将线条和圆弧转换为二维多段线以及将多段线转换为近似 B 样条曲线的曲线（拟合多段线）。如果选择直线、圆弧或样条曲线，AutoCAD 将提示用户将该对象转换为多段线。"多段线"是一种非常有用的线段对象，它是由多段直线段或圆弧段组成的一个组合体，既可以一起编辑，还可以分别编辑。

1）命令的启动方法

- 在"菜单栏"中，选择"修改"→"对象"→"多段线"选项。
- 在"菜单栏"中，选择"工具"→"工具栏"→"AutoCAD"→"修改"选项，在绘图窗口上出现"修改Ⅱ"快捷工具栏（图 4-24），单击"编辑多段线"按钮 。
- 在"功能区"选项板中选择"默认"选项卡，在"修改"面板单击"编辑多段线"按钮 。
- 在命令行提示符下键入 Pedit 或 Pe 后，按回车键。

图 4-24　"修改Ⅱ"快捷工具栏

2）命令的操作方法

图 4-25（a）是由六段独立实体组成的图形，利用多段线编辑命令合并这六个实体为一个实体，且整条线的宽度为 1，结果如图 4-25（b）所示。多段线编辑命令启动后依次有如下的提示信息：

　◇　PEDIT 选择多段线或 [多条（M）]：选择图 4-25（a）中线段 AB

　◇　PEDIT 输入选项 [闭合（C）合并（J）宽度（W）编辑顶点（E）拟合（F）样条曲

线（S）非曲线化（D）线型生成（L）反转（R）放弃（U）]：j
- ◇ PEDIT 选择对象：选择图 4-25（a）剩余的线段 BC、CD、EF、FA 和圆弧 ED，并按回车键确定
- ◇ PEDIT 输入选项 [打开（O）合并（J）宽度（W）编辑顶点（E）拟合（F）样条曲线（S）非曲线化（D）线型生成（L）反转（R）放弃（U）]：w
- ◇ PEDIT 指定所有线段的新宽度：1（并按两次回车键结束）

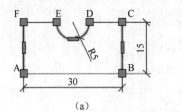 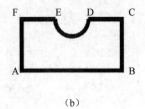

图 4-25　多段线编辑

在上述命令行中各项的意义如下。

- ➤ 选择多段线：选定要编辑的多段线，如果选定对象是直线或圆弧或样条曲线，则显示以下提示：
  - ◇ 选定的对象不是多段线
  - ◇ 是否将其转换为多段线？<Y>：若输入 y，则可以所选的直线或圆弧或样条曲线转换成多段线
- ➤ 多条（M）：选择多个对象进行编辑。
- ➤ 闭合（C）：当多段线不闭合时显示此选项，将多段线首尾连接成闭合线。
- ➤ 打开（O）：当多段线闭合时显示此选项，将删除多段线的闭合线段。
- ➤ 合并（J）：在开放的多段线的尾端点添加直线、圆弧或多段线。对于要合并的多段线它们的端点必须重合。
- ➤ 宽度（W）：为整个多段线指定新的统一宽度。
- ➤ 编辑顶点（E）：在编辑多段线的第一个顶点处显示"×"标记。如果已指定此顶点的切线方向，则在此方向上绘制箭头，并显示以下提示：
  - ◇ PEDIT [下一个（N）上一个（P）打断（B）插入（I）移动（M）重生成（R）拉直（S）切向（T）宽度（W）退出（X）]<当前>：
  命令行中各项的意义如下。
    - ◇ 下一个（N）：将标记×移动到下一个顶点。
    - ¤ 上一个（P）：将标记×移动到上一个顶点。
    - ¤ 打断（B）：将×标记移到任何其他顶点时，保存已标记的顶点位置，并显示以下提示：
      - ◇ PEDIT 输入选项 [下一个（N）上一个（P）执行（G）退出（X）]<当前>：
        - ¤ 下一个（N）：将标记×移动到下一个顶点。
        - ◇ 上一个（P）：将标记×移动到上一个顶点。
        - ◇ 执行（G）：删除两个选定顶点之间的所有线段和顶点，将其替换

　　　成单个直线段，然后返回"编辑顶点"模式。
　　　　　　◇　退出（X）：退出"拉直"选项并返回"编辑顶点"模式。
　　　◇　插入（I）：在多段线的标记顶点之后添加新的顶点，并显示以下提示：
　　　　　　◇　PEDIT 指定新顶点的位置：
　　　◇　移动（M）：移动标记的顶点，并显示以下提示：
　　　　　　◇　PEDIT 指定标记顶点的新位置：
　　　◇　重生成（R）：重生成多段线。
　　　◇　拉直（S）：将标记×移到任何其他顶点时，保存已标记的顶点位置，并显示
　　　　　以下提示：
　　　　　　◇　PEDIT 输入选项 [下一个（N）上一个（P）执行（G）退出（X）]<
　　　　　　　当前>：
　　　　　　　　◇　下一个（N）：将标记×移动到下一个顶点。
　　　　　　　　◇　上一个（P）：将标记×移动到上一个顶点。
　　　　　　　　◇　执行（G）：删除两个选定顶点之间的所有线段和顶点，将其替换
　　　　　　　　　成单个直线段，然后返回"编辑顶点"模式。
　　　　　　　　◇　退出（X）：退出"拉直"选项并返回"编辑顶点"模式。
　　　◇　切向（T）：将切线方向附着到标记的顶点以便用于以后的曲线拟合，将显
　　　　　示以下提示：
　　　　　　◇　PEDIT 指定顶点切向：
　　　◇　宽度（W）：修改标记顶点之后线段的起点宽度和端点宽度。
　　　◇　退出（X）：退出"编辑顶点"模式。
➢　拟合（F）：创建圆弧拟合多段线（由圆弧连接每对顶点的平滑曲线）。
➢　样条曲线（S）：使用选定多段线的顶点作为近似 B 样条曲线的曲线控制点或控制框
　　　架进行样条曲线拟合。
➢　非曲线化（D）：删除由拟合曲线或样条曲线插入的多余顶点，拉直多段线的所有
　　　线段。
➢　线型生成（L）：生成经过多段线顶点的连续图案线型。
➢　放弃（U）：还原操作，可一直返回到 PEDIT 任务开始时的状态。

2．多线编辑

多线编辑（Mledit）命令可以对多线进行编辑，包括编辑多线的顶点、编辑多线相交的样
式等。另外，可以直接编辑多线样式，从而绘制不同形状的多线。

1）命令的启动方法
●　在"菜单栏"中，选择"修改"→"对象"→"多线"选项。
●　在命令行提示符下键入 Mledit 后，按回车键。
命令启动后将弹出"多线编辑工具"对话框，如图 4-26 所示。

2）命令的操作方法
用多线编辑命令将图 4-27（a）编辑为图 4-27（b）所示的形式。命令启动后将弹出"多
线编辑工具"对话框（图 4-26），选择"十字打开"样式后，依次有如下的提示信息：

◇　MLEDIT 选择第一条多线: 选择一条多线

◇　MLEDIT 选择第二条多线: 选择另一条多线

◇　MLEDIT 选择第一条多线 或 [放弃（U）]: 按回车键结束命令

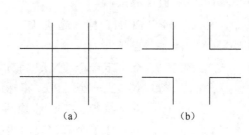

（a）　　　　　　　　（b）

图 4-26　"多线编辑工具"对话框　　　　　　图 4-27　多线编辑

3）多线样式设置

多线样式控制多线中直线元素的颜色和数目、线型以及每个元素与多线起点之间的偏移量。编辑多线样式的步骤如下。

- 在"菜单栏"中，选择"格式"→"多线样式"选项，将弹出"多线样式"对话框，如图 4-28 所示。
- 单击"多线样式"对话框（图 4-28）中的"加载"按钮，将打开"加载多线样式"对话框，如图 4-29 所示，用户可以从中选取加载的样式，也可以单击"文件"按钮，打开"从文件加载多线样式"对话框中选择多线样式文件。

图 4-28　"多线样式"对话框　　　　　　图 4-29　"加载多线样式"对话框

- 单击"多线样式"对话框（图 4-28）中的"新建"按钮，弹出"创建新的多线样式"对话框，如图 4-30 所示。

图 4-30 "创建新的多线样式"对话框

- 在"创建新的多线样式"对话框（图 4-30）中输入样式名称，单击"继续"按钮，进入"新建多线样式"对话框，如图 4-31 所示。在"新建多线样式"对话框中，用户可以设置多线的封口、填充等多线样式。
  - ➢ 在"封口"区域，设置多线的起点和端点，设置封口线的类型和角度。
  - ➢ 在"填充"选项中，默认是无填充颜色的，若要对多线填充，可单击下拉列表框选择颜色。或在"选择颜色"对话框中选择需要的颜色。

图 4-31 "新建多线样式"对话框

3. 样条曲线编辑

样条曲线编辑（Splinedit）命令可以修改样条曲线的参数或将样条拟合多段线转换为样条曲线。

1）命令的启动方法

- 在"菜单栏"中，选择"修改"→"对象"→"样条曲线"选项。
- 在"修改 Ⅱ"快捷工具栏（图 4-24）上单击"编辑样条曲线"按钮。
- 在"功能区"选项板中选择"默认"选项卡，在"修改"面板单击"编辑样条曲线"按钮。
- 在命令行提示符下键入 Splinedit 后，按回车键。

2）命令的操作方法

将图 4-32（a）中的样条曲线转换为如图 4-32（b）所示的多段线。样条曲线编辑命令启动后依次有如下的提示信息：
- ◇ SPLINEDIT 选择样条曲线：选择图 4-32（a）中的样条曲线
- ◇ SPLINEDIT 输入选项 [闭合（C）合并（J）拟合数据（F）编辑顶点（E）转换为多段线（P）反转（R）放弃（U）]：　p
- ◇ SPLINEDIT 指定精度<当前值>：5，并按回车键结束命令

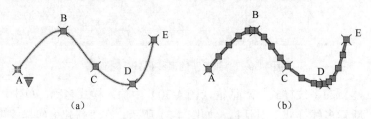

图 4-32　样条曲线编辑

在上述命令行中各项的意义如下。
- ➤ 闭合（C）：闭合开放的样条曲线，使其在端点处切向连续（平滑）。
- ➤ 合并（J）：将开放的样条曲线进行合并。对于要合并的样条曲线它们的端点必须重合。
- ➤ 拟合数据（F）：使用下列选项编辑拟合数据。选则此项显示以下提示：
  - ◇ SPLINEDIT [添加（A）闭合（C）删除（D）扭折（K）移动（M）清理（P）切线（T）公差（L）退出（X）] <退出>：
    命令行中各项的意义如下。
    - ¤ 添加（A）：在样条曲线中增加拟合点。
    - ¤ 闭合（C）/打开（O）：如果选定的样条曲线为闭合，则"闭合"选项将由"打开"选项替换。
    - ¤ 删除（D）：从样条曲线中删除拟合点并用其余点重新拟合样条曲线。
    - ¤ 扭折（K）：在样条曲线上的指定位置添加节点和拟合点，这不会保持在该点的相切或曲率连续性。
    - ¤ 移动（M）：把拟合点移动到新位置。
    - ¤ 清理（P）：从图形数据库中删除样条曲线的拟合数据。
    - ¤ 切线（T）：编辑样条曲线的起点和端点切向。
    - ¤ 公差（L）：使用新的公差值将样条曲线重新拟合至现有点。
    - ¤ 退出（X）：返回到 SPLINEDIT 主提示。
- ➤ 编辑顶点（E）：编辑样条曲线的控制顶点数据；选择此项显示以下提示：
  - ◇ SPLINEDIT 输入顶点编辑选项 [添加（A）删除（D）提高阶数（E）移动（M）权值（W）退出（X）] <退出>：
    命令行中各项的意义如下。
    - ¤ 添加（A）：在位于两个现有的控制点之间的指定点处添加一个新控制点。
    - ¤ 删除（D）：删除选定的控制点。
    - ¤ 提高阶数（E）：增大样条曲线的多项式阶数（阶数加 1）。这将增加整个样条曲线的控制点的数量。最大值为 26。

          ¤　**移动（M）**：重新定位选定的控制点。

          ¤　**权值（W）**：更改指定控制点的权值。系统会根据指定控制点的新权值重新
               计算样条曲线。权值越大，样条曲线越接近控制点。

          ¤　**退出（X）**：返回到前一个提示。

➢　**转换为多段线（P）**：将样条曲线转换为多段线。精度值决定生成的多段线与样条曲
线的接近程度。有效值为介于 0 到 99 之间的任意整数。

注意：较高的精度值会降低性能。

➢　**反转（E）**：反转样条曲线的方向。此选项主要适用于第三方应用程序。

➢　**放弃（U）**：取消上一编辑操作。

4.5.2　分解、合并与对齐

1. 分解命令

在 AutoCAD 中，多段线、多线、图块、填充图案、关联的尺寸标注等都是一个独立的复
合实体对象，因此用户无法直接编辑构成这些复合对象的各个图形实体。分解（Explode）命
令可以将这些独立的复合实体对象分解为单个图形实体，以方便对其包含的单个图形实体进
行再编辑。

1）命令的启动方法

- 在"菜单栏"中，选择"修改"→"分解"选项。
- 在"绘图"快捷工具栏上，单击"分解"按钮 。
- 在"功能区"选项板中选择"默认"选项卡，在"修改"面板单击"分解"按钮 。
- 在命令行提示符下键入 Explode 或 X 后，按回车键。

2）命令的操作方法

将图 4-33（a）中的一条多段线分解成如图 4-33（b）所示的图形（两条直线段和两个半
圆弧）。分解命令启动后依次有如下的提示信息：

   ◇　EXPLODE 选择对象：选择图 4-33（a）中的多段线，按回车键

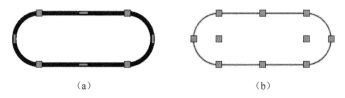

        （a）　　　　　　　　　　　　　　　　　　（b）

图 4-33　图形分解

2. 合并命令

合并（Join）命令可以连接某一连续图形上的两个部分，或者将相似的对象合并以形成一
个完整的对象。

1）命令的启动方法

- 在"菜单栏"中，选择"修改"→"合并"选项。
- 在"绘图"快捷工具栏上单击"合并"按钮 。
- 在"功能区"选项板中选择"默认"选项卡，在"修改"面板单击"合并"按钮 。
- 在命令行提示符下键入 Join 或 J 后，按回车键。

2）命令的操作方法

合并命令启动后依次有如下的提示信息：

◇ JION 选择源对象或要一次合并的多个对象：选择直线、开放的多段线、圆弧、椭圆弧或开放的样条曲线等

◇ JION 选择要合并到源的对象：指定可以合并其他对象的单个源对象

在合并直线、开放的多段线、圆弧、椭圆弧或开放的样条曲线时，应注意以下几点。

- 直线：直线对象可以合并到源线。直线对象必须都是共线（即在同一无限长的直线上），但它们之间可以有间隙。

- 开放的多段线：直线、多段线和圆弧可以合并到源多段线。所有对象之间必须连续不能有间隙，且共面（即在同一平面上）。生成的对象是单条多段线。

- 圆弧：圆弧可以合并到源圆弧。所有的圆弧对象必须具有相同半径和中心点（即在同一假想的圆上），但是它们之间可以有间隙。从源圆弧按逆时针方向合并圆弧。"闭合"选项可将圆弧转换成圆。

- 椭圆弧：椭圆弧可以合并到源椭圆弧。椭圆弧必须共面且具有相同的主轴和次轴（即在同一假想的椭圆上），但是它们之间可以有间隙。从源椭圆弧按逆时针方向合并椭圆弧。"闭合"选项可将源椭圆弧转换为椭圆。

- 开放的样条曲线：所有线性或弯曲对象可以合并到源样条曲线。所有对象必须是连续相接（即端点对端点），但可以不共面。结果对象是单个样条曲线。

用合并命令分别将图 4-34（a）中的直线段、圆弧和样条曲线进行合并，合并后的结果如图 4-34（b）所示。具体方法和步骤如下。

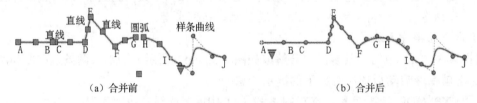

（a）合并前　　　　　　　　　　　　　　　（b）合并后

图 4-34　图形合并

- 启动合并命令后依次有如下的提示信息：

◇ JION 选择源对象或要一次合并的多个对象：选择直线段 AB

◇ JION 选择要合并到源的对象：选择直线段 CD，按回车键结束命令，将直线段 AB 和直线段 CD 合并成一条直线段 AD

- 在命令行中按回车键或空格键，重新启动合并命令后依次有如下的提示信息：

◇ JION 选择源对象或要一次合并的多个对象：选择直线段 AD

◇ JION 选择要合并到源的对象：选择直线段 DE，按回车键结束命令，将直线段 AD 和直线段 DE 合并成一条多段线 ADE

- 在命令行中按回车键或空格键，重新启动合并命令后依次有如下的提示信息：

◇ JION 选择源对象或要一次合并的多个对象：多段线 ADE

◇ JION 选择要合并到源的对象：选择直线段 EF，按回车键结束命令，将多段线 ADE 和直线段 EF 合并成一条多段线 ADEF

- 在命令行中按回车键或空格键，重新启动合并命令后依次有如下的提示信息：

◇　JION　选择源对象或要一次合并的多个对象：选择圆弧 HI
◇　JION　选择要合并到源的对象：选择圆弧 FG，按回车键结束命令，将圆弧 HI 和圆弧 FG 合并成一个圆弧 FI
- 在命令行中按回车键或空格键，重新启动合并命令后依次有如下的提示信息：
◇　JION　选择源对象或要一次合并的多个对象：多段线 ADEF
◇　JION　选择要合并到源的对象：选择圆弧 FI，按回车键结束命令，将多段线 ADEF 和圆弧 FI 合并成一条多段线 ADEFI
- 在命令行中按回车键或空格键，重新启动合并命令后依次有如下的提示信息：
◇　JION　选择源对象或要一次合并的多个对象：多段线 ADEFI
◇　JION　选择要合并到源的对象：选择样条曲线 IJ，按回车键结束命令，将多段线 ADEFI 和样条曲线 IJ 合并成一条样条曲线 ADEFIJ

3．对齐命令

对齐（Align）命令可以指定一对、两对或三对源点和定义点，以移动、旋转或倾斜选定的对象，从而使该对象上的点与另一个对象上的点对齐。

1）命令的启动方法
- 在"菜单栏"中，选择"修改"→"三维操作"→"对齐"选项。
- 在"功能区"选项板中选择"默认"选项卡，在"修改"面板单击"对齐"按钮。
- 在命令行提示符下键入 Align 或 Al 后，按回车键。

2）命令的操作方法

将图 4-35（a）中矩形的角点 A 和 B 与圆弧的端点 C 和 D 对齐，得到图 4-35（b）。对齐命令启动后依次有如下的提示信息：

◇　ALIGN　选择对象：选择矩形
◇　ALIGN　选择对象：按回车键
◇　ALIGN　指定第一个源点：选取 A 点
◇　ALIGN　指定第一个目标点：选取 C 点
◇　ALIGN　指定第二个源点：选取 B 点
◇　ALIGN　指定第二个目标点：选取 D 点
◇　ALIGN　指定第三个源点或<继续>：按回车键
◇　ALIGN　是否基于对齐点缩放对象？[是（Y）否（N）]<否>：y

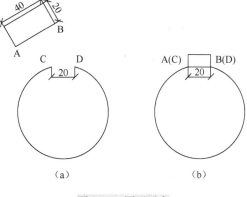

图 4-35　图形对齐

4.5.3　区域填充编辑

编辑图案填充（Hatchedit）命令可以修改图案填充的特性，如现有图案填充或填充的图案、比例和角度。可利用实体填充和 AutoCAD 提供的预定义图案替换原来的图案，同时也可以将填充图案分解或定义新的填充图案。

1．命令的启动方法
- 在"菜单栏"中，选择"修改"→"对象"→"图案填充"选项。

- 在"修改Ⅱ"快捷工具栏（图4-24）上，单击"编辑图案填充"按钮 。
- 在"功能区"选项板中选择"默认"选项卡，在"修改"面板单击"编辑图案填充"按钮 。
- 快捷菜单：选中要编辑的图案填充对象，单击右键。在弹出的菜单中选择"图案填充编辑"选项。
- 在命令行提示符下键入 Hatchedit 或 He 后，按回车键。

2. 命令的操作方法

如图 4-36（a）所示的填充图案（填充角度为0、比例为30），将其填充角度更改为90、比例更改为 50，修改结果如图 4-36（b）所示。编辑图案填充命令启动后依次有如下的提示信息：

　◆　HATCHEDIT 选择图案填充对象：选择要编辑的填充图案

在弹出"图案填充编辑"对话框，如图 4-37 所示。在该对话框中，将"角度"更改为90、"比例"更改为50，单击"确定"按钮结束命令操作。

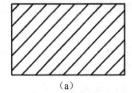
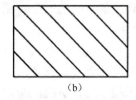

（a）　　　　　　　　　　　　　（b）

图 4-36　编辑图案填充

图 4-37　"图案填充编辑"对话框

4.5.4　夹点模式编辑

夹点（Grips）指当图形对象被选择时，显示在图形对象特征点或定义点上带颜色的小方块。在 AutoCAD 中常见的图形对象夹点如图 4-38 所示。

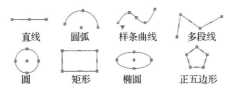

直线　　圆弧　　样条曲线　　多段线

圆　　　矩形　　椭圆　　　正五边形

图 4-38　常见图形对象的夹点

通过拖动夹点可执行拉伸、移动、旋转、缩放或镜像操作。选择执行的编辑操作称为夹点模式。要使用夹点模式，可将十字光标置于夹点上单击选择作为操作基点的夹点（选定的夹点也称为热夹点）。

在选择夹点模式时，可以通过按回车键或空格键循环选择这些模式。还可以使用快捷键或右击查看所有模式和选项。

1. 使用夹点拉伸实体

可以通过将选定夹点移动到新位置来拉伸对象。文字、块参照、直线中点、圆心和点对象上的夹点将移动对象而不是拉伸它。

如图 4-39（a）所示，使用"夹点拉伸"对矩形进行两次拉伸复制，得到如图 4-39（c）所示的图形。具体方法和步骤如下。

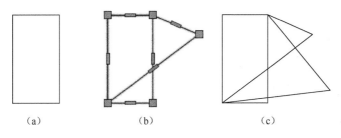

（a）　　　　　　　　（b）　　　　　　　　（c）

图 4-39　夹点拉伸图形

用光标选择矩形，再用光标单击矩形右下角点，使该点处于夹点模式后，系统默认"拉伸"模式，命令行将给出如下的提示：

◇　** 拉伸 **

◇　指定拉伸点或 [基点（B）复制（C）放弃（U）退出（X）]：输入 c 并按回车键启动拉伸多重复制

◇　指定拉伸点或 [基点（B）复制（C）放弃（U）退出（X）]：用光标在适当的位置指定拉伸点。重复该项 2 次后，按回车键结束命令操作

各选项含义如下。

➢　指定拉伸点：确定基点拉伸后的新位置。可以直接用十字光标或通过输入新点的坐标参数确定其新的位置，该项为默认选项。

➢　基点（B）：确定新基点，可以指定任意点作为新拉伸基点。

> ➤ 复制（C）：进行拉伸复制。在此方式下，允许进行多次拉伸复制，即原先选择的并带热夹持点的实体大小保持不变，在此基础上复制多个相同的图形，而且这些图形实体都被拉伸。
> ➤ 放弃（U）：取消上次的基点或复制操作。
> ➤ 退出（X）：退出夹点拉伸模式。

2. 使用夹点移动实体

如图 4-40（a）所示，使用"夹点移动"将有两条对角线的矩形移入圆中，得到如图 4-40（b）所示的图形。具体方法和步骤如下。

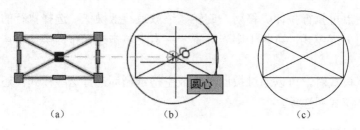

　　（a）　　　　　　　　　　　（b）　　　　　　　　　　　（c）

图 4-40　夹点移动图形

用光标选择矩形和两条对角线，再用光标单击两条对角线的交点，使该点处于夹点模式后，通过按回车键或空格键选择"移动"模式，命令行将给出如下的提示：

◇ **** 移 动 ****
◇ 指定移动点或 [基点（B）复制（C）放弃（U）退出（X）]：将光标移至圆心

各选项含义如下。
> ➤ 指定移动点：确定移动的终点。可以直接用十字光标或通过输入新点的坐标参数确定其新的位置，该选项为默认选项。
> ➤ 基点（B）：确定新基点，可以指定任意点作为新移动基点。
> ➤ 复制（C）：允许多次复制实体。
> ➤ 放弃（U）：取消上次的基点或复制操作。
> ➤ 退出（X）：退出夹点移动模式。

3. 使用夹点旋转实体

如图 4-41（a）所示，使用"夹点旋转"将直角三角形进行旋转，得到如图 4-41（b）所示的图形。具体方法和步骤如下。

用光标选择直角三角形，再用光标单击三角形直角点，使该点处于夹点模式后，通过按回车键或空格键选择"旋转"模式，命令行将给出如下的提示：

◇ **** 旋 转 ****
◇ 指定旋转角度或 [基点（B）复制（C）放弃（U）参照（R）退出（X）]：r
◇ 指定参照角<0>：选择 B 点
◇ 指定参照角<0>：指定第二点：选择 C 点
◇ 指定新角度或 [基点（B）复制（C）放弃（U）参照（R）退出（X）]：选择 D 点

各选项含义如下。

➢ 指定旋转角度：确定旋转角度。在此提示下，可直接输入要旋转的角度值，也可用拖动方式确定相对旋转角，然后将所选择实体目标以夹点为基点旋转相应的角度，该选项为默认选项。

➢ 基点（B）：确定新基点。AutoCAD 允许用户指定任意点作为新旋转基点。

➢ 复制（C）：允许多次旋转复制实体。

➢ 放弃（U）：取消上次的基点或复制操作。

➢ 参照（R）：确定相对参考比例系数。

➢ 退出（X）：退出夹点旋转模式。

4．使用夹点缩放实体

如图 4-42（a）所示，使用"夹点缩放"将直角三角形进行缩放，得到如图 4-42（b）所示的图形。具体方法和步骤如下。

用光标选择直角三角形，再用光标单击三角形直角点，使该点处于夹点模式后，通过按回车键或空格键选择"比例缩放"模式，命令行将给出如下的提示：

◇ ＊＊ 比例缩放 ＊＊

◇ 指定比例因子或 [基点（B）复制（C）放弃（U）参照（R）退出（X）]：r

◇ 指定参照长度<1.0000>：选择 B 点

◇ 指定参照长度<1.0000>：指定第二点：选择 C 点

◇ 指定新长度或 [基点（B）复制（C）放弃（U）参照（R）退出（X）]：选择 D 点

各选项含义如下。

➢ 指定比例因子：确定比例缩放系数。在此提示下，可直接输入一个具体的比例系数，亦可通过拖动方式给出相应的比例系数，该选项为默认选项。

➢ 基点（B）：确定新基点。允许用户指定任意点作为新缩放基点。

➢ 指定基点：确定新基点，然后进行比例缩放。

➢ 复制（C）：允许多次复制缩放实体。

➢ 放弃（U）：取消上次的基点或复制操作。

➢ 参照（R）：确定相对参考比例系数。

➢ 退出（X）：退出夹点缩放模式。

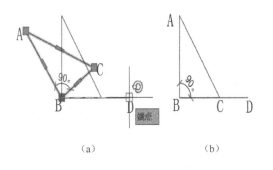

（a）　　　　　　　　　（b）

图 4-41　夹点旋转图形

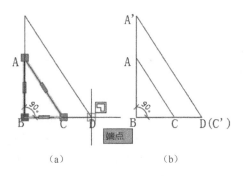

（a）　　　　　　　　　（b）

图 4-42　夹点缩放图形

5. 使用夹点镜像实体

如图 4-43（a）所示，使用"夹点镜像"将三个偏移后的直角三角形进行缩放，得到如图 4-43（b）所示的图形。具体方法和步骤如下。

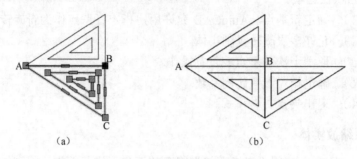

（a）　　　　　　　　　　　　　　　　　　（b）

图 4-43　夹点镜像图形

用光标选择三个直角三角形，再用光标单击最外面的三角形直角点，使该点处于夹点模式后，通过按回车键或空格键选择"镜像"模式，命令行将给出如下的提示：

◇　** 镜像 **

◇　指定第二点或 [基点（B）复制（C）放弃（U）退出（X）]: c

◇　指定第二点或 [基点（B）复制（C）放弃（U）退出（X）]: 选择 A 点和 C 点

各选项含义如下。

➤　指定第二点：确定镜像线的另一个端点。AutoCAD 将所选的夹点作为镜像线的第一端点。在此提示下，可直接输入点的坐标参数或用十字光标来确定镜像线的第二端点。AutoCAD 将以这两端点所确定的直线为镜像线，该选项为默认选项。

➤　基点（B）：确定镜像线基点。允许用户指定任意点作为新的镜像基点。

➤　复制（C）：允许用户镜像复制实体目标。

➤　放弃（U）：取消上次的基点或复制操作。

➤　退出（X）：退出夹点镜像模式。

课 后 习 题

4-1　矩形窗口与交叉窗口选择对象有什么区别？

4-2　如何快速选择图形实体？

4-3　什么是倒角？什么是圆角？在 AutoCAD 中能否对两个不相交直线（Line）和多段线（Pline）进行倒角或倒圆角？

4-4　"打断"命令与"打断于点"命令有何区别？

4-5　如何合并多段线？能否将两个首尾不相连的直线（Line）和多段线（Pline）合并？

4-6　改变一条线段长度的命令有哪些？

4-7　AutoCAD 中复制类命令有哪些？

4-8　多线的修剪与一般直线的修剪有什么区别？

4-9　什么是"夹点"？如何运用夹点实现图形的编辑？

4-10　启动"特性"窗口的方式有哪几种？

第 5 章 文字注释与编辑

5.1 文字输入与编辑

在一个完整的工程图中，通常都包含一些文字来注释工程图中的一些非图形信息。例如，在地形图中需要用文字来注释道路、建筑物、河流、湖泊、山脉的名称；在建筑平面图中需要用文字来注释建筑物的尺寸和用途、施工要求、材料说明等。因此，在 AutoCAD 中，文字对象是图形中很重要的图形元素，是各种工程图中不可缺少的组成部分。

5.1.1 文字样式

文字样式（Style）命令可以设置字体、字号、倾斜角度、方向和其他文字特征，也可以重新设置文字样式或创建新的样式。所有文字都具有与之相关联的文字样式。在创建文字注释、表格和尺寸标注时，通常使用当前的文字样式。

1. 命令的启动方法

- 在"菜单栏"中，选择"格式"→"文字样式"选项。
- 在"菜单栏"中，选择"工具"→"工具栏"→"AutoCAD"→"文字"选项，在绘图窗口上弹出"文字"快捷工具栏（图 5-1）后，单击"文字样式"按钮 A。
- 在"菜单栏"中，选择"工具"→"工具栏"→"AutoCAD"→"样式"选项，在绘图窗口上弹出"样式"快捷工具栏（图 5-2）后，单击"文字样式"按钮 A。
- 在"功能区"选项板中选择"默认"选项卡，在"注释"面板单击"文字样式"按钮 A。
- 在命令行提示符下键入 Style 后，按回车键。

![图5-1 "文字"快捷工具栏]

图 5-1 "文字"快捷工具栏

图 5-2 "样式"快捷工具栏

2. "文字样式"对话框操作方法

文字样式（Style）命令启动后，打开"文字样式"对话框（图 5-3）。对话框中各选项含义如下。

- 当前文字样式：显示当前文字样式名称，默认文字样式为 STANDARD。
- 样式（S）：列出默认和已定义的文字样式。可选择其一置为当前文字样式。可以单击"新建"按钮以创建出新的文字样式。
- 下拉列框：控制"样式（S）"列出的内容，包括所有样式和正在使用的样式。

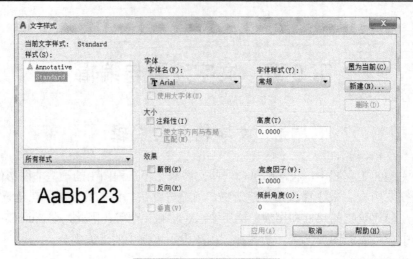

图 5-3　"文字样式"对话框

- 预览：动态显示样例文字的更改效果。
- 字体。
  - ➢ 字体名（F）：列出 Fonts 文件夹中所有注册的字体。
  - ➢ 字体样式（Y）：指定字体格式，如斜体、粗体或者常规字体。
  - ➢ 使用大字体（U）：在"字体名"中指定 SHX 文件，才能使用"大字体"。只有 SHX 文件可以创建"大字体"。
- 大小。
  - ➢ 注释性：指定文字为注释性文字。
  - ➢ 使文字方向与布局匹配：指定图纸空间视口中的文字方向与布局方向匹配。
  - ➢ 高度：根据输入的值设置文字高度。输入大于 0.0 的高度将自动为此样式设置文字高度。如果输入 0.0，则文字高度将默认为上次使用的文字高度，或使用存储在图形样板文件中的值。
- 效果。
  - ➢ 颠倒：颠倒显示字符。
  - ➢ 反向：反向显示字符。
  - ➢ 垂直：显示垂直对齐的字符。只有在选定字体支持双向时"垂直"才可用。TrueType 字体的垂直定位不可用。
  - ➢ 宽度因子：设置字符间距。输入小于 1.0 的值将压缩文字。输入大于 1.0 的值则扩大文字。
  - ➢ 倾斜角度：设置文字的倾斜角。
- 置为当前（C）：可以在"样式（S）"列中选定的文字样式设置为当前。
- 新建（N）：单击后弹出"新建文字样式"对话框。可以采用默认名称或输入名称，样式名最长可达 255 个字符。名称中可包含字母、数字和特殊字符，如美元符号（$）、下划线（_）和连字符（-）。选择"确定"后新文字样式默认为当前样式设置。
- 删除（D）：删除未使用文字样式。
- 应用（A）：将对话框中所做的样式更改应用到当前图形中的文字。

5.1.2　文字输入

1．单行文字

单行文字（Text）输入命令可以创建文字内容比较简短的文字对象，并可单独编辑。

1）命令的启动方法

- 在"菜单栏"中，选择"绘图"→"文字"→"单行文字"选项。
- 在"文字"快捷工具栏（图 5-1）上单击"单行文字"按钮 Ａ。
- 在"功能区"选项板中选择"默认"选项卡，在"注释"面板上选择"文字"→"单行文字"按钮 Ａ。
- 在"功能区"选项板中选择"注释"选项卡，在"文字"面板单击"单行文字"按钮 Ａ。
- 在命令行提示符下键入 Text 或 Dtext 或 Dt 后，按回车键。

2）命令的操作方法

单行文字（Text）输入命令启动后依次有如下的提示信息：

◇　当前文字样式："Standard"文字高度：2.5000　　注释性：否　对正：左
◇　TEXT 指定文字的起点或[对正（J）样式（S）]:
◇　TEXT 指定高度<2.5000>:
◇　TEXT 指定文字的旋转角度<0>:

在上述命令行中各项的意义如下。

➢　指定文字的起点：指定文字对象的起点。
➢　对正（J）：控制文字的对正方式。选择该项将出现如下提示：
　　¤　TEXT 　输入选项 [左（L）居中（C）右（R）对齐（A）中间（M）布满（F）左上（TL）中上（TC）右上（TR）左中（ML）正中（MC）右中（MR）左下（BL）中下（BC）右下（BR）]：用于设置文字的排列方式
➢　样式（S）：指定文字样式，文字样式决定文字字符的外观。选择该选项将出现如下提示：
　　¤　TEXT 　输入样式名或[?]<Standard>:　用户可以输入当前文字样式的名字，也可以输入"？"显示当前图形已有的文字样式
➢　指定高度<2.5000>：只有在"文字样式"中没有设置高度时才出现该提示，否则使用"文字样式"中设置的文字高度。
➢　指定文字的旋转角度<0>：文字旋转角度是指文字行排列方向与水平线的夹角。

3）特殊字符的输入

在工程绘图中，会经常用到一些单位符号和特殊符号，如下划线、角度单位"度"等。AutoCAD 通过提供相应的控制符号来输出这些符号。表 5-1 列出了 AutoCAD 中常用的控制符号及其作用。

在 AutoCAD 中，"%%O"和"%%U"分别是上划线和下划线的开关，即第一次使用这两个符号时，打开上划线和下划线，第二次使用，则关闭上划线和下划线。

表 5-1　常用的控制符号

控制符号	作用
%%O	表示打开或关闭文字上划线
%%U	表示打开或关闭文字下划线
%%D	表示角度单位"度"的符号"°"
%%P	表示正负符号"±"
%%C	表示直径符号"Φ"

2．多行文字

多行文字（Mtext）输入命令可以创建多行文字内容的文字对象。多行文字又称为段落文字，是一种更易于管理的文字对象。单行文字比较简单，不便于一次大量输入文字说明，对于建筑施工图、井巷工程设计图等经常需要插入大量的文字说明，这时使用多行文字输入方法就显得极为方便。

1）命令的启动方法

- 在"菜单栏"中，选择"绘图"→"文字"→"多行文字"选项。
- 在"文字"快捷工具栏（图 5-1）上单击"多行文字"按钮 A。
- 在"绘图"快捷工具栏上单击"多行文字"按钮 A。
- 在"功能区"选项板中选择"默认"选项卡，在"注释"面板上选择"文字"→"多行文字"按钮 A。
- 在"功能区"选项板中选择"注释"选项卡，在"文字"面板单击"多行文字"按钮 A。
- 在命令行提示符下键入 Mtext 或 Mt 后，按回车键。

2）命令的操作方法

多行文字（Mtext）输入命令启动后有如下的信息提示：

◇　当前文字样式："Standard"　文字高度：　2.5　注释性：　否
◇　MTEXT 指定第一角点：
◇　MTEXT 指定对角点或 [高度（H）对正（J）行距（L）旋转（R）样式（S）宽度（W）栏（C）]:

按命令提示确定多行文字输入范围后，在"功能区"中打开"文字编辑器"（图 5-4），用于编辑多行文字。

3）"文字编辑器"操作方法

在"文字编辑器"（图 5-4）中，各面板及其选项含义如下。

- "样式"面板。
  - 样式：向多行文字对象应用文字样式。默认情况下，"标准文字"（Standard）样式为当前默认的文字样式。
  - 注释性：打开或关闭当前多行文字对象的"注释性"。
  - 文字高度：按图形单位设置新文字的字符高度或修改选定文字的高度。多行文字对象可以包含不同高度的字符。
  - 遮罩：可以设置多行文字输入区域的背景色。

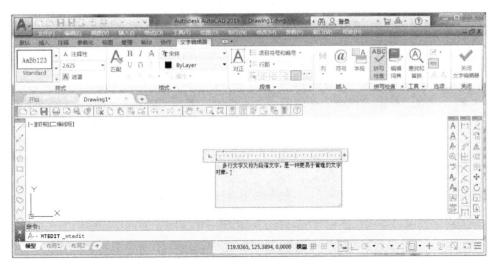

图 5-4　文字编辑器

- "格式"面板。
  - 匹配：将选定文字格式应用到相同多行文字对象中的其他字符。
  - 粗体：开和关闭新文字或选定文字的粗体格式。此选项仅适用于使用 TrueType 字体的字符。
  - 斜体：打开和关闭新文字或选定文字的斜体格式。此选项仅适用于使用 TrueType 字体的字符。
  - 下划线：打开和关闭新文字或选定文字的下划线。
  - 上划线：为新建文字或选定文字打开和关闭上划线。
  - 字体：为新输入的文字指定字体或改变选定文字的字体。AutoCAD 编译的形 （SHX）字体按字体所在文件的名称列出。
  - 颜色：指定新文字的颜色或更改选定文字的颜色。
  - 倾斜角度：确定文字是向前倾斜还是向后倾斜。倾斜角度表示的是相对于 90° 角方向的偏移角度。输入一个-85 到 85 之间的数值使文字倾斜。倾斜角度的值 为正时文字向右倾斜。倾斜角度的值为负时文字向左倾斜。
  - 字间距：增大或减小选定字符之间的空间。1.0 设置是常规间距。设置为大于 1.0 可增大间距，设置为小于 1.0 可减小间距。
  - 宽度因子：扩展或收缩选定字符。1.0 设置代表此字体中字母的常规宽度。可以 增大该宽度（例如，使用宽度因子 2 使宽度加倍）或减小该宽度（例如，使用 宽度因子 0.5 将宽度减半）。
- "段落"面板。
  - 对正：显示"多行文字对正"菜单，并且有九个对齐选项可用。
  - 行距：显示建议的行距选项或"段落"对话框。在当前段落或选定段落中设置 行距。
  - 编号：显示用于创建列表的选项。
  - 左对齐：段落文字左对齐。

> ➢ 右对齐：段落文字右对齐。
> ➢ 居中：段落文字居中。
> ➢ 对正：段落文字两端对齐。
> ➢ 分散对齐：段落文字分散对齐。
> ➢ 段落：单击"段落"面板右下角箭头 ↘，弹出"段落"对话框（图 5-5），用于
> 　设置多行文字的段落格式。

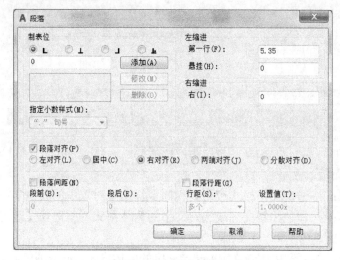

图 5-5　"段落"对话框

- "插入点"面板。
  > ➢ 符号：在光标位置插入符号或不间断空格。也可以手动插入符号。
  > ➢ 插入字段：显示"字段"对话框，从中可以选择要插入到文字中的字段。
  > ➢ 列：单击后弹出菜单列出三个栏选项（"不分栏"、"动态栏"和"静态栏"）、插
  > 　入分栏符和分栏设置。单击"分栏设置"后弹出"分栏设置"对话框（图 5-6），
  > 　也可以完成相应的设置。
- "选项"面板。
  > ➢ 标尺：在编辑器顶部显示标尺。拖动标尺末尾的箭头可更改多行文字对象的
  > 　宽度。
  > ➢ 放弃：放弃在"多行文字"功能区上下文选项卡中执行的操作，包括对文字内
  > 　容或文字格式的更改。
  > ➢ 重做：重做在"多行文字"功能区上下文选项卡中执行的操作，包括对文字内
  > 　容或文字格式所做的更改。
- "拼写检查"和"工具"面板。
  > ➢ 拼写检查：确定键入文本时拼写检查为打开还是关闭状态。
  > ➢ 查找和替换：单击后将打开"查找和替换"对话框。

4）多行文字输入方法

文字输入可在"多行文字"输入窗口内直接输入的文字。当输入分数的分子和分母、指数使用/、^、#分隔符时，按回车键后会出现" ⚡ "按钮，单击该按钮弹出一个列表（包含"对角线"、"水平"、"非堆叠"和"堆叠特性"四个选项），选择"堆叠特性"后将打开"堆叠特

性"对话框（图 5-7），可以详细设置堆叠的方法等。

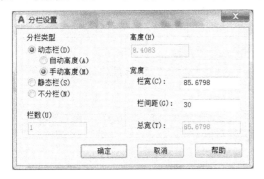

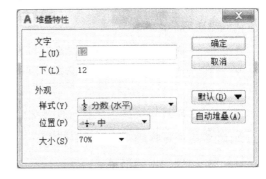

图 5-6　"分栏设置"对话框　　　　　　　　图 5-7　"堆叠特性"对话框

5.1.3　文字编辑

文字编辑（Textedit）命令可以对已输入的文字对象进行编辑。

1．命令的启动方法

- 在"菜单栏"中，选择"修改"→"对象"→"文字"→"编辑"选项。
- 在"文字"快捷工具栏（图 5-1）上，单击"编辑"按钮 。
- 在命令行提示符下键入 Textedit 或 Ddedit 或 Dd 后，按回车键。

2．命令的操作方法

文字编辑（Textedit）命令启动后有如下的信息提示：

◇　当前设置：编辑模式 = Mutiplet

◇　TEXTEDIT 选择注释对象或 [放弃（U）模式（M）]:

在上述命令行中各项的意义如下。

➢　选择注释对象：选择需要编辑的文字对象。

➢　放弃（U）：返回到上一步操作。

➢　模式（M）：选择该项后，则显示以下提示：

➢　TEXTEDIT 输入文本编辑模式选项[单个（S）多个（M）]:

选择要编辑的文字对象（单行或多行文字）后就可进行相关的编辑。

5.2　表格绘制与编辑

　　表格是用行和列以一种简洁清晰的形式提供信息的方式，常用于一些组件的图形、数据的统计信息中。使用表格功能可以创建不同类型的表格，还可以在其他软件中复制表格，以简化制图操作。

5.2.1　表格样式

　　表格样式（Tablestyle）命令可以控制一个表格的外观，用于保证标准的字体、颜色、文本、高度和行距。用户可以使用默认的表格样式，也可以根据需要自定义表格样式。

1. 命令的启动方法

- 在"菜单栏"中，选择"格式"→"表格样式"选项。
- 在"功能区"选项板中选择"默认"选项卡，在"注释"面板单击"表格样式"按钮 。
- 在"样式"快捷工具栏（图 5-2）上，单击"表格样式"按钮 。
- 在命令行提示符下键入 Tablestyle 后，按回车键。

2. "表格样式"对话框

表格样式命令启动后弹出"表格样式"对话框（图 5-8）。

- 当前表格样式：显示当前表格样式的名称。默认表格样式为 STANDARD。
- 样式（S）：列出默认和已定义的表格样式。可选择其一置为当前表格样式。可以单击"新建"按钮以创建出新的表格样式。
- 列出（L）：控制"样式（S）"列出的内容，包括所有样式和正在使用的样式。
- 预览：动态显示"样式（S）"列中选定表格样式的更改效果。
- 置为当前（U）：将"样式（S）"列中选定的表格样式设置为当前样式。所有新表格都将使用此表格样式创建。
- 新建（N）：弹出"创建新的表格样式"对话框，从中可以定义新的表格样式。
- 修改（M）：弹出"修改表格样式"对话框，从中可以修改表格样式。
- 删除（D）：删除"样式"列表格中选定的表格样式。不能删除图形中正在使用的表格样式。

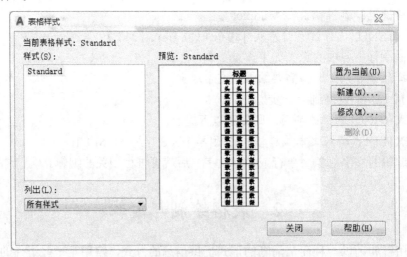

图 5-8　"表格样式"对话框

3. 新建表格样式

（1）打开"表格样式"对话框（图 5-8）。单击"新建"按钮，弹出"创建新的表格样式"对话框（图 5-9）。

图 5-9 "创建新的表格样式"对话框

（2）在"新样式名"文本框中输入新的表格样式名。在"基础样式"下拉列表中选择默认的表格样式、标准的或者任何已经创建的表格样式，新表格样式将在该样式的基础上进行修改。

（3）单击"继续"按钮，将打开"新建表格样式"对话框（图 5-10），从中可以通过"起始表格"在图形中指定一个表格用作样例来设置此表格样式的格式。选择表格后，可以指定要从该表格复制到表格样式的结构和内容，也可以通过"单元样式"设置表格单元的"常规"、"文字"和"边框"等选项内容。

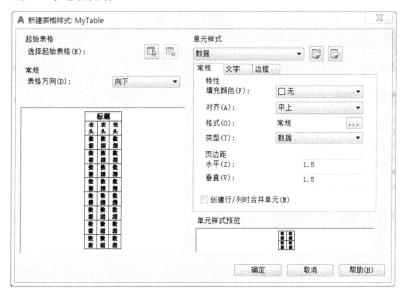

图 5-10 "新建表格样式"对话框

4. 使用和修改表格样式

在"表格样式"对话框（图 5-8）中，选择"样式"中列出的某一个表格样式后，可以进行如下操作。

（1）单击"置为当前"按钮将其设置为当前使用的表格样式。

（2）单击"修改"按钮，在打开的"修改表格样式"对话框（图 5-11）中可以修改选择的表格样式。

（3）单击"删除"按钮，删除选择的表格样式。

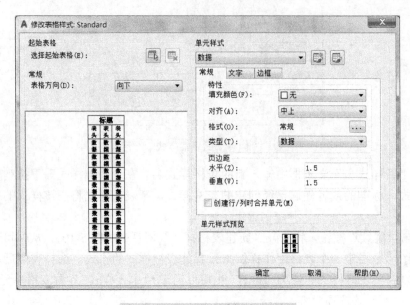

图 5-11 "修改表格样式"对话框

5.2.2 表格创建

表格（Table）命令可以创建表格对象。

1．命令的启动方法

- 在"菜单栏"中，选择"绘图"→"表格"选项。
- 在"功能区"选项板中选择"默认"选项卡，"注释"面板上单击"表格"按钮▦。
- 在"绘图"快捷工具栏上，单击"表格"按钮▦。
- 在命令行提示符下键入 Table 后，按回车键。

2．设置"插入表格"对话框

表格命令启动后将弹出"插入表格"对话框，如图 5-12 所示。

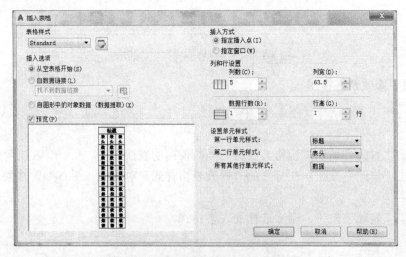

图 5-12 "插入表格"对话框

1）表格样式

- 可以从下拉列表框中选择一种表格样式。
- 单击按钮，弹出"表格样式"对话框（图 5-8），可以创建或修改的表格样式。

2）插入选项

- 从空表格开始：创建可以手动填充数据的空表格。
- 自数据链接：可以从外部电子表格中的数据创建表格。
- 自图形中的对象数据（数据提取）：启动"数据提取"向导，创建表格。

3）预览

动态显示"表格样式"列中选定表格样式。

4）插入方式

- 指定插入点：在绘图窗口中指定表格左上角的位置。
- 指定窗口：在绘图窗口中通过拖动来指定表格的位置和大小。

5）列和行设置

调整"列数"和"列宽"、"数据行数"和"行高"来设置表格的尺寸大小。

6）设置单元样式

指定"第一行单元样式"、"第二行单元样式"或"所有其他行单元样式"为"标题"、"表头"或"数据"。

3．创建表格

在"插入表格"对话框（图 5-12）中各项设置完后，单击"确定" 按钮，命令行中有如下操作提示：

TABLE 指定插入点:

系统提示指定插入点或窗口自动插入一个空表格并显示"文字"选项卡，用于输入文字或数据，如图 5-13 所示。

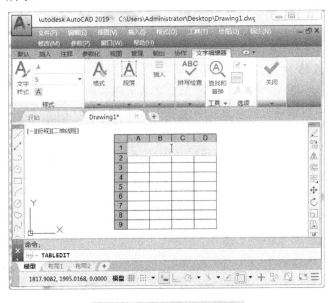

图 5-13　创建和输入表格数据

测量成果表			
点号	坐标X	坐标Y	高程H
1	47.565	75.566	66.231
2	76.531	75.236	69.564
3	25.236	78.512	62.851
4	35.664	87.253	64.214
5	86.754	96.333	70.015
6	19.232	63.228	71.115
7	22.892	75.111	65.882

图 5-14　测量成果表

创建如图 5-14 所示的"测量成果表",具体操作方法和过程如下。

（1）设置表格样式。启动"表格样式"对话框（图 5-8）。选择"样式"中列出的表格样式（Standard）后，单击"修改"按钮，打开的"修改表格样式"对话框（图 5-11），在该对话框中进行如下设置。

"单元样式"→"数据"→"文字"："文字样式"→Standard，"文字高度"→ 4，"文字颜色"→蓝色。

"单元样式"→"数据"→"常规"："对齐"→正中。

"单元样式"→"标题"→"文字"："文字高度"→ 5，"文字颜色"→ 蓝色。

"单元样式"→"标题"→"常规"："对齐"→ 正中。

"单元样式"→"表头"→"文字"："文字高度"→ 4，"文字颜色"→ 蓝色。

"单元样式"→"表头"→"常规"："对齐"→ 正中。

"表格方向"→向上。

其他设置取默认值。设置好表格样式后单击"确定"按钮退出。

（2）创建表格。启动创建表格命令，在打开的"插入表格"对话框（图 5-12）中进行如下的设置。

设置插入方式：选择"指定插入点"。

行和列设置：设置为 7 行 4 列，列宽为 20、行高为 1 行。

单击"确定"按钮后，在绘图区指定表格的插入点，则插入类似图 5-13 所示的空表格，并显示"文字"选项卡。

（3）输入文字和数据。在所插入的空表格内输入相应的文字和数据。

经上述操作后。即得到如图 5-14 所示的表格。

5.2.3　表格编辑

1. 编辑表格

1）用夹点编辑表格

当选择表格后，在表格的四周、标题行上将显示许多夹点，如图 5-15 所示，可以通过拖动这些夹点来编辑表格。

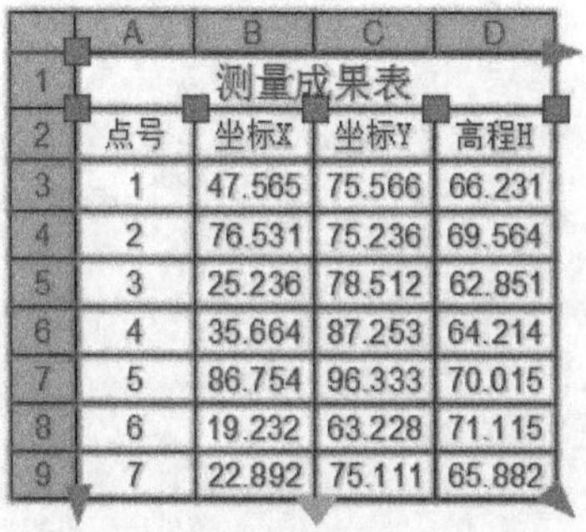

2）"表格"快捷菜单

选择表格后右击启动"表格"快捷菜单（图 5-16），可以对表格进行剪切、复制、删除、移动、缩放和旋转等简单操作，还可以均匀调整表格的行、列大小，删除所有特性替代等编辑。当选择"输出"命令时，还可以打开"输出数据"对话框，以.csv 格式输出表格中的数据。

	A	B	C	D
1	测量成果表			
2	点号	坐标X	坐标Y	高程H
3	1	47.565	75.566	66.231
4	2	76.531	75.236	69.564
5	3	25.236	78.512	62.851
6	4	35.664	87.253	64.214
7	5	86.754	96.333	70.015
8	6	19.232	63.228	71.115
9	7	22.892	75.111	65.882

图 5-15　用夹点编辑表格

3）"表格单元"快捷菜单

选择表格单元后右击启动"表格单元"快捷菜单（图 5-17），使用表格单元快捷菜单可以编辑表格单元对齐、单元边框、匹配单元、插入块、合并单元等。

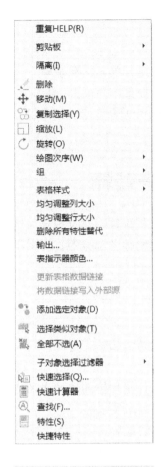

图 5-16　"表格"快捷菜单　　　　　图 5-17　"表格单元"快捷菜单

4）"表格单元"选项卡

选择表格单元后，在功能区将显示"表格单元"选项卡（图 5-18）。可以对表格的行、列进行添加、删除和合并，编辑单元样式，插入块、字段和公式等操作。

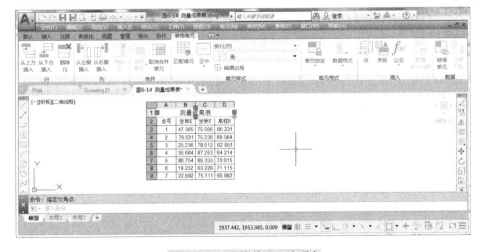

图 5-18　"表格单元"选项卡

2．编辑表格文字

编辑表格文字的主要方法如下。

（1）在表格单元内双击，打开"文字"选项卡后进行单元文字编辑。

（2）选择表格单元后右击，打开"表格单元"快捷菜单并单击"编辑文字"。

（3）在命令行键入编辑表格单元中的文字（Tabledit）命令后按回车键，命令启动后，可直接输入文字。

5.3　尺寸标注与编辑

尺寸标注是工程设计图纸的重要组成部分，是工程预算、建筑设计与施工、零部件制造与装配的重要依据。图形仅仅表达了物体的形状，而物体各部分的真实大小和相互关系的确切位置，只有通过尺寸标注才可以表达出来。

1．尺寸标注的规则

在进行尺寸标注时应遵循以下规则。

（1）物体的真实大小应以图样上所标注的尺寸数值为依据，与图形的大小及绘图的准确度无关。

（2）图样中的尺寸以毫米为单位时，不需要标注计量单位的代号或名称。如采用其他单位，则必须注明相应计量单位的代号或名称，如度、厘米及米等。

（3）图样中所标注的尺寸为该图样所表示的物体的最后完工尺寸，否则应另加说明。

（4）一般物体的每一尺寸只标注一次，并应标注在最后反映该结构最清晰的图形上。

2．尺寸标注的组成

通常 AutoCAD 把一个尺寸作为一个独立的对象来处理。如图 5-19 所示，一个完整的尺寸标注通常由尺寸线、尺寸界线、尺寸箭头和尺寸文本等部分组成。尺寸标注的各组成部分含义如下。

（1）尺寸线：表示尺寸标注起始范围。通常在尺寸线的末端带有箭头，用以指出尺寸线的起点和终点。对于角度型标注对象，尺寸线为圆弧线，对于非角度型标注对象，尺寸线为直线。

（2）尺寸界线：表示尺寸线的开始与结束，通常出现在要标注尺寸的对象两端。一般通过尺寸界线将尺寸引至被标注对象之外，尺寸界线端点一般超出尺寸线一定距离。

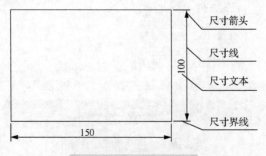

图 5-19　尺寸标注的组成

（3）尺寸箭头：表示测量的开始和结束位置，尺寸箭头位于尺寸线的两端。AutoCAD 提供了许多尺寸箭头符号，系统默认使用闭合的填充箭头符号作为尺寸箭头。

（4）尺寸文本：用于表示标注对象的标注值。标注文字可以是系统测量值，也可以是用户输入的尺寸值和其他文字。

3．尺寸标注的类型

AutoCAD 具有线性、对齐、弧长、基线、连续、直径、半径、折弯、圆心、坐标、角度、快速、折弯线性、多重引线等标注，如图 5-20 所示。

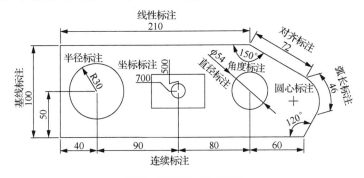

图 5-20　尺寸标注类型

5.3.1　尺寸标注样式

1．新建、修改和选择尺寸标注样式

标注样式（Dimstyle）命令可以新建、修改和选择尺寸标注样式。

1）命令启动

- 在"菜单栏"中，选择"标注"→"标注样式"选项。
- 在"菜单栏"中，选择"格式"→"标注样式"选项。
- 在"菜单栏"中，选择"工具"→"工具栏"→"AutoCAD"→"标注"选项，在绘图窗口上弹出"标注"快捷工具栏（图 5-21）后，单击"标注样式"按钮 。

图 5-21　"标注"快捷工具栏

- 在"样式"快捷工具栏（图 5-2）上单击"标注样式"按钮 。
- 在"功能区"选项板中选择"默认"选项卡，在"注释"面板单击"标注样式"按钮 。
- 在"功能区"选项板中选择"注释"选项卡，在"标注"面板中单击"标注样式"按钮 。
- 在命令行提示符下键入 Dimstyle 或 Dims 后，按回车键。

2）命令的操作方法

标注样式命令启动后弹出"标注样式管理器"对话框（图 5-22）。

（1）新建尺寸标注样式。在"标注样式管理器"对话框（图 5-22）中单击"新建"按钮，在弹出"创建新标注样式"对话框（图 5-23）中，命名新标注样式名称后，再单击该对话框中"继续"按钮，将打开"新建标注样式"对话框（图 5-24），在该对话框可以对尺寸标注格式进行设置。

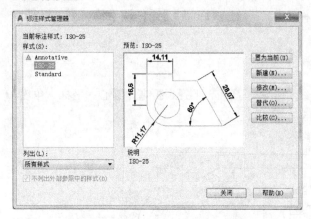

图 5-22　"标注样式管理器"对话框　　　　图 5-23　"创建新标注样式"对话框

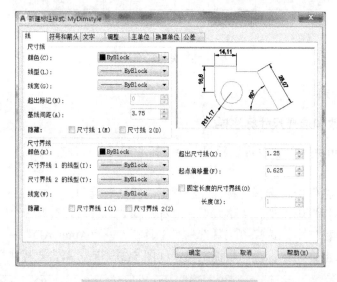

图 5-24　"新建标注样式"对话框

（2）修改尺寸标注样式。在"标注样式管理器"对话框（图 5-22）中单击"修改"按钮，将弹出"修改标注样式"对话框（图 5-25），在该对话框中可以对所选标注样式进行修改。

（3）选择尺寸标注样式。在"标注样式管理器"对话框（图 5-22）中，当"列出"下拉列表选择"所有样式"时，在"样式"下将显示当前图形所使用的所有标注样式名称。选择已列出的某一尺寸标注样式后单击"置为当前"按钮，就会将该标注样式设置为当前标注样式。

2. 尺寸标注设置

在"新建标注样式"对话框（图 5-24）或"修改标注样式"对话框（图 5-25）中，可以进行的相关设置如下。

1）设置尺寸线

单击"线"选项卡（图 5-24）可以进行尺寸线的相关设置。

（1）"尺寸线"选项组：设置尺寸线的颜色、线型、线宽、超出标记、基线间距等。

（2）"尺寸界线"选项组：设置尺寸界线的颜色、线型、线宽、超出尺寸线、起点偏移量等特性。

（3）"预览区"：显示所设置标注格式的标注效果。

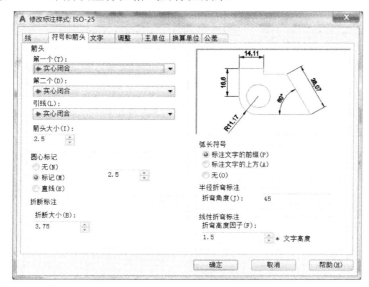

图 5-25　"修改标注样式"对话框

2）设置符号和箭头

单击"符号和箭头"选项卡（图 5-26），可进行尺寸标注符号和箭头的相关设置。

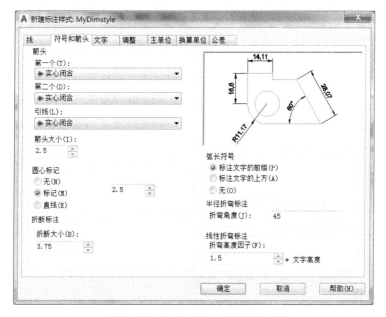

图 5-26　"符号和箭头"选项卡

（1）"箭头"选项组：设置尺寸线的箭头样式与大小，可以在下拉列表中选择 AutoCAD 提供的箭头样式，也可使用自定义的箭头形式和大小。

（2）"圆心标记"选项组：设置圆中心标记的形式与大小。

（3）"弧长符号"选项组：设置弧长标注中圆弧符号的显示方式。

（4）"折断标注"、"半径折弯标注"和"线性折弯标注"选项组：分别可以设置折断大小、折弯角度和折弯高度因子（文字高度）。

3）设置尺寸文本

单击"文字"选项卡（图 5-27），可进行尺寸文本的相关设置。

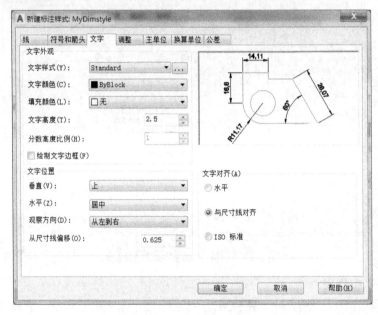

图 5-27　"文字"选项卡

（1）"文字外观"选项组：设置标注文字的样式、颜色、背景色、高度，文本中分数高度的比例因子等。

（2）"文字位置"选项组：设置标注文字相对尺寸线的垂直位置，设置标注文字相对于尺寸线和尺寸界线的水平位置，设置标注文字偏离尺寸线的距离。

（3）"文字对齐"选项组：设置标注文字放在尺寸界线外边或里边时的方向，是保持水平还是与尺寸界线平行。

4）设置调整

单击"调整"选项卡（图 5-28），可进行如下相关设置。

（1）"调整选项"：控制尺寸界线之间如何放置文字和箭头的位置。

（2）"文字位置"选项：设置标注文字从默认位置（由标注样式定义的位置）移动时，标注文字的位置。

（3）"标注特征比例"选项：设置全局标注比例值或图纸空间比例。

5）设置主单位

单击"主单位"选项卡（图 5-29），可进行如下相关设置。

（1）"线性标注"选项组：设置除角度之外的所有标注类型的当前单位格式。

（2）"角度标注"选项组：用于显示和设置角度标注的当前角度格式。

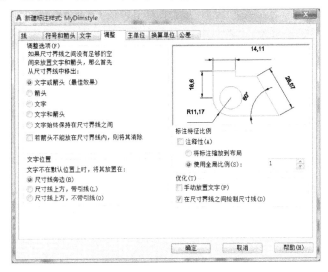

图 5-28　"调整"选项卡

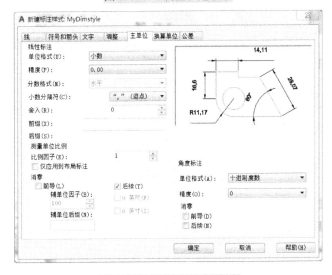

图 5-29　"主单位"选项卡

6）设置单位换算

单击"换算单位"选项卡（图 5-30），可进行如下相关设置。

（1）"显示换算单位"复选框：设置是否向标注文字添加换算测量单位。

（2）"换算单位"选项组：显示和设置除角度之外的所有标注类型的当前换算单位格式。

（3）"消零"选项组：设置是否禁止输出前导零和后续零以及 0 英尺和 0 英寸部分。

（4）"位置"选项：设置标注文字中换算单位的位置。

7）设置公差

单击"公差"选项卡（图 5-31），可进行如下相关设置。

（1）"公差格式"选项组：设置公差标注格式。

（2）"公差对齐"选项：在堆叠时，控制上偏差值和下偏差值的对齐。

（3）"消零"复选框：设置是否禁止输出前导零和后续零以及0英尺和0英寸部分。

（4）"换算单位公差"选项组：设置换算公差单位的精度和消零规则。

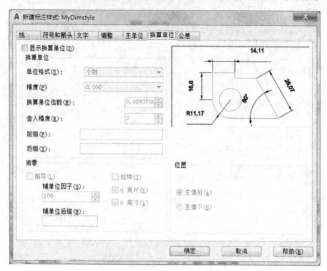

图 5-30　"换算单位"选项卡

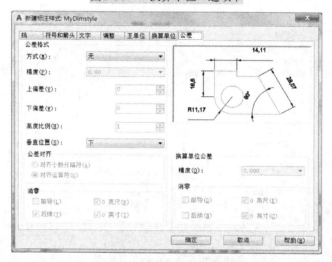

图 5-31　"公差"选项卡

5.3.2　尺寸标注命令

标注（Dim）命令可以创建多种类型的标注。选择要标注的对象或对象上的点，然后单击以放置尺寸线。当将光标悬停在对象上时，标注命令将自动生成要使用的合适标注类型的预览。支持的标注类型包括：垂直、水平和对齐的线性标注，坐标标注，角度标注，半径和折弯半径标注，直径标注，弧长标注。

1. 命令的启动方法

- 在"功能区"选项板中选择"默认"选项卡，在"注释"面板单击"标注"按钮。
- 在"功能区"选项板中选择"注释"选项卡，在"标注"面板中单击"标注"按钮。

● 在命令行提示符下键入 Dim 后，按回车键。

2. 命令的操作方法

标注命令启动后依次有如下的提示信息：

◇ DIM 选择对象或指定第一个尺寸界线原点或[角度（A）基线（B）连续（C）坐标（O）对齐（G）分发（D）图层（L）放弃（U）]：

在上述命令行中各项的意义如下。

➢ 选择对象：按回车键退出命令。

➢ 指定第一个尺寸界线原点：在指定两个点时创建线性标注。

➢ 角度（A）：创建一个角度标注来显示三个点或两条直线之间的角度（同 Dimangular 命令）。

　　◇ 顶点：指定要用作角度标注顶点的点。

　　◇ 指定角度的第一条边：指定定义角的一条直线。

　　◇ 指定角度的第二条边：指定定义角的另一条直线。

　　◇ 角度标注的位置：指定圆弧尺寸线的象限和位置。

　　　　■ 多行文字：使用"文字编辑器"上下文选项卡编辑标注文字。

　　　　■ 文字：在"命令"窗口中编辑标注文字。

　　　　■ 文字角度：指定标注文字的旋转角度。

➢ 基线（B）：从上一个或选定标准的第一条界线创建线性、角度或坐标标注（同 Dimbaseline 命令）。默认情况下，最近创建的标注将用作基准标注。

　　◇ 第一条尺寸界线原点：指定基准标注的第一条尺寸界线作为基线标注的尺寸界线原点。

　　◇ 第二条尺寸界线原点：指定要标注的下一条边或角度。

　　◇ 点坐标：将基准标注的端点（坐标标注）用作基线标注的端点。

　　◇ 选择：提示选择一个线性标注、坐标标注或角度标注作为基线标注的基准。

　　◇ 偏移：指定与所创建基线标注相距的偏移距离。

➢ 连续（C）：从选定标注的第二条尺寸界线创建线性、角度或坐标标注（同 Dimcontinue 命令）。

　　◇ 第一条尺寸界线原点：指定基准标注的第一条尺寸界线作为连续标注的尺寸界线原点。

　　◇ 第二条尺寸界线原点：指定要标注的下一条边或角度。

　　◇ 点坐标：将基准标注的端点（坐标标注）作为连续标注的端点。

　　◇ 选择：提示选择一个线性标注、坐标标注或角度标注作为连续标注的基准。

➢ 坐标（O）：提示指定部件上的点，如端点、交点或对象的中心点。创建坐标标注（同 Dimordinate 命令）。

　　● 引线端点：使用点坐标和引线端点的坐标差可确定它是 X 坐标标注还是 Y 坐标标注。如果 Y 坐标的坐标差较大，标注就测量 X 坐标。否则就测量 Y 坐标。

　　● X 基准：测量 X 坐标并确定引线和标注文字的方向。

　　● Y 基准：测量 Y 坐标并确定引线和标注文字的方向。

- 多行文字：显示"文字编辑器"上下文选项卡，用于编辑标注文字。
- 文字：在命令提示下，自定义标注文字。生成的标注显示在尖括号中。
- 角度：指定标注文字的旋转角度。

➢ 对齐（G）：将多个平行、同心或同基准标注对齐到选定的基准标注。
　　✧ 基准标注：指定要用作标注对齐基础的标注。
　　　　■ 尺寸标注对齐：选择标注以对齐到选定的基准尺寸。
➢ 分发（D）：指定可用于分发一组选定的孤立线性标注或坐标标注的方法。
　　✧ 相等：均匀分发所有选定的标注。此方法要求至少三条标注线。
　　✧ 偏移：按指定的偏移距离分发所有选定的标注。
➢ 图层（L）：为指定的图层指定新标注，以替代当前图层。输入 Use Current 或" . "以使用当前图层。（DIMLAYER 系统变量。）
➢ 放弃（U）：恢复在该命令中执行的上一个操作。

5.3.3　尺寸标注创建

1. 线性标注

线性标注（Dimlinear）命令是使用水平、竖直或旋转的尺寸线创建线性标注。此命令可替换 Dimhorizontal 和 Dimvertical 命令。

1）命令启动

- 在"菜单栏"中，选择"标注"→"线性"选项。
- 在"标注"快捷工具栏（图 5-21）上，单击"线性"按钮▭。
- 在"功能区"选项板中选择"默认"选项卡，在"注释"面板单击"线性"按钮▭；在"功能区"选项板中选择"注释"选项卡，在"标注"面板中单击"线性"按钮▭。
- 在命令行提示符下键入 Dimlinear 或 Diml 后，按回车键。

2）命令的操作方法

用线性标注命令对图 5-32 所示的图形进行标注。命令启动后提示行将出现如下提示信息：

✧ DIMLINEAR 指定第一条尺寸界线原点或<选择对象>：选择 A 点
✧ DIMLINEAR 指定第二条尺寸界线原点：选择 B 点
✧ DIMLINEAR 指定尺寸线位置或[多行文字（M）文字（T）角度（A）水平（H）垂直（V）旋转（R）]：指定一点来确定尺寸线的位置

其中命令行中各项的具体含义如下。

➢ 指定第一条尺寸界线原点：指定第一条尺寸界线的起点。
➢ 指定第二条尺寸界线原点：指定第二条尺寸界线的起点。
➢ 选择对象：在选择对象之后，自动确定第一条和第二条尺寸界线的原点。
➢ 尺寸线位置：指定一点来确定尺寸线的位置。
➢ 多行文字：显示在位文字编辑器，可用它来编辑标注文字。
➢ 文字：在命令行自定义标注文字。
➢ 角度：修改标注文字的角度。
➢ 水平：创建水平线性标注。
➢ 垂直：创建垂直线性标注。

➢　旋转：创建旋转线性标注。

2．对齐标注

对齐标注（Dimaligned）命令指创建与尺寸界线的原点对齐的线性标注，也就是使标注尺寸线与被标注的图形对象的边界平行。

1）命令启动

● 在"菜单栏"中，选择"标注"→"对齐"选项。

● 在"标注"快捷工具栏（图 5-21）上，单击"对齐"按钮 。

● 在"功能区"选项板中选择"默认"选项卡，在"注释"面板单击"对齐"按钮 。

● 在"功能区"选项板中选择"注释"选项卡，在"标注"面板中单击"对齐"按钮 。

● 在命令行提示符下键入 Dimaligned 或 Dimal 后，按回车键。

2）命令的操作方法

用对齐标注命令对图 5-33 所示的图形进行标注。命令启动后提示行将出现如下提示信息：

✧　DIMALIGNED 指定第一条尺寸界线原点或<选择对象>：选择 A 点

✧　DIMALIGNED 指定第二条尺寸界线原点：选择 B 点

✧　DIMALIGNED 指定尺寸线位置或[多行文字（M）文字（T）角度（A）]：指定一点来确定尺寸线的位置

命令提示行中各项的意义与线性标注命令提示信息中的各项意义相同。

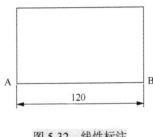

图 5-32　线性标注

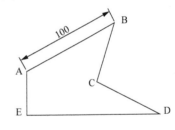

图 5-33　对齐标注

3．弧长标注

弧长标注（Dimarc）命令是用于测量圆弧或多段线圆弧上的距离。弧长标注的尺寸界线可以正交或径向。在标注文字的上方或前面将显示圆弧符号。

1）命令启动

● 在"菜单栏"中，选择"标注"→"弧长"选项。

● 在"标注"快捷工具栏（图 5-21）上，单击"弧长"按钮 。

● 在"功能区"选项板中选择"默认"选项卡，在"注释"面板单击"弧长"按钮 。

● 在"功能区"选项板中选择"注释"选项卡，在"标注"面板中单击"弧长"按钮 。

● 在命令行提示符下键入 Dimarc 后，按回车键。

2）命令的操作方法

用弧长标注命令对图 5-34 所示的图形进行标注。命令启动后提示行将出现如下提示信息：

✧　DIMARC 选择弧线段或多段线弧线段：选择圆弧 AB

◇　DIMARC 指定弧长标注位置或 [多行文字（M）文字（T）角度（A）部分（P）引
　　线（L）]: 在圆弧 AB 上方指定一点来确定弧长标注的位置

其中命令行中各项的具体含义如下。

➤　部分（P）: 缩短弧长标注的长度。

➤　引线（L）: 添加引线对象。仅当圆弧（或圆弧段）大于 90 度时才会显示此选项。
　　引线是按径向绘制的，指向所标注圆弧的圆心。要删除引线，请删除弧长标注，然
　　后重新创建不带引线选项的弧长标注。

➤　其他各项的意义与线性标注命令提示信息中的各项意义相同。

4．角度标注

角度标注（Dimangular）命令启动是测量选定的几何对象或三个点之间的角度。

1）命令启动

● 　在"菜单栏"中，选择"标注"→"角度"选项。

● 　在"标注"快捷工具栏（图 5-21）上，单击"角度"按钮 △。

● 　在"功能区"选项板中选择"默认"选项卡，在"注释"面板单击"角度"按钮 △。

● 　在"功能区"选项板中选择"注释"选项卡，在"标注"面板中单击"角度"按钮 △。

● 　在命令行提示符下键入 Dimangular 或 Diman 后，按回车键。

2）命令的操作方法

用角度标注命令对图 5-35 所示的图形进行标注。命令启动后提示行将出现如下提示信息:

◇　DIMANGULAR 选择圆弧、圆、直线或 <指定顶点>: 选择直线 AB

◇　DIMANGULAR 选择第二条直线: 选择直线 BC

◇　DIMANGULAR 指定标注弧线位置或 [多行文字（M）文字（T）角度（A）象限点
　　（Q）]: 指定一点来确定弧线标注的位置

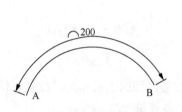

图 5-34　弧长标注

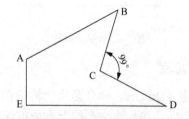

图 5-35　角度标注

其中命令行中各项的具体含义如下。

➤　象限点（Q）: 指定标注应锁定到的象限。打开象限行为后，将标注文字放置在角度
　　标注外时，尺寸线会延伸超过尺寸界线。

➤　其他各项的意义与线性标注命令提示信息中的各项意义相同。

5．坐标标注

坐标标注（Dimordinate）命令用于测量从原点（称为基准）到要素（如部件上的一个孔）
的水平或垂直距离。这些标注通过保持特征与基准点之间的精确偏移量，来避免误差增大。

1）命令启动

- 在"菜单栏"中，选择"标注"→"坐标"选项。
- 在"标注"快捷工具栏（图 5-21）上，单击"坐标"按钮。
- 在"功能区"选项板中选择"默认"选项卡，在"注释"面板单击"坐标"按钮。
- 在"功能区"选项板中选择"注释"选项卡，在"标注"面板中单击"坐标"按钮。
- 在命令行提示符下键入 Dimordinate 或 Dimo 后，按回车键。

2）命令的操作方法

用坐标标注命令对图 5-36 所示的图形进行标注。命令启动后提示行将出现如下提示信息：

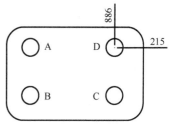

图 5-36　坐标标注

- ◇ DIMORDINATE 指定点坐标：选择圆心 D
- ◇ DIMORDINATE 指定引线端点或 [X 基准（X）Y 基准（Y）多行文字（M）文字（T）角度（A）]：x
- ◇ 指定引线端点或 [X 基准（X）Y 基准（Y）多行文字（M）文字（T）角度（A）]：
- ◇ 标注文字 = 2274.69

其中命令行中各项的具体含义如下。

- ➤ 指定引线端点：使用点坐标和引线端点的坐标差可确定它是 X 坐标标注还是 Y 坐标标注。如果 Y 坐标的坐标差较大，标注就测量 X 坐标。否则就测量 Y 坐标。
- ➤ X 基准：测量 X 坐标并确定引线和标注文字的方向。将显示"引线端点"提示，从中可以指定端点。
- ➤ Y 基准：测量 Y 坐标并确定引线和标注文字的方向。将显示"引线端点"提示，从中可以指定端点。
- ➤ 其他各项的意义与线性标注命令提示信息中的各项意义相同。

6. 基线标注

基线标注（Dimbaseline）命令是针对一个图形对象的不同部分的尺寸，均以统一的基准线为标注的起点进行尺寸标注。

1）命令启动

- 在"菜单栏"中，选择"标注"→"基线"选项。
- 在 "标注"快捷工具栏（图 5-21）上，单击"基线"按钮。
- 在"功能区"选项板中选择"默认"选项卡，在"注释"面板单击"基线"按钮。
- 在"功能区"选项板中选择"注释"选项卡，在"标注"面板中单击"基线"按钮。
- 在命令行提示符下键入 Dimbaseline 或 Dimb 后，按回车键。

2）命令的操作方法

用基线标注命令对图 5-37 所示的图形进行标注。首先对线段 AB 进行线性标注。然后，启动基线标注命令，提示行将出现如下提示信息：

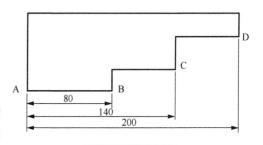

图 5-37　基线标注

◇　DIMBASELINE 选择基准标注：选择线段 AB 的线性标注作为基准标注
◇　DIMBASELINE 指定第二条尺寸界线原点或[选择（S）放弃（U）]＜选择＞：依次选择 C、D 点后，按回车键两次或按 Esc 键

默认情况下，基线标注的标注样式是从上一个标注或选定标注继承的。如果当前任务中未创建任何标注，将提示选择线性标注、坐标标注或角度标注，以用作基线标注的基准。若要结束此命令，需要按回车键两次或按 Esc 键。

7. 连续标注

连续标注（Dimcontinue）命令是自动从创建的上一个线性约束、角度约束或坐标标注继续创建其他标注，或者从选定的尺寸界线继续创建其他标注。将自动排列尺寸线。

1）命令启动

- 在"菜单栏"中，选择"标注"→"连续"选项。
- 在"标注"快捷工具栏（图 5-21）上，单击"连续"按钮 ⊩⊩。
- 在"功能区"选项板中选择"默认"选项卡，在"注释"面板单击"连续"按钮 ⊩⊩。
- 在"功能区"选项板中选择"注释"选项卡，在"标注"面板中单击"连续"按钮 ⊩⊩。
- 在命令行提示符下键入 Dimcontinue 或 Dimc 后，按回车键。

2）命令的操作方法

用连续标注命令对图 5-38 所示的图形进行标注。首先对线段 AB 进行线性标注、∠AOB 进行角度标注。然后，启动连续标注命令，提示行将出现如下提示信息：

◇　DIMCONTINUE 选择基准标注：选择图 5-38（b）中∠AOB 的角度标注作为基准标注
◇　DIMCONTINUE 指定第二条尺寸界线原点或[选择（S）放弃（U）]＜选择＞：依次选择图 5-38（b）中 C、D、A 点后，按回车键
◇　DIMCONTINUE 选择连续标注：选择图 5-38（a）中线段 AB 的线性标注作为基准标注
◇　DIMCONTINUE 指定第二条尺寸界线原点或[选择（S）放弃（U）]＜选择＞：依次选择图 5-38（a）中 C、D 点后，按回车键两次或按 Esc 键

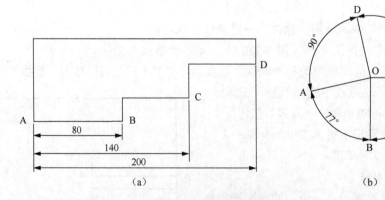

图 5-38　连续标注

默认情况下，连续标注的标注样式是从上一个标注或选定标注继承的。如果当前任务中未创建任何标注，将提示选择线性标注、坐标标注或角度标注，以用作基线标注的基准。若

要结束此命令，需要按回车键两次或按 Esc 键。

8. 直径标注

直径标注（Dimdiameter）命令是测量选定圆或圆弧的直径，并显示前面带有直径符号的标注文字。

1）命令启动

- 在"菜单栏"中，选择"标注"→"直径"选项。
- 在"标注"快捷工具栏（图 5-21）上，单击"直径"按钮。
- 在"功能区"选项板中选择"默认"选项卡，在"注释"面板单击"直径"按钮。
- 在"功能区"选项板中选择"注释"选项卡，在"标注"面板中单击"直径"按钮。
- 在命令行提示符下键入 Dimdiameter 或 Dimd 后，按回车键。

2）命令的操作方法

用直径标注命令对图 5-39 所示的图形进行标注。命令启动后提示行将出现如下提示信息：

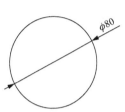

- ◇ DIMDIAMETER 选择圆弧或圆：选择圆
- ◇ DIMDIAMETER 指定尺寸线位置或 [多行文字（M）文字（T）
  角度（A）]：指定一点来确定尺寸线的位置

图 5-39 直径标注

注意：可以使用夹点轻松地重新定位生成的直径标注。

9. 半径标注

半径标注（Dimradius）命令是测量选定圆或圆弧的半径，并显示前面带有半径符号的标注文字。

1）命令启动

- 在"菜单栏"中，选择"标注"→"半径"选项。
- 在"标注"快捷工具栏（图 5-21）上，单击"半径"按钮。
- 在"功能区"选项板中选择"默认"选项卡，在"注释"面板单击"半径"按钮。
- 在"功能区"选项板中选择"注释"选项卡，在"标注"面板中单击"半径"按钮。
- 在命令行提示符下键入 Dimradius 或 Dimr 后，按回车键。

2）命令的操作方法

用半径标注命令对图 5-40 所示的图形进行标注。命令启动后提示行将出现如下提示信息：

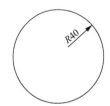

- ◇ DIMRADIUS 选择圆弧或圆：选择圆
- ◇ DIMRADIUS 指定尺寸线位置或 [多行文字（M）文字（T）角度
  （A）]：指定一点来确定尺寸线的位置

图 5-40 半径标注

注意：可以使用夹点轻松地重新定位生成的半径标注。

10. 圆心标记

圆心标记（Dimcenter）命令是创建圆和圆弧的非关联中心标记或中心线。

1）命令启动

- 在"菜单栏"中，选择"标注"→"圆心标记"选项。

- 在"标注"快捷工具栏（图 5-21）上，单击"圆心标记"按钮⊕。
- 在"功能区"选项板中选择"默认"选项卡，在"注释"面板单击"圆心标记"按钮⊕。
- 在"功能区"选项板中选择"注释"选项卡，在"标注"面板中单击"圆心标记"按钮⊕。
- 在命令行提示符下键入 Dimcenter 或 Dimce 后，按回车键。

2）命令的操作方法

用圆心标记命令对图 5-41 所示的图形进行标注。命令启动后提示行将出现如下提示信息：

◇　DIMCENTER 选择圆弧或圆：选择圆

注意：可以通过标注样式管理器、"符号和箭头"选项卡和"圆心标记"（DIMCEN 系统变量）设定圆心标记组件的默认大小。

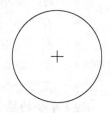

图 5-41　圆心标记

11．折弯标注

折弯标注（Dimjogged）命令是测量选定对象的半径，并显示前面带有一个半径符号的标注文字。可以在任意合适的位置指定尺寸线的原点。在尺寸标注中常遇到标注大圆弧的半径，而在图纸中无法显示出准确的圆心位置，那么可用折弯标注的方式进行标注。因此，折弯半径标注也称为缩放半径标注。

1）命令启动

- 在"菜单栏"中，选择"标注"→"折弯"选项。
- 在"标注"快捷工具栏（图 5-21）上，单击"折弯"按钮。
- 在"功能区"选项板中选择"默认"选项卡，在"注释"面板单击"折弯"按钮。
- 在"功能区"选项板中选择"注释"选项卡，在"标注"面板中单击"折弯"按钮。
- 在命令行提示符下键入 Dimjogged 或 Dimj 后，按回车键。

2）命令的操作方法

用折弯标注命令对图 5-42 所示的图形进行标注。命令启动后提示行将出现如下提示信息：

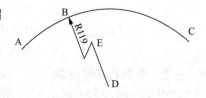

图 5-42　折弯标注

◇　DIMJOGGED 选择圆弧或圆：选择圆弧 ABC

◇　DIMJOGGED 指定图示中心位置：选择 D 点

◇　DIMJOGGED 指定尺寸线位置或 [多行文字（M）文字（T）角度（A）]：选择 B 点

◇　DIMJOGGED 指定折弯位置：选择 E 点

其中命令行中各项的具体含义如下。

➤　指定图示中心位置：指定折弯半径标注的新圆心，用于替代圆弧或圆的实际圆心。
➤　指定尺寸线位置：确定尺寸线的角度和标注文字的位置。
➤　指定折弯位置：指定折弯的中点。折弯的横向角度由"标注样式管理器"确定。
➤　其他各项的意义与线性标注命令提示信息中的各项意义相同。

12．折弯线性标注

折弯线性标注（Dimjogline）命令是在线性标注或对齐标注中添加或删除折弯线。在尺寸标注中常遇到标注尺寸过大，而在图纸中无法完整显示图形和尺寸线，那么可用折弯线标注的方式进行标注。标注中的折弯线表示所标注的对象中的折断。标注值表示实际距离，而不是图形中测量的距离。

1）命令启动

- 在"菜单栏"中，选择"标注"→"折弯线性"选项。
- 在"标注"快捷工具栏（图 5-21）上，单击"折弯线性"按钮 ∿。
- 在"功能区"选项板中选择"默认"选项卡，在"注释"面板中单击"折弯线性"按钮 ∿。
- 在"功能区"选项板中选择"注释"选项卡，在"标注"面板中单击"折弯线性"按钮 ∿。
- 在命令行提示符下键入 Dimjogline 或 Dimjogl 后，按回车键。

2）命令的操作方法

折弯线性标注命令对图 5-43 所示的图形（已有线性标注）进行标注。命令启动后提示行将出现如下提示信息：

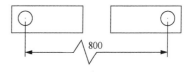

- ◇ DIMJOGLINE 选择要添加折弯的标注或 [删除（R）]: 选择图中的已有线性标注

图 5-43　折弯线性标注

- ◇ DIMJOGLINE 指定折弯位置（或按 ENTER 键）: 选择图中尺寸线的中间位置

其中命令行中各项的具体含义如下。

- ➢ 选择要添加折弯的标注：指定要向其添加折弯的线性标注或对齐标注。
- ➢ 指定折弯位置：指定折弯的位置。按回车键可在标注文字与第一条尺寸界线之间的中点处放置折弯，或在基于标注文字位置的尺寸线的中点处放置折弯。
- ➢ 删除（R）：指定要从中删除折弯的线性标注或对齐标注。

13．快速标注

快速标注（Qdim）命令是快速创建成组的基线、连续、阶梯和坐标标注、快速标注多个圆、圆弧以及编辑现有标注的布局。

1）命令启动

- 在"菜单栏"中，选择"标注"→"快速标注"选项。
- 在"标注"快捷工具栏（图 5-21）上，单击"快速"按钮。
- 在"功能区"选项板中选择"默认"选项卡，在"注释"面板中单击"快速"按钮。
- 在"功能区"选项板中选择"注释"选项卡，在"标注"面板中单击"快速"按钮。
- 在命令行提示符下键入 Qdim 或 Qd 后，按回车键。

2）命令的操作方法

快速标注命令对图 5-44 所示的图形进行标注。命令启动后提示行将出现如下提示信息：

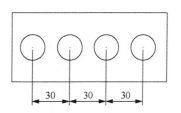

- ◇ QDIM 选择要标注的几何图形：窗口交叉全部选择图中四个圆后，按回车键
- ◇ QDIM 指定尺寸线位置或 [连续（C）并列（S）基线（B）

图 5-44　快速标注

坐标（O）半径（R）直径（D）基准点（P）编辑（E）设置（T）]<连续>: 指定一点作为尺寸线的位置

其中命令行中各项的具体含义如下。

- ➢ 选择要标注的几何图形：选择要标注的对象或要编辑的标注并按回车键。
- ➢ 连续：创建一系列连续标注，其中线性标注线端对端地沿同一条直线排列。
- ➢ 并列：创建一系列并列标注，其中线性尺寸线以恒定的增量相互偏移。
- ➢ 基线：创建一系列基线标注，其中线性标注共享一条公用尺寸界线。
- ➢ 坐标：创建一系列坐标标注，其中元素将以单个尺寸界线以及 X 或 Y 值进行注释。相对于基准点进行测量。
- ➢ 半径：创建一系列半径标注，其中将显示选定圆弧和圆的半径值。
- ➢ 直径：创建一系列直径标注，其中将显示选定圆弧和圆的直径值。
- ➢ 基准点：为基线和坐标标注设置新的基准点。
- ➢ 编辑：编辑一系列标注。在生成标注之前，删除出于各种考虑而选定的点位置。

14. 多重引线

多重引线标注（Mleader）命令指利用旁注引线（可以是折线或样条曲线）表明图形上某些特殊部位需要的特征信息。多重引线对象通常包含箭头、水平基线、引线或曲线和多行文字对象或块。多重引线可创建为箭头优先、引线基线优先或内容优先。如果已使用多重引线样式，则可以从该指定样式创建多重引线。

1）命令启动

- 在"菜单栏"中，选择"标注"→"多重引线"选项。
- 在"功能区"选项板中选择"默认"选项卡，在"注释"面板中单击"引线"按钮 。
- 在"功能区"选项板中选择"注释"选项卡，在"引线"面板中单击"多重引线"按钮 。
- 在"菜单栏"中，选择"工具"→"工具栏"→"AutoCAD"→"多重引线"选项，在绘图窗口上弹出"多重引线"快捷工具栏（图 5-45）后，单击"多重引线"按钮 。
- 在命令行提示符下键入 Mleader 后，按回车键。

图 5-45　"多重引线"快捷工具栏

2）命令的操作方法

多重引线标注命令对图 5-46 所示的图形进行标注。命令启动后提示行将出现如下提示信息：

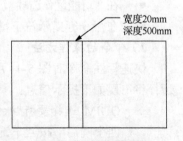

图 5-46　多重引线标注

- ✧ MLEADER 指定引线箭头的位置或[引线基线优先（L）内容优先（C）选项（O）]<选项>: 图形中单击确定引线箭头的位置
- ✧ MLEADER 指定引线基线的位置：图形中单击确定引线基线的位置，然后在打开的文字输入窗口输入注释内容其中命令行中各项的具体含义如下。

➤ 指定引线箭头的位置：指定多重引线对象箭头的位置。

➤ 引线基线优先（L）：指定多重引线对象的基线的位置，如果先前绘制的多重引线对象是基线优先，则后续的多重引线也将先创建基线（除非另外指定）。

➤ 内容优先（C）：指定与多重引线对象相关联的文字或块的位置，如果先前绘制的多重引线对象是内容优先，则后续的多重引线对象也将先创建内容（除非另外指定）。

➤ 选项（O）：指定用于放置多重引线对象的选项，包括引线类型（L）、引线基线（A）、内容类型（C）、最大节点数（M）、第一个角度（F）、第二个角度（S）、退出选项（X）等。

3）多重引线样式

多重引线样式（Mleaderstyle）命令可以修改和控制多重引线的基本外观。该命令启动方式如下。

- 在"菜单栏"中，选择"格式"→"多重引线样式"选项。
- 在"菜单栏"中，选择"工具"→"工具栏"→"AutoCAD"→"多重引线"选项，在绘图窗口上弹出"多重引线"快捷工具栏（图5-47）后，单击"多重引线样式"按钮 。
- 在"功能区"选项板中选择"注释"选项卡，在"注释"面板中单击"快速"按钮 。
- 在命令行提示符下键入 Mleaderstyle 后，按回车键。

图 5-47　"多重引线"快捷工具栏

多重引线样式命令启动后，在打开的"多重引线样式管理器"（图5-48）上，可以新建、修改和控制多重引线样式的各种设置。

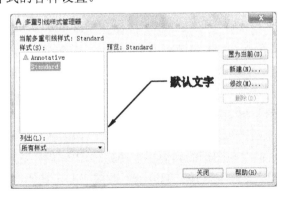

图 5-48　多重引线样式管理器

4）多重引线编辑

通过添加引线（AiMleaderEditAdd）、删除引线（AiMleadereditremove）、多重引线对齐（MleaderAlign）和多重引线合并（MleaderCollect）命令来编辑多重引线。这些命令的启动方法如下。

- 在"多重引线"快捷工具栏上，单击"添加引线"按钮 、"删除引线"按钮 、"多重引线对齐"按钮 或"多重引线合并"按钮 。

- 在"功能区"选项板中选择"注释"选项卡，在"引线"面板中单击"添加引线"
  按钮、"删除引线"按钮、"多重引线对齐"按钮或"多重引线合并"按钮。
- 在"功能区"选项板中选择"默认"选项卡，在"注释"面板单击"添加引线"按
  钮、"删除引线"按钮、"多重引线对齐"按钮或"多重引线合并"按钮。
- 在命令行提示符下键入 AiMleaderEditAdd、AiMleadereditremove、MleaderAlign 或
  MleaderCollect 后，按回车键。

这些命令启动后就可以实现引线添加、删除、对齐和合并操作。另外，使用夹点可以直接进行许多引线编辑，即可以添加和删除引线、添加和删除顶点、拉长或移动基线或移动引线文字。

5.3.4　尺寸标注编辑

在 AutoCAD 中可以对已标注对象的文字、位置及样式等内容进行修改，而不必删除所标注的尺寸对象再重新进行标注。

1. 编辑标注

编辑标注（Dimedit）命令可以旋转、修改或恢复标注文字，更改尺寸界线的倾斜角。

1）命令启动

- 在"标注"快捷工具栏（图 5-21）上，单击"编辑标注"按钮。
- 在命令行提示符下键入 Dimedit 后，按回车键。

2）命令的操作方法

编辑标注命令启动后，提示行将出现如下提示信息：

✧　DIMEDIT　输入标注编辑类型 [默认（H）　新建（N）　旋转（R）　倾斜（O）]<
默认>:

其中命令行中各项的具体含义如下。

➢　默认（H）：将旋转标注文字移回默认位置。选择此选项可将图 5-49（b）改成（a）。
➢　新建（N）：使用在位文字编辑器更改标注文字。选择此选项，在文字行输入"120.66"
可将图 5-49（a）改成（c）。
➢　旋转（R）：旋转标注文字。此选项与 DIMTEDIT 的"角度"选项类似。选择此选
项，在命令行输入 90，可将图 5-49（a）改成（b）。
➢　倾斜（O）：调整线性标注延伸线的倾斜角度。将创建线性标注，其延伸线与尺寸线
方向垂直。当延伸线与图形的其他要素冲突时，"倾斜"选项将很有用处。选择此选
项，在命令行输入 30，可将图 5-49（a）改成（d）。在"菜单栏"中选择"标注"
→"倾斜"选项可以完成此操作。

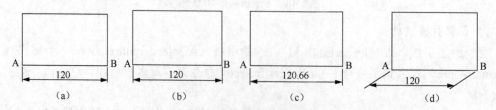

图 5-49　"编辑标注"选项操作

2. 编辑标注文字

编辑标注文字（Dimtedit）命令可以移动和旋转标注文字并重新定位尺寸线。使用此命令更改或恢复标注文字的位置、对正方式和角度。也可以使用它更改尺寸线的位置。等效命令DIMEDIT 编辑标注文字和更改尺寸界线角度。在许多情况下，选择和编辑标注文字夹点可以是一个便捷的替代方式。

1）命令启动

- 在"菜单栏"中，选择"标注"→"对齐文字"→"默认"、"角度"、"左"、"居中"或"右"选项。
- 在"标注"快捷工具栏（图 5-21）上，单击"编辑标注文字"按钮。
- 在"功能区"选项板中选择"注释"选项卡，在"标注"面板中单击"文字角度"按钮、"左对正"按钮、"居中对正"按钮或"右对正"按钮。
- 在命令行提示符下键入 Dimtedit 后，按回车键。

2）命令的操作方法

编辑标注文字命令启动后，提示行将出现如下提示信息：

◇   DIMTEDIT   选择标注：

◇   DIMTEDIT   为标注文字指定新位置或 [左对齐（L） 右对齐（R） 居中（C） 默认（H） 角度（A）]：

其中命令行中各项的具体含义如下。

➢ 左对齐（L）：沿尺寸线左对正标注文字。此选项只适用于线性、直径和半径标注。

➢ 右对齐（R）：沿尺寸线右对正标注文字。此选项只适用于线性、直径和半径标注。

➢ 居中（C）：将标注文字放在尺寸线的中间。此选项只适用于线性、半径和直径标注。

➢ 默认（H）：将标注文字移回默认位置。

➢ 角度（A）：修改标注文字的角度。文字角度从 UCS 的 X 轴进行测量。文字的中心并没有改变。如果移动了文字或重生成了标注，由文字角度设置的方向将保持不变。输入零度角将使标注文字以默认方向放置。

3. 替代尺寸标注

替代（Dimoverride）命令可以替代选定标注的指定标注系统变量，或清除选定标注对象的替代，从而将其返回到由其标注样式定义的设置。

1）命令启动

- 在"菜单栏"中，选择"标注"→"替代"选项。
- 在"功能区"选项板中选择"注释"选项卡，在"标注"面板中单击"替代"按钮。
- 在命令行提示符下键入 Dimoverride 或 Dimov 后，按回车键。

2）命令的操作方法

命令启动后提示行将出现如下提示信息：

◇   DIMOVERRIDE   输入要替代的标注变量名或 [清除替代（C）]：

其中命令行中各项的具体含义如下。

➢ 要替代的标注变量名：替代指定尺寸标注系统变量的值。

➢ 输入标注变量的新值 <当前>： 输入值或按回车键。

➢ 选择对象：使用对象选择方法选择标注，将应用选定标注的替代。
➢ 清除替代（C）：清除选定标注对象的所有替代值。将标注对象返回到其标注样式所定义的设置。

4. 尺寸标注更新

标注更新（-Ddimstyle）命令可以根据需要设置标注样式中的各个选项。

1）命令启动

- 在"菜单栏"中，选择"标注"→"更新"选项。
- 在"标注"快捷工具栏（图 5-21）上，单击"标注更新"按钮 。
- 在"功能区"选项板中选择"注释"选项卡，在"标注"面板中单击"标注更新"按钮 。
- 在命令行提示符下键入-Ddimstyle 后，按回车键。

2）命令的操作方法

命令启动后提示行将出现如下提示信息：

✧ -DIMSTYLE　输入标注样式选项 [注释性（AN）　保存（S）　恢复（R）　状态（ST）　变量（V）　应用（A）　?] <恢复>: _apply

✧ -DIMSTYLE　选择对象：

命令行中常用选项的含义如下。

➢ 注释性（AN）：用于创建注释性标注样式。
➢ 状态（ST）：显示标注系统变量的当前值。列出变量值后自动结束命令。
➢ 变量（V）：列出某个标注样式或选定标注的标注系统变量的设置，但不修改当前设置。
➢ 应用（A）：将当前尺寸标注系统变量设置应用到选定的标注对象。永久代替应用于这些对象的任何现有的标注样式。

5. 尺寸关联

重新关联（Dimreassociate）命令可以添加、重定义或删除标注之间以及它们测量的对象之间的关联性。

尺寸关联是指所标注尺寸与被标注对象的关联关系。如果标注的尺寸值是按自动测量值标注，且尺寸标注是按尺寸关联模式标注的，那么改变被标注对象的大小后相应的标注尺寸也将发生改变，即尺寸界线、尺寸线的位置都将改变到相应新位置，尺寸值也改变成新测量值。反之，改变尺寸界线起始点的位置，尺寸值也会发生相应的变化。

1）命令启动

- 在"菜单栏"中，选择"标注"→"重新关联标注"选项。
- 在"功能区"选项板中选择"注释"选项卡，在"标注"面板中单击"重新关联"按钮 。
- 在命令行提示符下键入 Dimreassociate 或 Dimre 后，按回车键。

2）命令的操作方法

命令启动后提示行将出现如下提示信息：

❖　**DIMREASSOCIATE**　选择对象或[解除关联（D）]：用选择一个或多个要关联或重新关联的标注。

按回车键，然后执行以下操作之一：

① 若要将标注关联到特定对象，请输入 s（选择对象），然后选择几何对象。

② 在对象上选择参照点（如有需要可使用对象捕捉）来关联指定的尺寸界线。

课 后 习 题

5-1　如何定义文字样式？

5-2　单行文字输入中文字有哪几种对齐的方式？

5-3　单行文本标注与多行文本标注有何区别？

5-4　如何修改文字样式及其所使用字体？

5-5　如何定义表格样式、创建表格和编辑表中的文字？

5-6　尺寸标注一般由哪几部分组成？

5-7　尺寸标注的类型有哪些？

5-8　如何新建尺寸标注样式？

5-9　如何修改标注样式？

5-10　在进行尺寸标注时应遵循的规则有哪些？

第 6 章 图块与外部参照

图块也称为块，它是将图形中的一个或几个实体对象组合成一个集合，将其视为一个实体对象，并命名存储，以便以后在图形中调用。图块是一个独立的、完整的对象。在一个图块中，各图形实体对象均有各自的图层、线型、颜色等特征。

在 AutoCAD 中，块的主要作用如下。

（1）便于创建图形符号库。在地形图、矿图和建筑平面图的绘制过程中，经常会使用一些常用的标准图形符号，如地物、地貌、钻孔、井筒、门窗、楼梯等符号。如果将这些标准图形符号定义成图块，并保存在磁盘中，就形成一个图形符号库。当需要某个图形符号时，将相应的图块插入到图中，就把复杂的图形变成由几个图块拼凑而成的图形，避免了大量的重复工作，大大提高了绘图效率和确保绘图的质量。

（2）便于修改图形。在工程图的绘制过程中，经常需要对已有的图形进行反复修改。如果在当前的图形中修改或更新一个已定义的图块，AutoCAD 会自动地更新图中的所有该图块。

（3）节省磁盘空间。图形文件的每一个实体都有特征参数，如图层、线型、颜色、坐标等。用户保存所处理的图形，也就是让 AutoCAD 把图中所有的实体的特征参数保存在磁盘中。图块作为一个独立的图形对象，在每次插入时，AutoCAD 便只需保存该图块的特征参数（如图块名、插入点坐标、缩放比例、旋转角度等），而不需要保存该图块的每一个实体的特征参数。特别是绘制比较复杂的图形时，利用图块就会节省大量的磁盘空间。

（4）便于添加属性。有些常用的图块虽然形状相似，但在不同的工程图中都有自己特定的技术参数。AutoCAD 允许用户为图块赋予属性（从属于图块的文本信息）。在每次插入图块时，可根据不同的需要而改变图块属性。例如，建筑设计图中的"门窗"图块，在每次插入图块时，需要确定其材料、规格等属性值。

6.1 块 的 操 作

6.1.1 块的创建

创建块（Block）命令可以从现有的绘图部分创建出新的图块。

1. 命令的启动方法

- 在"菜单栏"中，选择"绘图"→"块"→"创建"选项。
- 在"绘图"快捷工具栏上单击"创建块"按钮 。
- 在"功能区"选项板中选择"默认"选项卡，在"块"面板单击"创建"按钮 。
- 在"功能区"选项板中选择"插入"选项卡，在"块定义"面板单击"创建块"按钮 。
- 在命令行提示符下键入 Block 或 B 后，按回车键。

2．命令的操作方法

创建块命令启动后，弹出"定义块"对话框，如图6-1所示。

- 名称：指定块的名称，最多可以包含255个字符，包括字母、数字、空格等。
- 基点：用于指定块的插入基点，默认值是（0,0,0），也可以直接输入X、Y、Z坐标值，还可以单击"拾取点"按钮，用鼠标拾取点确定。
- 对象：指定块中要包含的对象，以及创建块之后如何处理这些对象，是保留还是删除选定的对象或者是将它们转换成块实例。
- 方式：指定定义块的方式，包括"注释性"块、"统一比例缩放"块和"允许分解"的块。
- 设置：设置图块的单位和超级链接属性。
- 说明：指定块的文字说明。

图6-1　"定义块"对话框

　　如图6-2所示，将该图形定义为图块 NorthArrow。启动创建块命令后，在"定义块"对话框（图6-1）的"名称"中键入 NorthArrow，单击"拾取点"按钮，选择图6-2中圆心作为插入图块的基点，然后单击"选择对象"按钮，拾取图6-2中所有图形后单击"确定"按钮，完成了块的定义。

图6-2　"指北箭头"符号

6.1.2　块的存盘

　　用 Block 命令定义的图块，只能在图块所在的当前图形中使用，不能被其他图形引用。只有把定义好的图块先进行存盘，然后才能很方便地应用到其他的图形中。写块（Wblock）命令可将图块单独以图形文件形式存盘。

1．命令的启动方法

- 在"功能区"选项板中选择"插入"选项卡，在"块定义"面板单击"写块"按钮。
- 在命令行提示符下键入 Wblock 或 W 后，按回车键。

2．命令的操作方法

写块（Wblock）命令启动后弹出"写块"对话框（图 6-3），将已定义的图块 NorthArrow 进行存盘。

- 源：指定块、整个图形或对象，将其另存为文件并指定插入点。
- 基点：用于指定块的插入基点，默认值是（0,0,0），也可以直接输入 X、Y、Z 坐标值，还可以单击"拾取点"按钮 用鼠标拾取点确定。
- 对象：指定块中要包含的对象，以及创建块之后如何处理这些对象，是保留还是删除选定的对象或者是将它们转换成块实例。
- 目标：指定文件的新名称和新位置以及插入块时所用的测量单位。

图 6-3　"写块"对话框

6.1.3　块的插入

重复使用定义好的图块，需要通过插入图块的方式来实现。插入块（Insert）命令可以将已经定义好的图块插入到当前的图形文件中。

1．命令的启动方法

- 在"菜单栏"中，选择"插入"→"块"选项。
- 在"绘图"快捷工具栏上单击"插入块"按钮 。
- 在"功能区"选项板中选择"默认"选项卡，在"块"面板单击"插入块"按钮 。
- 在"功能区"选项板中选择"插入"选项卡，在"块"面板单击"插入块"按钮 。
- 在命令行提示符下键入 Insert 或 I 后，按回车键。

2．命令的操作方法

插入块命令启动后弹出"插入"块对话框（图 6-4），将已定义并存盘的图块 NorthArrow 进行插入应用。

- 名称（N）：指定要插入块的名称，或指定要作为块插入的文件的名称。
- 插入点：指定块的插入点，默认值是（0,0,0），也可以直接输入 X、Y、Z 坐标值，也可在屏幕上指定。
- 比例：指定插入块的缩放比例。如果指定负的 X、Y 和 Z 缩放比例因子，则插入块的镜像图像，也可在屏幕上指定。如果是选择了"统一比例"复选框，则插入的图块的 X、Y、Z 的三个方向的插入比例一致，这时 Y、Z 文本框低亮度显示，表示不能输入值，用户只需在 X 文本框中输入比例值。
- 旋转：指定插入块的旋转角度，也可在屏幕上指定。
- 块单位：显示有关块单位的信息。
- 分解：用于设置是否将插入的图块分解成各个独立的对象。选定"分解"时，只可以指定统一比例因子。

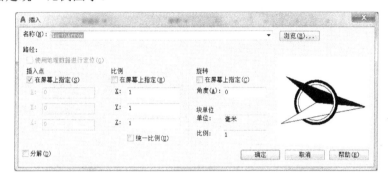

图 6-4　"插入"块对话框

6.1.4　动态块

　　动态块是在块的基础上产生的，具有块的属性，同时也具有强大的变化能力，能让块图形按需要进行改动。动态块的主要作用是管理多个图形和系列化图样，减少和简化绘图操作步骤。可以设想，如果将每一个图形单独做成一个块，那无疑会形成很多的块，制作起来也耗费大量时间，而后期的调用也十分困难。而通过动态块功能，可以将多个图形做成一个块，不仅有效减少块的数量，同时调用动态块时可根据夹点选择或者拖动操作，从而将图形逐步细化，直到满足设计需求。

　　块编辑器包含一个特殊的编写区域，在该区域中，可以像在绘图区域中一样绘制和编辑几何图形。使用块编辑器可以定义对象以及块定义的行为。可以在块编辑器中添加参数和动作，以定义自定义特性和动态行为。使用"块编辑器"功能可以制作动态块。制作流程通常是从"图形"到"块"，由"块"再修改成"动态块"。

1．块编辑器的启动方法

- 在"菜单栏"中，选择"工具"→"块编辑器"选项。
- 在"功能区"选项板中选择"默认"选项卡，在"块"面板单击"编辑"按钮。
- 在"功能区"选项板中选择"插入"选项卡，在"块定义"面板单击"块编辑器"按钮。
- 在绘图区中选择一个块参照后右击，在快捷菜单中选择"块编辑器"。

- 在绘图区中双击选择的一个块参照。
- 在命令行提示符下键入 Bedit 后，按回车键。

命令启动后将弹出"编辑块定义"对话框（图 6-5）。当选择要编辑的图块并单击"确定"按钮后将弹出"块编辑器"选项板（图 6-6）和块编写选项板（图 6-7）。

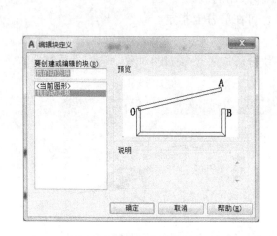

图 6-5　"编辑块定义"对话框

图 6-6　块编写选项板

图 6-7　"块编辑器"选项板

2."块编写选项板"的操作

块编写选项板中包含用于创建动态块的工具。"块编写选项板"窗口包含："参数"选项卡、"动作"选项卡、"参数集"选项卡和"约束"选项卡（在 AutoCAD LT 中不可用）。

1)"参数"选项卡

用于向块编辑器中的动态块定义中添加参数的工具。参数用于指定几何图形在块参照中的位置、距离和角度。将参数添加到动态块定义中时，该参数将定义块的一个或多个自定义特性。

- "点"参数：将向动态块定义中添加一个点参数，并定义块参照的自定义 X 和 Y 特性。点参数定义图形中的 X 和 Y 位置。在块编辑器中，点参数类似于一个坐标标注。
- "线性"参数：向动态块定义中添加一个线性参数，并定义块参照的自定义距离特性。线性参数显示两个目标点之间的距离。线性参数限制沿预设角度进行的夹点移动。在块编辑器中，线性参数类似于对齐标注。

- "极轴"参数：向动态块定义中添加一个极轴参数，并定义块参照的自定义距离和角度特性。极轴参数显示两个目标点之间的距离和角度值。可以使用夹点和"特性"选项板来共同更改距离值和角度值。在块编辑器中，极轴参数类似对齐标注。

- "XY"参数：向动态定义中添加一个 XY 参数，并定义块参照的自定义水平距离和垂直距离特性。XY 参数显示距参数基点的 X 距离和 Y 距离。在块编辑器中，XY 参数显示为一对标注（水平标注和垂直标注）。这一对标注共享一个公共基点。

- "旋转"参数：向动态块定义中添加一个旋转参数，并定义块参照的自定义角度特性。旋转参数用于定义角度。在块编辑器中，旋转参数显示为一个圆。

- "对齐"参数：向动态块定义中添加一个对齐参数。对齐参数用于定义 X 位置、Y 位置和角度。对齐参数总是应用于整个块，并且无须与任何动作相关联。对齐参数允许块参照自动围绕一个点旋转，以便与图形中的其他对象对齐。对齐参数影响块参照的角度特性。在块编辑器中，对齐参数类似于对齐线。

- "翻转"参数：向动态块定义中添加一个翻转参数，并定义块参照的自定义翻转特性。翻转参数用于翻转对象。在块编辑器中，翻转参数显示为投影线。可以围绕这条投影线翻转对象。翻转参数将显示一个值，该值显示块参照是否已被翻转。

- "可见性"参数：向动态块定义中添加一个可见性参数，并定义块参照的自定义可见性特性。可见性参数允许用户创建可见性状态并控制对象在块中的可见性。可见性参数总是应用于整个块，并且无须与任何动作相关联。在图形中单击夹点可以显示块参照中所有可见性状态的列表。在块编辑器中，可见性参数显示为带有关联夹点的文字。

- "查寻"参数：向动态块定义中添加一个查寻参数，并定义块参照的自定义查寻特性。查寻参数用于定义自定义特性，用户可以指定或设置该特性，以便从定义的列表或表格中计算出某个值。该参数可以与单个查寻夹点相关联。在块参照中单击该夹点可以显示可用值的列表。在块编辑器中，查寻参数显示为文字。

- "基点"参数：向动态块定义中添加一个基点参数。基点参数用于定义动态块参照相对于块中的几何图形的基点。基点参数无法与任何动作相关联，但可以属于某个动作的选择集。在块编辑器中，基点参数显示为带有十字光标的圆。

2）"动作"选项卡

用于向块编辑器中的动态块定义中添加动作的工具。动作定义了在图形中操作块参照的自定义特性时，动态块参照的几何图形将如何移动或变化。应将动作与参数相关联。

- "移动"动作：当用户将移动动作与点参数、线性参数、极轴参数或 XY 参数关联时，将该动作添加到动态块定义中，移动动作类似于 MOVE 命令。在动态块参照中，移动动作将使对象移动指定的距离和角度。

- "缩放"动作：当用户将缩放动作与线性参数、极轴参数或 XY 参数关联时将该动作添加到动态块定义中。缩放动作类似于 SCALE 命令。在动态块参照中，当通过移动夹点或使用"特性"选项板编辑关联的参数时，比例缩放动作将使其选择集发生缩放。

- "拉伸"动作：当用户将拉伸动作与点参数、线性参数、极轴参数或 XY 参数关联时将该动作添加到动态块定义中。拉伸动作将使对象在指定的位置移动和拉伸指定的距离。
- "极轴拉伸"动作：当用户将极轴拉伸动作与极轴参数关联时将该动作添加到动态块定义中。当通过夹点或"特性"选项板更改关联的极轴参数上的关键点时，极轴拉伸动作将使对象旋转、移动和拉伸指定的角度和距离。
- "旋转"动作：当用户将旋转动作与旋转参数关联时将该动作添加到动态块定义中。旋转动作类似于 ROTATE 命令。在动态块参照中，当通过夹点或"特性"选项板编辑相关联的参数时，旋转动作将使其相关联的对象进行旋转。
- "翻转"动作：当用户将翻转动作与翻转参数关联时将该动作添加到动态块定义中。使用翻转动作可以围绕指定的轴（称为投影线）翻转动态块参照。
- "阵列"动作：当用户将阵列动作与线性参数、极轴参数或 XY 参数关联时将该工作添加到动态块定义中。通过夹点或"特性"选项板编辑关联的参数时，阵列动作将复制关联的对象并按矩形的方式进行阵列。
- "查寻"动作：向动态块定义中添加查寻动作。向动态块定义中添加查寻动作并将其与查寻参数相关联后，创建查寻表。可以使用查寻表将自定义特性和值指定给动态块。

3）"参数集"选项卡

用于在块编辑器中向动态块定义中添加一个参数和至少一个动作的工具。将参数集添加到动态块中时，动作将自动与参数相关联。将参数集添加到动态块中后，双击黄色警告图标（或使用 BACTIONSET 命令）后按照命令提示将该动作与几何图形选择集相关联。

- "点移动"：向动态块定义中添加一个点参数。系统会自动添加与该点参数相关联的移动动作。
- "线性移动"：向动态块定义中添加一个线性参数。系统会自动添加与该线性参数的端点相关联的移动动作。
- "线性拉伸"：向动态块定义中添加一个线性参数。系统会自动添加与该线性参数相关联的拉伸动作。
- "线性阵列"：向动态块定义中添加一个线性参数。系统会自动添加与该线性参数相关联的阵列动作。
- "线性移动配对"：向动态块定义中添加一个线性参数。系统会自动添加两个移动动作，一个与基点相关联，另一个与线性参数的端点相关联。
- "线性拉伸配对"：向动态块定义中添加一个线性参数。系统会自动添加两个拉伸动作，一个与基点相关联，另一个与线性参数的端点相关联。
- "极轴移动"：向动态块定义中添加一个极轴参数。系统会自动添加与该极轴参数相关联的移动动作。
- "极轴拉伸"：向动态块定义中添加一个极轴参数。系统会自动添加与该极轴参数相关联的拉伸动作。
- "环形阵列"：向动态块定义中添加一个极轴参数。系统会自动添加与该极轴参数相关联的阵列动作。

- "极轴移动配对"：向动态块定义中添加一个极轴参数。系统会自动添加两个移动动作，一个与基点相关联，另一个与极轴参数的端点相关联。
- "极轴拉伸配对"：向动态块定义中添加一个极轴参数。系统会自动添加两个拉伸动作，一个与基点相关联，另一个与极轴参数的端点相关联。
- "XY 移动"：向动态块定义中添加 XY 参数。系统会自动添加与 XY 参数的端点相关联的移动动作。
- "XY 移动配对"：向动态块定义中添加一个 XY 参数。系统会自动添加两个移动动作，一个与基点相关联，另一个与 XY 参数的端点相关联。
- "XY 移动方格集"：向动态块定义中添加 XY 参数。系统会自动添加四个移动动作，分别与 XY 参数上的四个关键点相关联。
- "XY 拉伸方格集"：向动态块定义中添加 XY 参数。系统会自动添加四个拉伸动作，分别与 XY 参数上的四个关键点相关联。
- "XY 阵列方格集"：向动态块定义中添加 XY 参数。系统会自动添加与该 XY 参数相关联的阵列动作。
- "旋转集"：向动态块定义中添加一个旋转参数。系统会自动添加与该旋转参数相关联的旋转动作。
- "翻转集"：向动态块定义中添加一个翻转参数。系统会自动添加与该翻转参数相关联的翻转动作。
- "可见性集"：向动态块定义中添加一个可见性参数并允许定义可见性状态。无须添加与可见性参数相关联的动作。
- "查寻集"：向动态块定义中添加一个查寻参数。系统会自动添加与该查寻参数相关联的查寻动作。

4）"约束"选项卡

提供用于将几何约束和约束参数应用于对象的工具。将几何约束应用于一对对象时，选择对象的顺序以及选择每个对象的点可能影响对象相对于彼此的放置方式。"约束"选项卡在 AutoCAD LT 中不可用。

- 几何约束：
  - 重合约束（GCCOINCIDENT）、垂直约束（GCPERPENDICULAR）、平行约束（GCPARALLEL）、相切约束（GCTANGENT）、水平约束（GCHORIZONTAL）、竖直约束（GCVERTICAL）、共线约束（GCCOLLINEAR）、同心约束（GCCONCENTRIC）、平滑约束（GCSMOOTH）、对称约束（GCSYMMETRIC）、相等约束（GCEQUAL）、固定约束（GCFIX）。
- 约束参数：
  - 对齐约束（BCPARAMETER）：约束直线的长度或两条直线之间、对象上的点和直线之间或不同对象上两点间的距离。
  - 水平约束（BCPARAMETER）：约束直线的或不同对象上两点间的 X 距离。有效对象包括直线段和多段线线段。
  - 竖直约束（BCPARAMETER）：约束直线的或不同对象上两点间的 Y 距离。有效对象包括直线段和多段线线段。

◆ 角度约束（BCPARAMETER）：约束两条直线或多段线线段之间的角度。这与角度标注类似。
◆ 半径约束（BCPARAMETER）：约束圆、圆弧或多段线圆弧的半径。
◆ 直径约束（BCPARAMETER）：约束圆、圆弧或多段线圆弧的直径。

3. 动态块的创建

利用动态块功能实现房间门的不同开启位置。具体操作如下。

（1）绘制如图 6-8（a）所示的"房间门"图，用定义块（Block）和写块（Wblock）命令将其定义（图块名为 MyDoor）并保存（图形文件名为 MyDoor）。

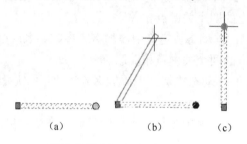

（a）　　　　　　　（b）　　　　　（c）

图 6-8　房间门及其动态块操作

（2）启动插入块（Insert）命令后打开"插入"对话框（图 6-4），设置插入点为屏幕指定，比例和旋转为固定值，选择刚保存的图形文件 MyDoor 作为要插入的图块，将其插入到建筑平面图中最左侧的房间门口，如图 6-9 所示。

（3）启动 BEdit 命令，选择插入的图块 MyDoor，打开"块编辑器"（图 6-7）和"块编写选项板"（图 6-6），在"块编写选项板"的"参数"选项卡中选择"旋转参数"项，系统有如下提示：

◇ BPARAMETER 指定基点或 [名称（N）标签（L）链（C）说明（D）选项板（P）值集（V）]：指定图块 MyDoor 左端中心点为基点
◇ BPARAMETER 指定参数半径：指定适当值为半径
◇ BPARAMETER 指定默认旋转角度或 [基准角度（B）] <0>：用默认值

（4）在"块编写选项板"（图 6-6）的"动作"选项卡中选择"旋转动作"项，系统有如下提示：

◇ BACTIONTOOL 选择参数：选择刚才设置的旋转参数
◇ 指定动作的选择集
◇ BACTIONTOOL 选择对象：选择图块 MyDoor
◇ BACTIONTOOL 指定动作位置或 [基点类型（B）]：指定适当的位置

关闭"块编辑器"，选择"保存更改"。

（5）在当前图形中选择图块 MyDoor，系统显示图块的动态选转标记 ⬤，选择该标记，拖动，如图 6-8（b）所示，将图块 MyDoor 旋转到如图 6-8（c）所示的位置，经复制和粘贴后得到如图 6-10 所示的最终效果图。

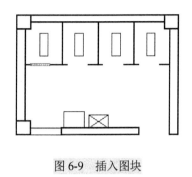

图 6-9　插入图块

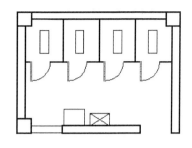

图 6-10　动态块应用效果图

6.2　块　的　属　性

块属性就是在图块上附加的文字属性（Attribute），这些文字不同于嵌入到图块内部的普通文字，无须分解图块，就可以非常方便地修改。块属性也是块的组成部分。

通常属性在图块插入过程中进行自动注释。但是有时图块中有一些文字属性需要经常修改，就可以在图块中添加属性文字，并定义成属性块。例如，在工程设计中会用属性块来设计轴号、门窗、水暖电设备等。或者有时需要经常使用一些类似的图形，就可以利用块属性将这些类似的图形定义成一个属性图块，通过改变属性来调整这些图块的显示。例如，在建筑图中的轴号（图 6-11）是同一个图块，其属性值分别是 1、2、A、B 等。

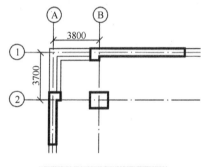

图 6-11　建筑图中的轴号

在图形绘制完之前或之后，使用 ATTEXT 命令可以将图块属性数据从图形中提取出来，并将该数据写入文件中，这样就可以从图形数据库中获取图块数据信息。

6.2.1　定义块的属性

属性是所创建的包含在块定义中的对象。属性可以存储数据，如部件号、产品名等。定义属性（Attdef）命令是创建用于在块中存储数据的属性定义。在定义一个块时，属性须先定义后选定。属性通常在块的插入过程中进行自动注释。

1．命令的启动方法

- 在"菜单栏"中，选择"绘图"→"块"→"定义属性"选项。
- 在"功能区"选项板中选择"默认"选项卡，在"块"面板单击"定义属性"按钮 。
- 在"功能区"选项板中选择"插入"选项卡，在"块定义"面板单击"定义属性"按钮 。
- 在命令行提示符下键入 Attdef 后，按回车键。

2．"属性定义"对话框及其操作方法

定义属性命令启动后，弹出"属性定义"对话框，如图 6-12 所示。

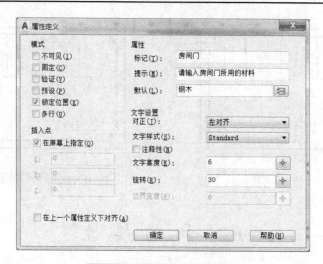

图 6-12　"属性定义"对话框

（1）模式：在图形中插入块时，设置与块关联的属性值选项。

- 不可见（I）：用于设置插入图块后是否显示或打印属性值。ATTDISP 命令将替代"不可见"模式。
- 固定（C）：在插入块时赋予属性固定值，此设置用于永远不会更改的信息。
- 验证（V）：用于插入图块时，提示验证属性值是否正确。
- 预设（P）：插入块时，将属性设置为其默认值而无须显示提示。仅在提示将属性值设置为在"命令"提示下显示（ATTDIA 设置为 0）时，应用"预设"选项。
- 锁定位置（K）：锁定块参照中属性的位置。解锁后，属性可以相对于使用夹点编辑的块的其他部分移动，并且可以调整多行文字属性的大小。
- 多行（U）：指定属性值可以包含多行文字，并且允许您指定属性的边界宽度。

（2）属性：用于设定属性数据。

- 标记（T）：指定用来标识属性的名称。使用任何字符组合（空格除外）输入属性标记。小写字母会自动转换为大写字母。
- 提示（M）：指定在插入包含该属性定义的图块时显示的提示。如果不输入提示，属性标记将用作提示。如果在"模式"区域选定了"固定"模式，"属性提示"选项将不可用。
- 默认（L）：指定默认属性值。

（3）插入点：指定属性的插入点，即属性文字的起点。可直接输入坐标值或者选择"在屏幕上指定（O）"，关闭对话框后将显示"起点"提示。使用定点设备来指定属性相对于其他对象的位置。

（4）文字设置：设定属性文字的对正、样式、高度和旋转等。

- 对正（J）：指定属性文字的对正。
- 文字样式（S）：指定属性文字的预定义样式。显示当前加载的文字样式。
- 文字高度（E）：指定属性文字的高度。输入值，或选择"高度"用定点设备指定高度。此高度为从原点到指定的位置的测量值。如果选择有固定高度的文字样式，或者在"对正"列表中选择了"对齐"，则"高度"选项不可用。

- 旋转（R）：指定属性文字的旋转角度。输入值，或选择"旋转"用定点设备指定旋转角度。此旋转角度为从原点到指定的位置的测量值。如果在"对正"列表中选择了"对齐"或"调整"，"旋转"选项不可用。
- 边界宽度（W）：换行至下一行前，指定多行文字属性中一行文字的最大长度。值 0.000 表示对文字行的长度没有限制。此选项不适用于单行属性。

（5）在上一个属性定义下对齐：将属性标记直接置于之前定义的属性的下面。如果之前没有创建属性定义，则此选项不可用。

3．属性块的创建

创建一个"房间门"属性块。具体操作如下。

（1）启动属性定义命令后，在"属性定义"对话框中进行相关的设置，如图 6-12 所示。

（2）单击"属性定义"对话框中的"确定"按钮，完成属性定义。在绘图区中显示相应的属性标记，如图 6-13（a）所示。

（3）启动创建块命令，将创建的"房间门值属性"与绘制的房间门图形一起定义为房间门图块 MyDoor，如图 6-13（b）所示。

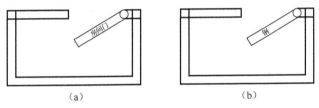

（a）　　　　　　　　　　　　　　（b）

图 6-13　创建的属性块

6.2.2　管理块的属性

管理属性（Battman）命令可以编辑属性文字对象。如果需要对已定义的属性进行更改，可以利用"块属性管理器"对属性定义进行修改，不仅可修改属性标记，还可修改属性提示和属性默认值。

1．命令的启动方法

- 在"菜单栏"中选择"修改"→"对象"→"属性"→"块属性管理器"选项。
- 在"功能区"选项板中选择"默认"选项卡，在"块"面板单击"管理属性"按钮。
- 在"功能区"选项板中选择"插入"选项卡，在"块定义"面板单击"管理属性"按钮。
- 在命令行提示符下键入 Battman 后，按回车键。

2．"块属性管理器"对话框及其操作方法

管理属性命令启动后，弹出"块属性管理器"对话框，如图 6-14 所示。在该对话框中可编辑相关的属性定义。

（1）选择块：可以从绘图区域选择块。如果选择"选择块"，对话框将关闭，直到从图形中选择块或按 Esc 键取消。如果修改了块的属性，并且未保存所做的更改就选择一个新块，系统将提示在选择其他块之前先保存更改。

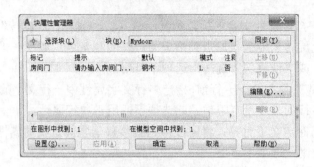

图 6-14　　"块属性管理器"对话框

（2）块：列出具有属性的当前图形中的所有块定义。选择要修改属性的块。

（3）属性列表：显示所选块中每个属性的特性。

（4）同步：更新具有当前定义的属性特性的选定块的全部实例。此操作不会影响每个块中赋给属性的值。

（5）上移：在提示序列的早期阶段移动选定的属性标签。选定固定属性时，"上移"按钮不可用。

（6）下移：在提示序列的后期阶段移动选定的属性标签。选定常量属性时，"下移"按钮不可使用。

（7）编辑：打开"编辑属性"对话框（图 6-15），从中可以修改属性特性。

（8）删除：从块定义中删除选定的属性。如果在选择"删除"之前已选择了"设置"对话框中的"将修改应用到现有参照"，将删除当前图形中全部块实例的属性。对于仅具有一个属性的块，"删除"按钮不可使用。

（9）设置：打开"块属性设置"对话框（图 6-16），从中可以自定义"块属性管理器"中属性信息的列出方式。

（10）应用：应用所做的更改而不关闭对话框。

图 6-15　　"编辑属性"对话框

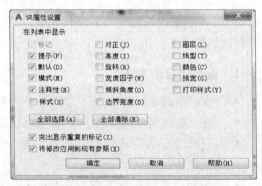

图 6-16　　"块属性设置"对话框

6.2.3　编辑图块属性

当属性已定义到图块或图块已插入到当前图形中之后，用户不仅可对图块的属性进行修改，可以对属性的位置、文本等进行编辑。

1．命令的启动方法

- 在"菜单栏"中选择"修改"→"对象"→"文字"→"编辑"选项。
- 在命令行提示符下键入 DDedit 或 Eattedit 后，按回车键。
- 直接双击块或属性。

2．"增强属性编辑器"对话框及其操作方法

命令启动后，在选择已定义属性的图块后，将弹出"增强属性编辑器"对话框（图 6-17）。在该对话框中可编辑图块属性值。

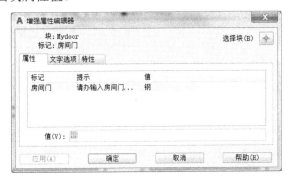

图 6-17　"增强属性编辑器"对话框

在该对话框的文本框中直接输入数值，即可对属性定义的属性标记、提示和默认值进行修改。单击"确定"按钮完成修改。

6.2.4　提取属性数据

图块及其属性中有大量的数据，如图块的标记名、插入点等。用户根据需要可以提取这些数据，并将其写入到文件中，作为数据文件保存下来。这些数据文件可以传给数据库使用，或者提供给其他高级语言程序分析使用。

数据提取（Eattext）命令可以将块属性信息输出为表格或外部文件。

1．命令的启动方法

- 在"菜单栏"中选择"工具"→"数据提取"选项。
- 在"修改 II"工具栏上单击"数据提取"按钮 。
- 在命令行提示符下键入 Eattext 后，按回车键。

2．命令的操作方法

（1）数据提取命令启动后，打开"数据提取-开始"对话框（图 6-18）。

（2）在"数据提取-开始"对话框（图 6-18）中，依次单击"下一步"按钮打开"将数据提取另存为"对话框（图 6-19），文件名命为 MyDoorData.dxe，打开"数据提取-定义数据源"对话框（图 6-20）。

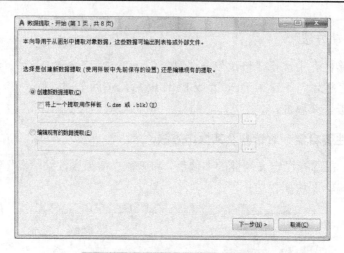

图 6-18　"数据提取-开始"对话框

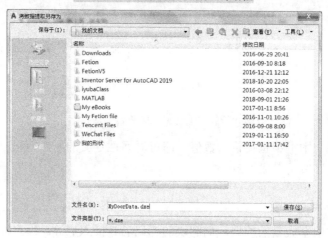

图 6-19　"数据提取另存为"对话框

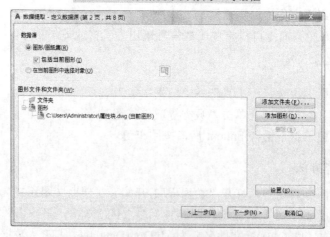

图 6-20　"数据提取-定义数据源"对话框

　　（3）选择图形文件后，单击"下一步"按钮打开"数据提取-选择对象"对话框（图 6-21）。在列表中选择要提取属性的对象，如选择 MyDoor 对象。单击"下一步"按钮将打开"数据提取-选择特性"对话框（图 6-22）。

（4）在列表中选择要提取对象的特性后，单击"下一步"按钮打开"数据提取-优化数据"对话框（图 6-23）。

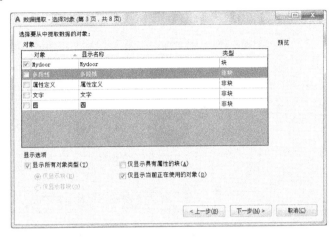

图 6-21　"数据提取-选择对象"对话框

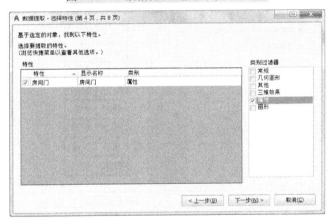

图 6-22　"数据提取-选择特性"对话框

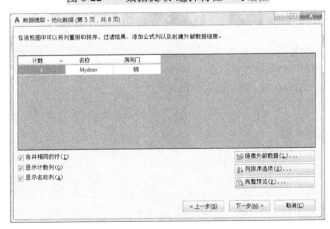

图 6-23　"数据提取-优化数据"对话框

（5）单击"下一步"按钮打开"数据提取-选择输出"对话框（图 6-24）。在"数据提取-选择输出"对话框中，选择输出选项（如将数据提取表插入图形后，单击"下一步"按钮打开"数据提取-表格样式"对话框（图 6-25）。

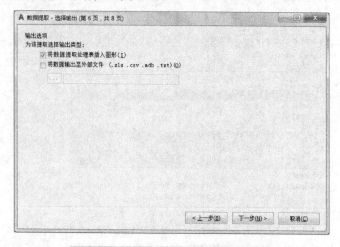

图 6-24　"数据提取-选择输出"对话框

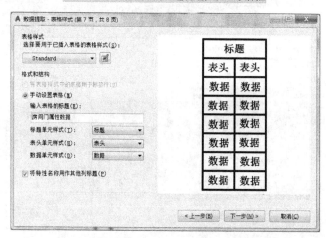

图 6-25　"数据提取-表格样式"对话框

（6）在设置表格样式后，单击"下一步"按钮打开"数据提取-完成"对话框（图 6-26）。

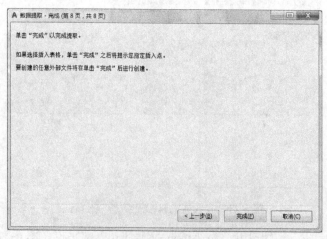

图 6-26　"数据提取-完成"对话框

（7）单击"完成"按钮，在"指定插入点："提示下，选择数据表格在屏幕上的插入点，将提数据取插入到当前的图形文件中，如图 6-27 所示。

房间门属性数据		
计数	名称	房间门
1	Mydoor	钢

图 6-27　属性数据提取结果

6.3　外　部　参　照

外部参照（External Reference，Xref）是指将一幅图以参照的形式引用到另外一个或多个图形文件中，外部参照的每次改动后的结果都会及时地反映在最后一次被参照的图形中，另外使用外部参照还可以有效地减少图形的容量，因为当用户打开一个含有外部参照的文件时，系统仅会按照记录的路径搜索外部参照文件，而不会将外部参照作为图形文件的内部资源进行储存。

外部参照与图块有着实质的区别：图块一旦被插入，此图块就永久地被插入到当前图形中，并不随原始图形的改变而更新，成为当前图形的一部分。而以外部参照方式将图形插入到当前图形文件（称为主图形）中后，被插入图形文件的信息并不直接加入到当前图形中，而只是记录引用的关系和路径，与当前文件建立一种参照关系。

外部参照具有如下优点。

（1）外部参照便于节省存储空间。由于外部参照只记录引用信息，因此，更加节省存储空间。

（2）外部参照便于图纸标准化。图纸中有的内容是不变的，或统一变化。如图框，所有图纸的图框都是一样的，这是可以用模板、块的，但应用外部参照，若修改了图框，图纸的图框会自动更新。

（3）外部参照便于协同设计。如果绘制很复杂的图形，需要多人协同绘制，如三个技术员画三个部分，每个人把其他两个人绘制的图形作为外部参照，那么外部参照图形文件一旦被修改，每个人会立即得到通知，便于刷新参照。另外，工程图纸绘制的总负责人用外部参照查看他们画的对错和进度就很方便。

6.3.1　外部参照附着

外部参照附着（Xattach）命令可以将图形文件以外部参照的形式插入到当前图形中。如果附着一个图形，而此图形中包含附着的外部参照，则附着的外部参照将显示在当前图形中。用户可以选择多个 DWG 文件进行附着。附着的外部参照与块一样是可以嵌套的。如果当前另一个人正在编辑此外部参照，则附着的图形将为最新保存的版本。

1．命令的启动方法

- 在"菜单栏"中，选择"插入"→"DWG 参照"选项。
- 在"功能区"选项板中选择"插入"选项卡，在"参照"面板单击"附着"按钮 🖳。
- 在"菜单栏"中，选择"工具"→"工具栏"→"AutoCAD"→"参照"选项，在绘图窗口内出现"参照"快捷工具栏（图 6-28），单击"附着"按钮 🖳。

● 在命令行提示符下键入 Xattach 或 Xa 后，按回车键。

图 6-28　"参照"快捷工具栏

2．命令的操作方法

外部参照附着（Xattach）命令启动后，打开"选择参照文件"对话框（图 6-29）。选择外部参照 DWG 文件后单击"打开"按钮，将弹出"附着外部参照"对话框（图 6-30），利用该对话框可以将图形文件以外部参照的形式插入到当前图形中。

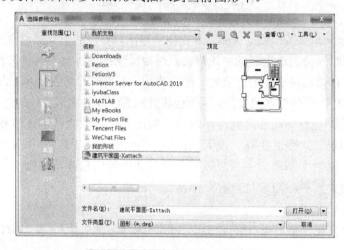

图 6-29　"选择参照文件"对话框

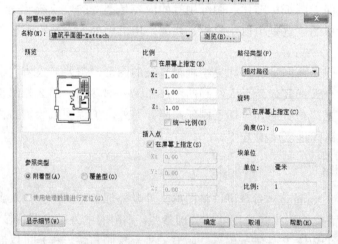

图 6-30　"附着外部参照"对话框

注意：外部参照文件被改名或移动路径，主图形必须重新指定文件名和路径，否则，主图形将出现错误。

6.3.2　外部参照的绑定

外部参照绑定（Xbind）命令是将外部参照中一个或多个参照对象转换到当前图形，成为当前图形的一部分。

1．命令的启动方法

- 在"菜单栏"中，选择"修改"→"对象"→"外部参照"→"绑定"选项。
- 在"参照"快捷工具栏（图 6-28），单击"外部参照绑定"按钮。
- 在"功能区"选项板中选择"插入"选项卡，在"参照"面板单击"附着"按钮。
- 在命令行提示符下键入 Xbind 或 Xb 后，按回车键。

2．命令的操作方法

外部参照绑定（Xbind）命令启动后，打开"外部参照绑定"对话框，如图 6-31 所示。在该对话框中选择要添加的外部参照绑定内容后单击"确定"按钮。系统将外部参照所依赖的命名对象（如块、图层、线型、标注样式和文字等）添加到用户图形中。

注意：外部参照在被绑定（Xbind）之前，不能编辑和分解。

图 6-31　"外部参照绑定"对话框

6.3.3　剪裁外部参照

裁剪外部参照（Xclip）命令可以根据指定边界修剪选定外部参照或块参照的显示。在主图形中外部参照可被裁剪，即只显示外部参照的一部分。

1．命令的启动方法

- 在"菜单栏"中，选择"修改"→"裁剪"→"外部参照"→"外部参照"选项。
- 在"参照"快捷工具栏（图 6-28），单击"裁剪外部参照"按钮。
- 在命令行提示符下键入 Xclip 或 Xc 后，按回车键。

2．命令的操作方法

裁剪外部参照（Xclip）命令启动后，命令行有如下的提示信息：

◇　XCLIP 选择对象：

◇　输入剪裁选项

◇　XCLIP [开（ON）关（OFF）剪裁深度（C）删除（D）生成多段线（P）新建边界（N）] <新建边界>：

在上述命令行中各项的意义如下。

➢　开（ON）：显示当前图形中外部参照或块的被剪裁部分。

➢　关（OFF）：显示当前图形中外部参照或块的完整几何图形，忽略剪裁边界。

➢　剪裁深度（C）：在外部参照或块上设置前剪裁平面和后剪裁平面，系统将不显示由边界和指定深度所定义的区域外的对象。剪裁深度应用在平行于剪裁边界的方向上，与当前 UCS 无关。

➢　删除（D）：为选定的外部参照或块删除剪裁边界。要临时关闭剪裁边界，请使用"关"选项。"删除"选项将删除剪裁边界和剪裁深度。不能使用 ERASE 命令删除剪裁边界。

> 生成多段线（P）：自动绘制一条与剪裁边界重合的多段线。此多段线采用当前的图层、线型、线宽和颜色设置。当用 PEDIT 修改当前剪裁边界，然后用新生成的多段线重新定义剪裁边界时，请使用此选项。要在重定义剪裁边界时查看整个外部参照，请使用"关"选项关闭剪裁边界。

> 新建边界（N）：定义一个矩形或多边形剪裁边界，或者用多段线生成一个多边形剪裁边界。选择该项后，命令行有如下提示：

　　¤　指定剪裁边界或选择反向选项：

　　¤　XCLIP　[选择多段线（S）多边形（P）矩形（R）反向剪裁（I）]＜矩形＞：

在上述命令行中各项的意义如下。

> 选择多段线（S）：使用选定的多段线定义边界。此多段线可以是开放的，但是它必须由直线段组成并且不能自交。

> 多边形（P）：使用指定的多边形顶点中的三个或更多点定义多边形剪裁边界。

> 矩形（R）：使用指定的对角点定义矩形边界。

> 反向剪裁（I）：反转剪裁边界的模式：剪裁边界外部或边界内部的对象。

3. 外部参照的裁剪

在如图 6-32（a）所示的当前图形中，用 Xattach 命令附着外部参照图形后得到图 6-32（b），试用 Xclip 命令裁剪外部参照图形。

裁剪外部参照（Xclip）命令启动后，命令行有如下的提示信息：

◇　XCLIP 选择对象：选择外部参照图形

◇　输入剪裁选项

◇　XCLIP　[开（ON）关（OFF）剪裁深度（C）删除（D）生成多段线（P）新建边界（N）]＜新建边界＞：输入 N 按回车键

◇　指定剪裁边界或选择反向选项：

◇　XCLIP　[选择多段线（S）多边形（P）矩形（R）反向剪裁（I）]＜矩形＞：输入 R 按回车键

◇　XCLIP 指定第一个角点：选择 A 点

◇　XCLIP 指定第一个角点：指定对角点：选择 B 点

裁剪结果如图 6-32（c）所示。

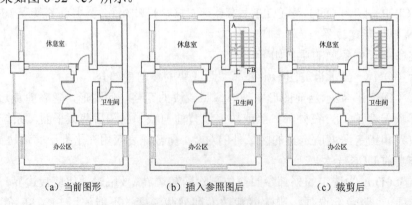

　　（a）当前图形　　　　　　（b）插入参照图后　　　　　　（c）裁剪后

图 6-32　裁剪外部参照图形

注意：①只有在删除旧的剪裁边界后，才能为选定的外部参照参考底图创建一个新边界。②也可使用常规 CLIP 命令剪裁图像、外部参照、视口和参考底图。

6.3.4 参照编辑

通过直接打开参照图形对其进行编辑，或从当前图形内部的适当位置编辑外部参照。

1．在位编辑外部参照

1）命令的启动方法

- 在"功能区"选项板中选择"插入"选项卡，在"参照"面板单击"编辑参照"按钮 。
- 在"菜单栏"中，选择"工具"→"工具栏"→"AutoCAD"→"参照编辑"选项，在绘图窗口内出现"参照编辑"快捷工具栏（图 6-33），单击"编辑参照"按钮 。

图 6-33 "参照编辑"快捷工具栏

- 在命令行提示符下键入 Refedit 或 Ref 后，按回车键。

2）命令的操作方法

在位编辑外部参照（Refedit）命令启动后，命令行有如下的提示信息：

◇ REFEDIT 选择参照：选择一个参照

3）在位编辑外部参照操作

在位编辑外部参照操作方法和步骤如下。

（1）在"选择参照："提示后，在当前图形中选择要编辑的参照。则选定的参照将显示在"参照编辑"对话框中，如图 6-34 所示。

（2）在"参照编辑"对话框中，选择要进行编辑的参照，最后单击"确定"按钮。

（3）在打开的参照图形中选择要编辑的对象进行编辑。选定的对象将成为工作集，默认情况下，其他所有的对象都被锁定，这时，在"功能区"选项板的"编辑参照"选项卡的右边显示在位编辑的参照名称，如图 6-35 所示。

图 6-34 "参照编辑"对话框

图 6-35 "参照编辑"选项卡

图 6-36　"外部参照"选项板

（4）编辑完工作集中的对象后，单击"参照编辑"选项卡中的"保存修改"按钮 🖫，工作集中的对象将保存到参照，外部参照将被更新。

注意：要选择被编辑的参照，请在参照中选择对象。如果选择的对象是一个或多个嵌套参照的一部分，则此嵌套参照将显示在对话框中。

2．在单独的窗口中编辑外部参照

（1）在"功能区"选项板中选择"插入"选项卡，在"参照"面板右下角单击 ↘，打开"外部参照"选项板，如图 6-36 所示。

（2）在"外部参照"选项板中，选择要编辑的参照名称。

（3）右击，在弹出的快捷菜单中选择"打开"命令。

（4）AutoCAD 将在新窗口中打开选定的图形参照，在该窗口中用户可以编辑图形、保存图形，然后关闭图形（也可在命令行键入 Xopen 后按回车键，打开选定参照图形，进行编辑）。

3．外部参照管理

利用"外部参照"选项板（图 6-36）可以对外部参照进行编辑和管理。在"外部参照"选项板（图 6-36）上的文件参照中选定一外部参照，右击弹出一个快捷菜单。通过该快捷菜单可选择打开、附着、卸载、重载、拆离、绑定等功能来管理外部参照。

课 后 习 题

6-1　什么是图块？如何理解？

6-2　在绘图时定义块有何作用？

6-3　定义块时，指定块的基点的作用是什么？

6-4　内部块与外部块的区别是什么？

6-5　块与外部参照的区别是什么？

6-6　什么是块的属性？

6-7　带有属性的块与不带属性的块插入时有什么不同？

6-8　如何提取块的属性数据？

6-9　什么是外部参照？

6-10　外部参照具有哪些优点？

第7章　CAD 二次开发初步

7.1　简　　述

AutoCAD 软件是一个通用的绘图软件，具备非常完善的绘图功能。但是各行各业都有自己的设计规范和行业标准，而每个工程技术人员又有各自的绘图习惯和工作方式。因此，一个通用的绘图软件，不可能完全满足每一个用户的需求。为了提高 AutoCAD 软件的通用性，软件系统采用了开放式结构，允许用户通过编程等多种方式访问图形文件的内核、修改和扩充功能，满足用户的特殊需要，实现 AutoCAD 的二次开发。

AutoCAD 的二次开发主要包含两方面的内容，一是利用系统提供的开发环境和开发工具进行系统功能的开发，如扩充系统的命令，开发专用绘图系统等。二是根据 AutoCAD 系统的一些基本自定义特性，通过修改、扩充和创建 ASCII 文本文件的方式进行系统功能的扩充，如开发用户自己的菜单、常用图例符号库等。第一种方式要进行大量的程序编制，开发的难度较大，而第二种方式几乎不涉及编程相对比较简单。总之，虽然 AutoCAD 提供了丰富的图形处理命令和线型、图案、文字及符号库，但仍然不能覆盖用户的专业需要。因此要高效率地使用 AutoCAD，就有必要对它们进行扩充与修改，即二次开发。

首先，AutoCAD 为用户开放了众多的系统文件，用户可以通过修改或创建这些文件来完成对 AutoCAD 软件的"用户化"工作，或称为"定制"工作。这些文件主要在 Support 文件夹中，如程序参数文件（acad.pgp）、线型文件（acad.lin，acadiso.lin 等）、图案文件（acad.pat 等）、形文件（acad.shp，acad.shx 等）、脚本文件（*.scr 等）、图形交换文件（*.dxf，*.dxb 等）和菜单文件（*.mnu，*.mnc，*.mns，*.mnr，*.mns 等）等都可由用户重新定制以适合本专业的需要。定制工作的主要内容如下。

（1）通过合理地设置系统变量，建立符合本企业标准的初始绘图环境。

（2）通过建立模板图，可获得初始图形的高起点。

（3）借助程序参数文件为经常使用的 AutoCAD 命令建立简短易记的别名。

（4）借助程序参数文件为常用的外部程序建立可在 AutoCAD 内部执行的命令。

（5）编写脚本文件，自动地完成成组的任务。利用脚本文件还可以编写外部程序与 AutoCAD 的接口程序。

（6）通过线型文件定义符合企业标准和工作需要的线型。

（7）利用图形文件建立符合企业标准的填充图案。

（8）通过形文件定义符合企业标准和工作需要的符号和字体。

（9）通过菜单文件建立适合自己工作需要的菜单、工具栏和快捷键。

其次，定制工作虽然能够进一步增强 AutoCAD 原有功能，使其更加"用户化"一些。但这种方法开发 AutoCAD 仍受到许多方面的限制，如通过对这些文件的改写与新建完不成如下工作。

（1）不能给 AutoCAD 增加新的命令。

（2）不能给 AutoCAD 增加复杂线型和复杂填充图案。

（3）菜单系统的用户化功能有限。

（4）不能直接操作 AutoCAD 图形库文件。

（5）不能实现"自动绘图"。

（6）不能完成专业 CAD 系统的任务。

为了突破这些限制，能够使用户随心所欲地对 AutoCAD 进行二次开发，基于高级语言开发的主要内容包括以下几点。

（1）用 DIESEL 语言定义满足自己工作要求的状态行。

（2）利用 Visual LISP 或 ObjectARX 提供的集成开发环境定义 AutoCAD 新命令，实现参数化绘图，直接操作图形库及扩充 AutoCAD 的现有功能。

（3）通过图形交换文件编写外部程序与 AutoCAD 双向交换图形信息的接口程序。

（4）用 DCL 语言定义对话框，得到方便实用的用户界面。

二次开发应充分利用 AutoCAD 提供的二次开发环境。AutoCAD 提供的二次开发环境主要有两类：基于文件系统的开发和基于高级语言的开发。自 1982 年 11 月 AutoCAD 问世以来，针对 AutoCAD 进行二次应用开发的语言和工具在不断地出现——由最早的 AutoLISP 语言、ADS 至 ObjectARX、VBA 直至 Visual LISP，每种语言都各有特色。目前，常用的 AutoCAD 二次开发语言主要有以下几种。

1. Auto LISP

AutoLISP 是为二次开发 AutoCAD 而专门设计的编程语言，LISP 是 List Processor 的缩写。它起源于 LISP 语言，嵌入在 AutoCAD 的内部，是 LISP 语言和 AutoCAD 有机结合的产物，LISP 是人工智能领域中广泛采用的一种程序设计语言。通过 AutoLISP 编程，可以节省工程师很多时间。AutoLISP 语言作为嵌入在 AutoCAD 内部的具有智能特点的编程语言，是开发应用 AutoCAD 不可缺少的工具。利用 AutoLISP 语言可以进行各种工程分析计算、自动绘制复杂的图形，还可以定义新的 AutoCAD 命令、驱动对话框、控制菜单。为 AutoCAD 扩充具有一定智能化、参数化的功能，可以使设计人员的主要精力用于产品的构思和创新设计上，实现真正意义上的计算机辅助设计。

AutoLISP 采用了与 CommonLISP 最相近的语法和习惯约定，具有 CommonLISP 的特性，但又针对 AutoCAD 增加了许多功能。它既有 LISP 语言人工智能的特性，又具有 AutoCAD 强大的图形编辑功能的特点。它可以把 AutoLISP 程序和 AutoCAD 的绘图命令透明地结合起来，使设计和绘图完全融为一体，还可以实现对 AutoCAD 图形数据库的直接访问和修改。缺点是：功能相对单一，综合处理能力较弱；程序语句逐条解释执行，运行速度较慢；缺乏完善的保护机制，源程序保密性差。

1997 年，为方便和加速 AutoLISP 程序开发，Autodesk 公司开发了一个全新的软件开发工具 Visual LISP，它是一个完整的集成开发环境，可以认为 Visual LISP 是 AutoLISP 的升级版。Visual LISP 又称为 VLISP，采用动态即时加载编译技术，能完全兼容 AutoLISP，具有许多优点。首先，VLISP 为用户提供了一个完整的功能齐全的交互式集成开发环境（IDE），该集成环境主要包括编译器（Compiler）、编辑器（Editor）、调试器（Debugger）、控制台（Console）和其他工具，具有全面检查和监视功能，能自动识别程序的语法错误、被调用函数的参数错误和数据结构错误；能动态对程序进行调试并动态显示代码运行结果。其次，VLISP 生成代码质量高，保密性好，用户可以利用编译器将 VLISP 源程序编译成为二进制文件，提高程序运行速度，增加安全性，经过编译的 VLISP 程序可以直接作为 AutoCAD 内部命令使用。另外，VLISP 还专门新增了处理 ActiveX 对象的接口函数和对系统文件进行操作的功能函数，能将 VLISP 与 ActiveX 对象程序有效地结合在一起，极大地为用户提供方便，缩短开发时间，提高工作效率。

AutoCAD 软件包中包含大多数用于产生图形的命令，但仍有某些命令未被提供。例如，AutoCAD 中没有在图形文本对象内绘制矩形及作全局改变的命令。通过 AutoLISP，你可以使用 AutoLISP 程序语言编制能够在图形文本对象内绘制矩形或作全局选择性改变的程序。事实上，可以用 AutoLISP 编制任何程序，或把它嵌入到菜单中，这样定制你的系统会得到更高的效率。

2. VBA

VBA 是 Microsoft Visual Basic for Applications 的简称，最早出现在 AutoCAD R14 中，是一个基于对象的集成编程环境，也是对 AutoCAD 进行二次开发最有效的工具之一。VBA 作为面向对象的高级程序设计语言，语法简单，功能强大，使用方便，其语法结构与 Visual Basic 很类似，经过编译链接的 VBA 程序能直接在 AutoCAD 内部运行，也可以将 VBA 程序作为外部程序来执行，直接对 AutoCAD 对象进行操作。VBA 主要通过 AutoCAD ActiveX Automation 接口传递消息，实现其控制编程机制，具备强大的编程开发能力和灵活性。用户可以利用 ActiveX Automation 重新定义 AutoCAD，与其他应用程序共享 AutoCAD 图形数据，能在其他的 Windows 编程环境下直接访问 AutoCAD 图形，可利用 DAO 或 ADO 技术连接数据库，能实现产品数据的自动管理（PDM），还可以利用 VBScript 技术实现企业生产综合数据库系统 Internet/Intranet 应用，达到生产设计信息化、自动化、快速化的目的。如果要以 AutoCAD 为基础平台开发出多功能集成的 CAD 系统，VBA 无疑是最佳的开发工具。

3. ObjectARX

ObjectARX 是一种崭新的开发 AutoCAD 应用程序的工具，它以 C++为编程语言，采用先进的面向对象的编程原理，提供可与 AutoCAD 直接交互的开发环境，能使用户方便快捷地开发出高效简洁的 AutoCAD 应用程序。ObjectARX 并没有包含在 AutoCAD 中，可在 AutoDESK 公司网站中去下载，它能够对 AutoCAD 的所有事务进行完整的、先进的、面向对象的设计与开发，并且开发的应用程序速度更快、集成度更高、稳定性更强。ObjectARX 从本质上讲，是一种特定的 C++编程环境，它包括一组动态链接库（DLL），这些库与 AutoCAD 在同一地址空间运行并能直接利用其核心数据结构和代码，库中包含一组通用工具，使得二次开发者可以充分利用 AutoCAD 的开放结构，直接访问 AutoCAD 数据库结构、图形系统以及 CAD 几何造型核心，以便能在运行期间实时扩展 AutoCAD 的功能，创建能全面享受 AutoCAD 固有命令的新命令。ObjectARX 提供 220 个类 3000 多个成员函数，同时，ObjectARX 包含以下六大类库。

（1）AcRx 库：动态链接库的初始化、链接、运行时类的注册和识别提供系统级的类。

（2）AcEd 库：用于注册本地命令及系统事件通知的类。

（3）AcDb 库：用于存放所有实体及其他类。

（4）AcGi 库：用于渲染 AutoCAD 实体的图形接口。

（5）AcGe 库：用于普通线性代数和几何实体通用库。

（6）ADSRX 库：用于创建 AutoCAD 应用程序的 C 语言库。

ObjectARX 的核心是两组关键的 API，即 AcDb（Auto CAD 数据库）和 AcEd（Auto CAD 编译器），另外还有其他的一些重要库组件，如 AcRX（Auto CAD 实时扩展）、AcGi（Auto CAD 图形接口）、AcGe（Auto CAD 几何库）、ADSRX（Auto CAD 开发系统实时扩展）。ObjectARX 还可以按需要加载应用程序；使用 ObjectARX 进行应用开发还可以在同一水平上与 Windows 系统集成，并与其他 Windows 应用程序实现交互操作。

4. ActiveX Automation

ActiveX Automation 是微软公司推出的一个技术标准，该技术是 OLE 技术的进一步扩展，其作用是在 Windows 系统的统一管理下协调不同的应用程序，允许应用程序之间相互控制、相互调用。目前，ActiveX Automation 技术已经在 Internet、Office 系列办公软件的开发中得到了广泛的应用。

从 AutoCAD R14 版开始，AutoCAD 引入了 ActiveX Automation 技术。由于 ActiveX 技术是一种完全面向对象的技术，所以许多面向对象化编程的语言和应用程序，可以通过 ActiveX 与 AutoCAD 进行通信，并操纵 AutoCAD 的许多功能。AutoCAD ActiveX 技术提供了一种机制，该机制可使编程者通过编程手段从 AutoCAD 的内部或外部来操纵 AutoCAD。

ActiveX 是由一系列的对象，按一定的层次组成的一种对象结构，每一个对象代表了 AutoCAD 中一个明确的功能，如绘制图形对象、定义块和属性等。ActiveX 所具备的绝大多数 AutoCAD 功能，均以方法和属性的方式被封装在 ActiveX 对象中，只要使用某种方式，使 ActiveX 对象得以"暴露"，那么就可以使用各种面向对象编程的语言对其中的方法、属性进行引用，从而达到对 AutoCAD 实现编程的目的。

本章要介绍的是简单易学的 AutoLISP 语言，由于 Visual LISP 是新一代 AutoLISP 语言，在后绪章节的学习中，不再严格区分 AutoLISP 与 Visual LISP。

7.2　AutoLISP 语言基础

7.2.1　AutoLISP 数据类型

AutoLISP 的数据类型丰富，除了一般程序设计语言的整型、实型、字符串等数据类型，还有表、函数、AutoCAD 选择集、AutoCAD 图元名、VLA 对象、函数分页表和外部函数等数据类型。下面主要介绍几种常用的数据类型。

1. 整数（INT）

整数是由 0～9 数字和正负号字符组成的，不允许出现其他字符，"+"号可省略，如+110，321，–30 均是合法的整型数据。在目前使用比较多的 32 位计算机上，AutoLISP 的整型数据用 32 位表示，其取值范围为–2 147 483 648 到+2 147 483 648。如果用户输入的数据超出此范围，AutoLLSP 会自动将整型数据转换为实型数据，但对于两个有效整数进行运算所产生的结果超出此范围的情况，最后会得到无效的结果。在实际应用中，若设定和计算结果超出

AutoLISP 语言的整数范围，则可改用实型数。

2．实型（REAL）

实型数据又称为浮点数，AutoLISP 中为双精度实数，即保证有 14 位的有效精度。双精度实数，是以 8 个字符存储的实数，共有 64 位，在内存中的存储方式如表 7-1 所示，实型数范围为$-1.797693*10^{308}$～$+1.79793*10^{308}$。

表 7-1　实型数在内存中的存储方式

位	63	62	61～52	51～0
用途	符号位（+/-）	指数符号位（+/-）	指数位	基数位

其中指数部分有 10 位，即 $2^{10}=1024$；基数用 52 位存储一个 0 到 1 之间的纯小数，即 2^{52}。实数有小数和科学计数两种表示形式。

（1）小数形式。如 0.123，-2.345。但需要注意的是，与其他语言不同，AutoLLSP 中，对于纯小数，小数点前面的前导 0 不能省略，否则计算机会误认为是点对而出错。例如，不能将 0.123 简写为.123。

（2）科学计数法形式。即数字后有一个 e 或 E，而后跟的数是指数。如 1.23E3 表示 $1.23×10^3$，同样也可表示为 0.123E4 或 12.3e2。但要注意 e 或 E 之前必须有数字，且指数必须为整数，如 E3、1.23E2.5、e 均不是合法的指数形式。

双精度实数的有效位可达 16 位，但实际中用 14 位，这里考虑了误差的因素，而 AutoLISP 指令行相应的一般为 6 位有效数字。

3．字符串（STRING）

字符串又称为字符常数，它是由双引号括起来的字符序列，如"ABC""12A""hpu1909"。

字符串中字母的大、小写和空格符都有特定意义。字符串中字符的个数称为字符串的长度，最大为 132，如果超出，则后面的字符无效。任何字符都可以用"\nnn"的格式表示，其中反斜杠"\"是 ASCII 码的前导标识字符，nnn 是该字符八进制的 ASCII 码。例如，字符串 ABCD 也可表示为\101\102\123\104。一些常用的控制字符，如反斜杠、双引号等，除了可以用"\nnn"的格式表示，还可以用转义字符格式表示为"\\""\""等特殊字符，见表 7-2。

表 7-2　控制字符及其含义表

控制字符	含义	用 ASCII 码表示
\\	表示反斜杠"\"字符	\114
\"	表示 双引号""	\042
\e	表示换码字符（ESC 键）	\033
\n	表示换行	\012
\r	表示回到首行（回车）	\015
\t	表示移到下一个定位（Tab 键）	\011

注意：其中的字符 e、n、r、t 必须小写；在 Visual LISP 中转义字符\ r 不能作为回车符使用，文字会紧跟在最后一个打印文字后面显示，需要打印回车符时可用(CHR 13)来代替。

4. 表（LIST）

在 AutoLISP 语言中，表（LIST）作为一种基本的数据类型，有如下特点。

（1）表是放在一对圆括号中的一个元素或用空格分隔的多个元素的有序集合。

（2）表中的元素可以是函数，也可以是上述三种数据类型，甚至是另一个表，因而表提供了在一个符号中存储大量相关数值的有效方法。

（3）表是 LISP 语言处理的对象，是 Visual LISP 基本数据结构。例如，(+ 1 2 3), (sin(* 2.3 pi)), ((A B)C(D E)), (0 "LINE"), ()都是合法的表。

（4）表中元素的个数称为表的长度。例如，表(+ 1 2 3)的长度为 4；表(sin(* 2.3 pi))的长度为 2；表((A B)C D)的长度为 3，表()的长度为 0。

（5）用表可以很方便地构造出复杂的数据结构。例如，(2.5　2.2　1.6)可以表示为 X 等于 2.5，Y 等于 2.2，Z 等于 1.6 的三维点。

（6）表有两种类型：标准表和引用表。

①标准表是 AutoLISP 程序的基本结构形式，AutoLISP 程序是由标准表组成的。标准表用于函数的调用，其中第一个元素必须是系统内部函数或用户定义的函数，其他的元素为该函数的参数，如上面提到的赋值函数的调用，即采用标准表的形式。

②引用表的第一个元素不是函数，不作为函数调用，通常作为数据处理，在程序中以如下两种形式存在，'(a b c)或:(QUOTE(a b c))。引用表的一个重要应用是表示图中点的坐标。当表示点的坐标时，表中的元素是用实型数构成的。

5. 文件描述符（FILE）

文件描述符是在打开一个文件时 Visual LLSP 赋予该文件的一个代码，用来作为该文件的标识号。当 AutoLISP 函数需要访问一个文件时（读文件或写文件），首先通过该文件描述符去识别并建立联系，然后再进行相应的读写操作。例如，(setq file(open "file.dat" "w"))，用于打开当前目录下的文件"file. dat"，使它可被其他函数所用，同时将该文件描述符的数值赋予 file 变量。

6. 图元名（ENAME）

图元名又称实体名，是 AutoCAD 为图形对象指定的十六进制的数字标识。AutoLISP 通过该标识找到该图形对象在图形数据库中的位置，以便对其进行访问或编辑。例如，（setq ent(entlast))是把图形中最后一个实体的实体名赋予变量 ent。

7. 选择集（PICKSET）

选择集是一个或多个实体对象的集合。可以通过 AutoLISP 程序建立选择集或向指定的选择集添加或移除图形对象，通过选择集可以对其内部指定的成员进行访问或编辑。例如，(setq ss(ssget "S" '(1 1)'(10 10)))是选择与对角顶点为(1,1), (10,10)矩形区域相交的图形对象，并赋予变量 ss。

8. VLA 对象

VLA 对象是 ActiveX 应用程序的主要组成部分。不仅直线、圆弧、多义线和圆等称为 VLA

对象、图层、组、块、视图、视口、图形的模型空间、图纸空间、线型和尺寸标注样式等也称为 VLA 对象，甚至连 AutoCAD 应用程序本身也被认为是 VLA 对象。

7.2.2　AutoLISP 变量

同其他编程语言一样，LISP 也用变量来存储数据，AutoLISP 变量是指存储静态数据的符号，但是变量在程序运行中是代表有具体数据类型的数据，在 AutoLISP 的系统表量表中，一共有三种数据类型：字符串、整型和实型。

1. 变量的命名

Visual LISP 把任何数据都看成被求值的数据，因而函数与变量的标识（即函数名、变量名）也会被当成数据，称为符号，可理解成是一种特殊的数据类型。它一般由字母、数字及其他除系统保留（表 7-3）外的可打印字符组成，但不能仅由数字组成，也不能包含空格。

表 7-3　系统保留字符

保留字符	用途
左或右括号()	用于表的定义
.	点对标识符
'	quote 函数的简写
"	字符串界定符
;	程序注释标识符
?	显示操作符

AutoLISP 中，变量名最长可达 100 个字符，但为了程序的易读性及节约内存，变量名的长度不要超过 6 个字符。如果一个变量名的长度超过 6 个字符，那么变量名不能用节点来存储，而是在节点中会有一个指向另一个包含实际符号名的内存指针，这样就要占用额外的内存，且符号名越长，代码的执行速度就越慢。在 AutoLISP 中，符号的大小写是等效的。

2. 变量的数据类型

数据类型是变量的重要特征，它关系到存放变量的存储空间大小。大多数计算机语言在为变量赋初值前，都会对变量的数据类型作一定说明。而 AutoLISP 无须对变量做事先的类型说明，变量被赋予值的类型即变量的数据类型。

在程序运行过程中，同一变量在不同的时刻可以被赋予不同类型的值，即在程序运行的过程中可以改变变量的数据类型。例如：

```
(setq x 1)              ; 给变量 x 赋值 1，变量 x 为整型
(setq x "text")         ; 给变量 x 赋值 text，变量 x 为字符串型
```

3. 预定义变量

AutoLISP 对变量 nil、T、PI、PAUSE 进行了预定义，供用户在编写程序时直接使用。没有指定值的变量称为 nil 变量。nil 与空字符串及 0 不同，nil 既不是字符串，也不是一个整数 0，它表示尚无定义。另外，nil 作为逻辑变量的值，表示不成立，相当于 false。每一个变量都占用一小部分内存，如果将某一变量赋值为 nil，则相当于取消该变量的定义，并释放该变

量所占用的内存空间。T、PI 及 PAUSE 均为常量。T 为逻辑变量的值，表示成立，相当于 true；PI 表示一个实数型常量；PAUSE 表示一个双反斜杠(\\)字符构成的字符串常量，常与 Command 函数配合使用，用于暂停，等候用户输入。

4．变量的值域

AutoLISP 所使用的变量也分为局部变量和全局变量。用到的主要函数有 setq、set、quote、eval 等。局部变量是指用户在某一个函数中定义的变量，它在函数执行过程中值被保存，函数执行结束，变量则自动消失。局部变量由函数 defun 来定义。全局变量是用 setq 函数定义的变量，它的值被永久保存，直到用户退出程序。

7.2.3　AutoLISP 函数

AutoLISP 提供功能齐全的各种函数。一般计算机语言所说的函数，AutoLISP 同样称为函数，一般计算机语言里的子程序、过程、运算符、程序流程控制的关键字，在 AutoLISP 里仍然称为函数。AutoLISP 将函数分为内部函数和外部函数。AutoLISP 提供的或用 AutoLISP 定义的函数为内部函数，用 ADS、ADSRX 或 ARX 定义的函数为外部函数。

1．数值函数

1）计算函数

在 AutoLISP 中，提供了编程以及数学计算所需的大部分数学函数，可使用 AutoLISP 对数字进行加、减、乘、除运算，还可得到以弧度表示的角度的正弦值、余弦值及反正切值等。使用 AutoLISP 还可以进行许多其他计算。这部分主要介绍 AutoLISP 程序语言支持的常用数学函数。

（1）加法。格式(+ num1 num2 num3…)。此函数(+)计算加号右边所有数字的和(+ num1 num2 num3…)。这些数字可以是整数或实数。如果均为整数，则和为整数；如果均为实数，则和为实数。但是如果既有整数又有实数，则和为实数。示例：Command:(+2 5)返回 7。

（2）减法。格式(-num1 num2 num3…)。此函数(一)从第一个数中减去第二个数(num1-num2)。如果多于两个数，就用第一个数字减去其后所有数字的和[num1-(num2+num3…)]。示例：Command：(-28 14)返回 14。

（3）乘法。格式(* num1　num2 num3…)。此函数(*)计算乘号右边所有数字的乘积(num1×num2×num3…)。若均为整数，它们的乘积亦为整数；若其中含有一个实数，乘积即为实数。示例：Command:(* 2 5)返回 10。

（4）除法。格式(/ num1　num2　num3…)。此函数(/)用第一个数除以第二个数。如果多于两个数，就用第一个数除以其后所有数的乘积[num1/(num2×num3×…)]。示例：Command：(/ 30)返回 30。

（5）增量数字。格式(1+ number)。此函数(1+)使数字与 1(整数)相加，返回一个增加 1 的数。示例：(1+ 20)返回 21，(1+-10.5)返回-9.5。

（6）减量数字。格式(1-number)。此函数(1-)从数字中减去 1(整数)，并返回一个减去 1 的数。示例：(1-10)返回 9。

（7）绝对数字。格式(abs num)。abs 函数返回一个数的绝对值。该数可以是整数或者实数。示例：(abs 20)返回 20，(abs-20)返回 20，(abs-20.5)返回 20.5。

2）逻辑函数

逻辑函数用于将表达式中的一项或者多项参数进行逻辑运算，运算的结果为真或假，AutoIdSP 系统提供如下一些最基本的逻辑操作函数。

（1）AND 函数：(and(expr1)(expr2)(expr3)…)。该函数用于表达式的"逻辑与"运算，在参数表中，参数可以是一个 AutoLISP 表达式，也可以是多个 AutoLISP 表达式。在计算时，只要这些参数表的值有一个为空(nil)，AutoLLSP 就停止求值并返回空(nil)，只有当参数表中的所有参数都不为空时返回真(T)；如果不带参数调用该函数也返回真(T)。例如:(setq x 1 y 2)(and 1 x y)；返回值 T。(and 1 x y z)；返回值 nil。

（2）OR 函数：(or(exprl)(expr2)(expr3)…)。该函数用于表达式的"逻辑或"运算，用法基本同 AND。在计算时，只要这些参数中有一个值非空，则返回真(T)，当这些参数均为空时，返回值为空(nil)；如果调用该函数时未提供任何参数，则返回空(nil)。例如:(or 1 x z)；返回值 T。(or 1 '())；返回值 T。(or z '())；返回值 nil。

（3）NOT 函数：(not item)。该函数用于表达式的"逻辑非"运算，NOT 函数的<参数>仅有一项，该<参数>可以是一个 AutoLISP 表达式或由一个 AutoLISP 表构成。在计算时，只要该参数的值为空，就返回真(T)，非空则返回空(nil)。如果调用时不带参数，则提示出错信息。例如:(not z)；返回值 T。(not '(x y))；返回值 nil。

（4）NULL 函数：(NULL item)。该函数的作用是测试某一项是否为空(nil)，同 NOT 函数的功能大体相同，NULL 与 NOT 函数的区别在于，NULL 函数一般用于表，而 NOT 函数则用于其他数据类型和某些类型的控制函数。例如: (null '())；返回值为 T。

3）几何求值函数

这一类函数用于对几何数据的计算，在测绘、土木等工程中，经常需要求取一些几何值，如两点之的距离、点的坐标等，AutoLISP 语言提供的几何求值函数主要有以下几种。

（1）距离函数：(distance p1 p2)。该函数计算 p1、p2 两点之间的距离，点可以是二维或三维的。例如：(distance '(1 2 3)'(4 5 6))；返回 5.19615。

（2）坐标函数：(polar p1 ang dist)。该函数根据一点坐标、与另一点连线的角度和两点间距离来求取第二点坐标。角度单位为弧度，是从 X 轴正方向开始度量，逆时针为正，顺时针为负。例如：(polar '(1 2 3)1 10)；返回(6.40302 10.4147 3.0)。

（3）方位角函数：(angle p1 p2)。该函数根据 p1、p2 两点连线与 X 轴正方向形成的角度，度量时以逆时针方向为正，单位为弧度。例如：(angle '(1 2 3)'(4 5 6))；返回 0.785398。

（4）交点函数：(inters p1 p2 p3 p4(方式))。该函数计算两直线的交点坐标。p1、p2 为一条线段的两个端点，p3、p4 为另一条线段的两个端点。"方式"为可选项，分为 T、nil。方式为 T 时，判断交点是否在线段上，如果是，则返回交点坐标，否则返回 nil；方式为 nil 时，允许交点在线段延长线上，返回交点坐标。如果两条线段无交点，返回 nil。

4）三角函数

（1）sin 函数：格式(sin angle)。sin 函数计算一个角(以弧度表示)的正弦值。示例：Command：(sin 0)返回 0.0。

（2）cos 函数：格式(cos angle)。cos 函数计算一个角(以弧度表示)的余弦值。示例：Command：(cos 0)返回 1.0。

（3）atan 函数：格式(atan num1)。atan 函数计算数的反正切值，返回角度以弧度表示。 示例：Command：(atan 0.5)返回 0.463648。

（4）具有两个参数的 atan 函数：格式(atan　num1　num2)。还可以在 atan 函数中再指定一个数。若指定了第二个数，函数将以弧度形式返回(num1/num2)的反正切值。示例：Command：(atan 0.5 1.0)返回 0.463648 弧度。

（5）angtos 函数：格式(angtos angle [made [precision]])。angtos 函数以字符串格式返回以弧度表示的角度值。字符串格式由 made 和 precision 的设置决定。示例：Command：(angtos 0.588003 0 4)返回"33.6901"。

5）判断函数

在程序中，通常都需要测试某些特定的条件。若条件为真，程序执行某些功能，若不为真，执行另外一些功能。例如，条件表达式(if(< X 5))，若变量 x 的值小于 5，测试结果为真。编程过程中经常要用到这种类型的测试条件。

（1）等于：格式(= atom1 atom2…)。该函数(=)检查两个元素是否相等。若相等，条件为真，函数返回 T。同样，若指定的元素不相等，条件为假，函数返回 nil。示例：(= 5 5)返回 T。(= "yes" "yes" "no")返回 nil。

（2）不等于：格式(/= atom1 atom2…)。该函数(/=)检查两个元素是否不相等。若不相等，条件为真，函数返回 T。同样，若指定的元素相等，条件为假，函数返回 nil。示例：(/=50 4)返回 T。(/= 50 50)返回 nil。

（3）小于：格式(<atom1 atom2…)。该函数(<)检查第一个元素(atom 1)是否小于第 H 个元素(atom Z)。若为真，函数返回 T，否则返回 nil。 示例：(< 3 5)返回 T。 (< 5 3 4)返回 nil。

（4）小于等于：格式(<= atom1 atom2…)。该函数(<=)检查第一个元素(atom1)是否小于等于第二个元素(atom2)，若是，函数返回 T，否则返回 nil。示例：(<= 10 15)返回 T。(<= "c" "b")返回 nil。

（5）大于：格式(> atom1　atom2…)。该函数(>)检查第一个元素(atom1)是否大于第二个元素(atom2)。若是，函数返回 T，否则返回 nil。在下面第一个例子中，15 大于 10，因此，关系表达式为真，且函数返回 T。在第二个例子中，10 大于 9，但 9 并不大于其后的 9，因此函数返回 nil。 示例：(> 15 10)返回 T。(>10 9 9)返回 nil。

（6）大于等于：格式(>= atom1　atom2…)。该函数(>=)检查第一个元素(atom1)的值是否大于等于第二个元素(atom2)。若是，函数返回 T，否则返回 nil。在下面第一个例子中，78 大于但不等于 50，因此，函数返回 T。示例：(>= 78 50)返回 T。(>= "x" "y")返回 nil。

6）条件函数

（1）if 函数：(if <测试表达式> <then 表达式> [<else 表达式>])。这个函数根据条件计算表达式。如果<测试表达式>不是 nil，那么就计算<Then 表达式>；否则计算<else 表达式>。最后的表达式(<else 表达式>)是任选项。if 返回所计算的表达式的值；如果<else 表达式>没有指定，并且<测试表达式>为 nil，那么 if 返回 nil。例如：

```
(if(= 1 3)"YES!!"  "no.")          returns "no."
(if(= 2(+ 1 1)"YES!!")             returns "YES!!"
(if(= 2(+ 3 4)"YES!!")             returns nil
```

（2）progn 函数：(progn <表达式>...)。这个函数按顺序计算每一个<表达式>，返回最后表达式的求值结果。可以在只能用一个表达式的地方，用 progn 来完成多个表达式的计算。例如：

```
(if(= a b)(progn    (setq a(+ a 10))    (setq b(- b 10))   ) )
```

一般情况下，if 函数在测试表达式的计算值不为 nil 时，只计算前面一个表达式，在这个例子中，我们用 progn 可计算两个表达式。

（3）cond 函数：(cond(<测试 1> <结果 1>)...)。这个函数接受任意数目的表作为变元。它计算每一个表的第一项(按提供的表的顺序)，直到有一项的返回值不为 nil。然后它计算测试成功的那个子表中后面的那些表达式，返回子表中最后那个表达式的值。如果子表中只有一个表达式(即没有<结果>项)；则返回<测试>表达式的值。cond 是 AutoLISP 中最基本的条件函数。例如，下列的函数使用 cond 完成绝对值的计算：

```
(cond((minusp a)(- a)) (t    a)    )
```

如果"a"的值为-10，它将会返回 10。cond 可以作为 Case 类型的函数。它常常用 T 作为缺省的<测试>表达式。下面是另一个简单的例子。在符号 S 中用户响应的字符串是已知的，该函数测试用户的响应，若用户响应是 Y 或 y，则返回 1；若响应是 N 或 n，则返回 0；否则返回 nil。

```
(cond(( = s "Y")1)  (( = s "y")1)  (( = s "N")0)  (( = s "n")0)  (t nil)    )
```

7）循环函数

（1）while 函数：(while <测试表达式> <表达式>...)。这个函数先计算<测试表达式>，如果不为 nil，则计算其他的<表达式>，然后再重新计算<测试表达式>。这样一直循环到<测试表达式>为 nil。然后 WHILE 返回最后的<表达式>的最终计算结果。例如，已知：(setq a 1)，那么：(while(<= a 10) (some-func a) (setq a(1+ a)))。在 A 从 1 变到 10 的过程中，将调用用户函数 SOME-FUNC 十次，然后返回 11，它是最后一个表达式的计算结果。

（2）Repeat 函数：(repeat <数> <表达式>...)。在这个函数中，<数>表示任意一个正整数。这个函数将每一个<表达式>计算<数>次，返回最后表达式的计算结果。例如，对于下列的赋值：(setq a 10) (setq b 100)，则有：(repeat 4 (setq a(+ a 10))(setq b(+ b 10)))，returns 140。

2．表处理函数

表处理函数用于对数据表进行提取、合并、添加等操作，适用于处理大量数据。

（1）CAR 与 CDR 函数：(car list)和(cdr list)。CAR 函数用于提取 list 表中的第一个元素，CDR 函数用于提取 list 表中除第一个元素以外的其他元素组成的表，表可以是简单的表，也可以嵌套，如果表为空，则两个函数都返回 nil。例如：(car '(1 2 3 4))；返回 1。(car '((1 2)3 4))；返回(1 2)。(cdr '(1 2 3 4))；返回(2 3 4)。(cdr '((1 2)3 4))；返回(3 4)。

这两个函数还可以组合使用,组合层次可达 4 层,组合顺序是从右到左求值,形式为 CXR、CXXR、CXXXR、CXXXXR，其中 X 为 A 或 D。例如：(cadr '(1 2 3 4))；相当于(car(cdr'(1 2 3 4)))，返回 2。(caar '((1 2)3 4))；相当于(car(car'((1 2)3 4)))，返回 1。(caddr '(1 2 3 4))；相当于(car(cdr(cdr'(1 2 3 4))))，返回 3。通常，car 用来获取二维或三维坐标的 X 坐标，cadr 用来获取 Y 坐标，caddr 用来获取三维点的 Z 坐标。

（2）NTH 函数：(nth num list)。该函数用于提取 list 表中序号为 num 的元素。Num 为非

负整数，0 表示第一个元素，1 表示第二个元素，依次类推。如果 num 大于 list 中最后一元素序号，返回 nil。例如：(nth 2 '((1 2)3 4))；返回 4。

（3）LAST 函数：(last list)。该函数返回 list 表中最后一个元素，list 不能为空表。例如：(last '(1 2 3 4))；返回 4。

（4）CONS 函数：(cons expr1 expr2)。该函数将表达式 expr1 添加到表达式 expr2 的前面构成新表。例如：(cons '(a b)'(1 2 3 4))；返回((A B)1 2 3 4)。

（5）LIST 函数：(list expr1 expr2 …)。该函数将所有 expr1、expr2、…表达式按原位置构成新表，常用于生成二维或三维坐标点对。例如：(list 1 2 '(3 4))；返回(1 2(3 4))。

（6）APPEND 函数：(append list1 list2…)。该函数将所有 list1、list2、…表中元素按原位置构成新表。例如：(append '(1)'(2)'(3 4))；返回(1 2 3 4)。

（7）SUBST 函数：(subst new old list)。该函数从 list 表中搜索 old 项，将 old 项用 new 项替换，构成新表返回。若搜索不到 old 项，则返回原表。例如：(subst '2 'a '(1 2 3 4 2 3))；返回(1 2 3 4 2 3)。(subst 'a '2 '(1 2 3 4 2 3))；返回(1 A 3 4 A 3)。

（8）LENGTH 函数：(length list)。该函数测量 list 表的长度，即表中元素个数。例如：(length '(1 2 3 4))；返回 4。(length '((1 2)3 4))；返回 3。

（9）REVERSE 函数：(reverse list)。该函数将表中元素顺序颠倒，构成一新表，例如：(reverse '((1 2)3 4))；返回(4 3(1 2))。

7.3　AutoLISP 程序设计

在学习了如何使用 AutoLISP 函数后，就可以充分利用这些函数来调用 AutoCAD 的内部命令和访问系统图形数据库，实现对 CAD 图形的操作。AutoLISP 函数可以在 CAD 命令行直接执行完成一些简单操作，但这种操作只是临时性的，一旦退出 AutoCAD 软件，执行过的函数操作就全部消失。如果需要将这些操作存在起来，那就要建立一个程序文件，将用户编写的程序存在文件中，这个文件就是 AutoLISP 程序。

7.3.1　Visual LISP 程序结构

AutoLISP 文件的扩展名为.lsp，是由若干个 AutoLISP 表达式构成的，即（函数　参数…）。例如：(setq x 25.0)；(setq y 12.2)；(+(* x y)x)。一个 LISP 文件可定义多个函数或 AutoCAD 命令。表达式相当于语句，一个表达式可以分写在若干行上，一行可以写若干个表达式。连续的多个空格相当于一个空格。

AutoLISP 程序的设计与其他程序语言的使用是一样的，都要先进行流程设计，再进行代码编写，最后进行调试。设计一个程序的一般步骤如下。

（1）根据所需要完成的功能，分析现有条件。

（2）确定数学模型和所用条件与变量。

（3）编写程序流程，即确定执行步骤，通常用框图或伪代码表示。

（4）编写代码。

由于前三步与其他程序语言一样，所以在此只介绍代码的编写。我们可以用文本文件来建立 AutoLISP 程序文件，扩展名为.lsp。由于 AutoLISP 语言是解释性语言，所以文件中所包含的信息和图形编辑状态下交互输入的信息完全相同。AutoLISP 书写格式有如下特点。

（1）左右括号匹配。

（2）从左到右读程序。

（3）函数放在第一个元素的位置。

（4）一表可占多行，一行可写多表。

（5）用分号";"作注释。

7.3.2　Visual LISP 程序命名

为了对程序命名，用 DEFUN 函数括起全部代码，如下所示：

```
(defun c: mlm(/xyz)
    (setq xyz(getpoint "Pick point:"))
    (command "text" xyz 200 0 xyz)
 )
```

DEFUN 用来定义程序名，在 AutoLISP 中，函数、程序和例程这些词汇交替使用。

mlm 是给出的程序名。可以给出任意名称，只要与 AutoLISP 内置数名和用户定义的全局函数名不冲突就行。

C:是使 AutoLISP 例程与 AutoCAD 命令一致的前缀。这使用户在 command：提示下简单的输入 mlm 就可以了。

例如，在命令行中输入：mlm，然后选取一个点。

如果前缀 c：省略，那么程序必须作为一个 AutoLISP 函数来运行——用括号括起来。

例如，在命令行输入：（label）然后选取一个点。

注意：可以不用 c:而用其他前缀，以此来区分您编写的子程序。示例：

```
(defun zhg:label)
```

7.3.3　Visual LISP 程序的调用

AutoLISP 程序的加载一共有三种方法，分别是用 load 函数、appload 命令和在"功能区"选项板中选择"管理"选项卡，在"应用程序"面板单击"加载应用程序"按钮实现。

用 load 函数需要知道文件所在位置的绝对路径，比如，刚才我们写的程序文件在 c 盘 program 目录下，则用下列表达式来执行加载：（load "c:\\program\\三角形.lsp"）。如果加载成功，系统会返回函数名。

用 appload 命令装入，则在 CAD 命令行键入：appload 回车，弹出如图 7-1 所示对话框，将文件找到加载即可。

在"功能区"选项板中选择"管理"选项卡，在"应用程序"面板单击"加载应用程序"按钮。命令启动后将弹出"加载/卸载应用程序"对话框，如图 7-1 所示。浏览文件路径，选择"三角形.LSP"文件，然后单击"加载"按钮后，文本窗口内提示"已成功加载 三角形.LSP"，最后，单击"关闭"按钮，退出对话框。

程序文件加载后，文件定义的函数与命令就可以在当前绘图环境中运行和调用。调用方法：在命令行输入定义的命令，例如，sanjiaoxing，回车即可。如果未定义命令，则用（函数名）来调用。

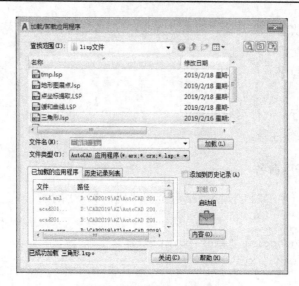

图 7-1　LISP 程序加载对话框

7.3.4　Visual LISP 程序的自动加载

在进行程序开发时，会发现很多子程序需要反复调用，而每次调用前都要把这些程序文件加载，一旦忘记就会使用程序中断出错。因此，如果能让这些常用程序在 AutoCAD 启动时就自动加载进系统，就不会出现程序中断问题了。

AutoCAD 软件系统每次启动，都会自动加载一个名为"三角形.LSP"的文件。因此，用

图 7-2　启动组对话框

户可以把常用的 LISP 程序函数定义在"三角形.LSP"文件中，就能保证 CAD 启动时，自动加载我们常用的程序。另外一个途径是将程序文件加入到启动组，操作方法如下。

（1）键入 appload，弹出图 7-1 加载与卸载应用程序对话框。

（2）单击"启动组"的"内容"按钮，弹出如图 7-2 启动组对话框。

（3）单击添加，浏览文件，找到我们要自动加载的自定义常用程序文件添加进来即可。

7.3.5　Visual LISP 集成开发环境

AutoLISP 语言的特点使得利用其他文本编辑器开发 AutoLISP 程序的操作不是很方便，因此，AutoDESK 公司开发了 Visual LISP 系统，它是为 AutoLISP 程序设计的软件开发工具。Visual LISP 的交互式集成开发环境提供了许多功能，使编写、修改代码以及测试和调试程序更加容易。另外，Visual LISP 还提供了工具，用于发布 AutoLISP 编写的独立应用程序。利用Visual LISP 提供的强大功能，可使 AutoLISP 程序代码的阅读、编写及修改变得更直观、方便。Visual LISP 提供的开发环境具有以下功能。

（1）语法检查器。该检查器可识别 AutoLISP 的语法错误和调用内置函数时的参数错误。

（2）文件编译器。改善了程序的执行速度，并提供安全高效的程序发布平台。

（3）专为 AutoLISP 设计的源代码调试器。利用它可以在窗口中单步调试 AutoLISP 源代

码，并同时在窗口中显示代码运行结果。

（4）文本编辑器。可采用 AutoLISP 及 DCL（可编程控制对话框）语法着色，并提供其他 AutoIdSP 语法支持功能。

（5）AutoLISP 格式编排程序。用于设置程序格式，以改善程序的可读性。

（6）全面的检验和监视功能。可以方便地访问变量和表达式的值，以便浏览和修改数据结构。这些功能还可以用来浏览 AutoLISP 数据和 AutoCAD 图形的图元。

（7）上下文相关帮助。提供 AutoLISP 函数的信息。强大的自动匹配功能方便了符号名查找等操作。

（8）工程管理系统。使维护多文件应用程序更加容易。

（9）可将编译后的 AutoLISP 文件打包成单个模块。

（10）桌面保存和恢复能力。可保存和重用任意 Visual LISP 任务的窗口环境。

（11）智能化控制窗口。它给 AutoLISP 用户提供了极大的方便，大大提高了用户的工作效率。控制台的基本功能与 AutoCAD 的文本窗口类似，并提供了许多交互功能。

Visual LISP 具有一个交互式的智能控制台，包含有一个项目窗口、代码分色的文本编辑器、调试器、源程序窗口及许多其他的特性。利用这些特性可以使编写、修改代码以及测试和调试程序变得更加容易。这大大简化了自定义 AutoCAD 操作的开发过程，缩短了从分析到执行所需的时间，使得 Visual LISP 的开发效率非常高。

7.4　图形文件与线性文件

7.4.1　图形文件

在绘图的过程中，经常会遇到一些结构简单、大小不固定的图形，如地形图中的植被、地物和控制点等图例的符号。这样的图示符号，如果用形来定义和处理，不仅紧凑简单，而且图形生成速度快，操作也十分方便。在实际绘图时，一般将常用的符号、字体等定义为形，建立图形符号库。

1．建立形文件

形文件是一个 ASCII 码文件，通常用户可利用文本编辑器或字处理器将定义好的一个或多个形在磁盘上编辑成文件，文件的扩展名为".SHP"。在形文件中每行的字符数不要超过 128 个，过长的行会导致编译失败。在文件中用户可以加注释字符，对于 AutoCAD 系统来说，在形编译时将忽略所有的空行和分号右边的内容。下面以上述各图例符号的形文件（ST.SHP）为例，介绍建立形文件的过程。具体编辑过程如下。

（1）启动并进入任一文本编辑状态。在 Windows 下的记事本、写字板和 Word 等都可作为文本编辑器使用。

（2）在打开的文本编辑器中键入如下文本文件：

```
;水塔符号
*236,39,ST
3,10,5,2,0A8,1,8,(20,0),2,8,(-15,0),1,8,(0,20),2,8,(10,-20),1,8,(0,20),6,
2,8,(0,30),1,0A0,0AC,0A8,0A8,0A4,0A0,054,0
```

（3）按文本编辑文件操作过程，将 ST.SHP 文件存盘。

2．编译形文件

用文本编辑器建立的形文件（.SHP）是 ASCII 码文件，不能被 AutoCAD 系统直接调用，必须经过系统编译后才能被系统调用。编译形文件就是将原来的".SHP"文件转换成".SHX"文件，编译后的形文件（.SHX）是二进制文件。

编译形文件的 AutoCAD 命令是 COMPILE。COMPILE 命令的执行过程：在软件界面的命令提示行中，输入 COMPILE，然后回车。该命令执行后，屏幕上弹出"选择形或字体"对话框，如图 7-3 所示。从对话框中的文件名列表中选择需编译的形文件（.SHP），然后确认，系统开始编译形文件。

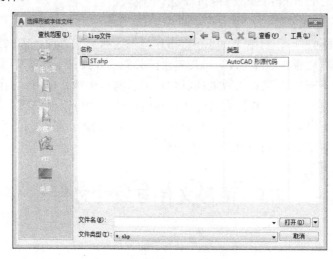

图 7-3　选择形或字体对话框

3．形的调用

把定义的形插绘到图形中，这个过程称为形的调用。形被编译后仍然存储在磁盘上，要把形插绘到当前图中，需要经过两步，即加载和插入。

1）加载形文件

加载形文件就是把形文件读入内存，以便在插入时调用。加载形文件的命令是 LOAD，该命令的执行过程：在命令提示行中，输入 LOAD，然后回车。该命令执行后，屏幕上弹出"选择形文件"对话框，如图 7-4 所示。从对话框中的文件名列表中选择需编译的形文件，然后单击"确定"按钮，系统自动将选定的形文件加载到内存中。

2）形插入图形

当形文件被加载后，用户可以利用 SHAPE 命令把形插入到图形中。在插入形的过程中可根据需要放大、缩小或者旋转角度。SHAPE 命令的执行过程如下：

命令: shape

输入形名称或 [?]: 此时用户可直接输入形名（如：ST）。若用户要查询调入内存的形名，可输入"？"，然后回车。系统接着显示：

指定插入点: 可直接用键盘输入插入点坐标，也可以用鼠标在屏幕上直接拾取点

指定高度 <1.0000>: 可输入高度值，也可以用鼠标拖动来控制形的高度

指定旋转角度 <0>: 输入角度值（单位：度），也可用鼠标拖动来控制形的旋转角度

例如，图 7-5 是用形（ST）定义的"水塔"图例符号"ST"所插入的图形，该形的高度为 2，旋转角度是 0 度。

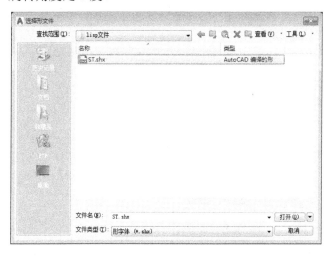

图 7-4　"选择形文件"对话框

图 7-5　水塔符号

7.4.2　线型文件

AutoCAD 中的线型是以线型文件（也称为线型库）的形式保存的，其类型是以".lin"为扩展名的 ASCII 文件。可以在 AutoCAD 中加载已有的线型文件，并从中选择所需的线型；也可以修改线型文件或创建一个新的线型文件。

AutoCAD 提供了两个线型文件，即 AutoCAD 主文件夹的 SUPPORT 子文件夹中的 acad.lin 和 acadiso.lin，分别在使用样板文件 acad.dwt 和 acadiso.dwt 创建文件时被调用。这两个文件中定义的线型种类相同，区别仅在于线型的尺寸略有不同。以 acad.lin 文件为例来介绍线型的定义和定制，该文件中定义了 45 种不同的线型，其中包括 14 种 ISO 线型和 7 种复杂线型，其余 24 种简单线型又可分为 8 组，每组线型的样式相同而线段长度和间隔不同。例如，DASHED2 和 DASHEDX2 线型的线段长度和间隔分别为 DASHED 线型的 0.5 倍和 2 倍。

1. 线型定义格式

线型定义由标题行和描述行两部分组成。

（1）标题行：由线型名称和线型描述组成，标题行以"*"为开始标记，线型名称和描述由逗号分开，其格式为：*linetype-name [, description]（*线型名称[，线型描述]）。

（2）描述行：specbyte1，specbyte2，specbyte3，…，0。specbyte 形定义的字节。每个形定义字节都是一个代码，或者用描述码定义矢量长度和方向，或者是特殊代码的对应值之一。在形定义文件中，定义字节可以用十进制或十六进制值表示。如果形定义字节的第一个字符为 0（零），则后面的两个字符解释为十六进制值。

用于描述形定义的字节必须用逗号隔开，最后用"0"结束形定义。描述形可以用多行表示，但是每行的字符数不得超过 128 个，形定义的总字节数不可多于 2000 个。

2．线型文件的建立

在测绘专业绘图过程中，经常遇到 CAD 线型库中没有所需要的线型。这个时候，可以自己定义线型，例如，"村界"的线型及其尺寸，如图 7-6 所示。

从图 7-6 中可以看出，该线型由 3 个实线段、4 个空线段和 1 个点构成。把该线型取名为 CUNJIE，其线型代码如下：

```
*CUNJIE, —— —— —— . ——
A,4,-1,4,-1,4,-1,0,-1
```

将上述线型的代码存入到文本文件，并命名为村界，该文件的扩展名为.lin。

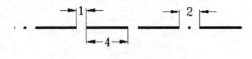

图 7-6　"村界"线型

3．线型文件的调用

新的线型定义完成后，还需要加载到图形的 LTYPE 的线型符号表中，这样在绘图时才能调用新的线型进行绘图。

当用户需要扩充系统线型时，把定义的一种或多种线型存放在一个文件中（如"村界.lin"），在使用前必须先把定义的线型文件装入。例如，把"村界.lin"文件中"村界"线型装入，其装入过程如下。

（1）在命令行的命令提示后，输入 LINETYPE 关键字，然后按回车键，系统弹出"线型管理器"对话框，如图 7-7 所示。

（2）在"线型管理器"对话框中显示了已经加载的线型，用单击"加载"按钮，系统弹出"加载或重载线型"对话框，如图 7-8 所示。

图 7-7　"线型管理器"对话框

图 7-8　"加载或重载线型"对话框

（3）在"加载或重载线型"对话框中，显示了可供用户使用的线型。如果用户需要的线型不在显示的内容中，可以选择新的线型文件。用单击"文件"按钮，系统弹出"选择线型文件"对话框,如图 7-9 所示。

（4）在"选择线型文件"对话框中,用户可以改变目录,选择不同目录下的线型文件(*.lin),如选择"村界.lin"线型文件,然后单击"打开"按钮,如图 7-10 所示。

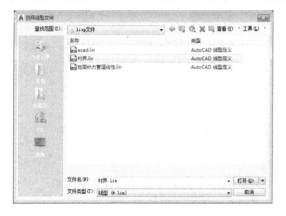

图 7-9　"选择线型文件"对话框　　　　图 7-10　选择线形文件后的"加载或重载线型"对话框

（5）如果所需要的线型在图 7-10 的对话框中显示,用户选择相应的线型名称作为装入的线型。然后单击"确定"按钮,将弹出"线型管理器"对话框,并在显示框中显示新装入的线型,如图 7-11 所示。

图 7-11　加载新线型后的"线型管理器"对话框

（6）在"线型管理器"中,查看新的线型是否装入,若新线型已装入,单击"确定"按钮,结束线型装入操作。

（7）当把新线型加载后,还不能立即使用,因为 AutoCAD 在缺省状态下使用当前层上的线型进行绘图。因此,要使用新线型绘图,可通过下述的两种方法改变线型的当前设定:①使用 LINETYPE 命令设置当前线型。在图 7-11 所示的"线型管理器"对话框中,先选择欲使用的线型,然后单击"当前"按钮,再单击"确定"按钮退出对话框。此时,NEWLINETYPE 已被设置为当前线型。②单击线型下拉列表框,在列表中单击已有的线型（如"村界"）,即可将所选定的线型作为当前绘图的线型。

7.5　AutoLISP 应用实例

7.5.1　CAD 图上点坐标的提取

在工程应用过程中，有些时候需要将 CAD 图中的点的坐标提取出来，下面就是一个基于 AutoLISP 的点坐标提取程序的源代码。

```
    ；点坐标提取
(defun c:dzbtq()
   (princ "\n 选择所需输出的点(point):")
   (setq ss(ssget ));；选取坐标点
   (setq n(sslength ss ));计算坐标点数量
      (setq ff(open(getfiled "文件保存为" "f:/" "dat" 1)"w"));保存路径
   (setq i 0)
   (repeat n
  (setq spt(ssname ss i ))
   (setq ept(entget spt))
   (if(=(cdr(assoc 0 ept))"POINT")
    (progn
                       (setq lxyz(cdr(assoc 10  ept)))
     (setq sx(rtos(nth 1 lxyz)));将坐标值实数转换成字符
     (setq sy(rtos(nth 0 lxyz)))
     (setq sz(rtos(nth 2 lxyz)))
                       (setq i1(+ i 1));计算点序号
                       (setq sn(rtos i1 2 0));将序号实数转换成字符
     (setq sxyz(strcat sn",," sy "," sx "," sz))
     (write-line sxyz ff)
   )  )
   (setq i(+ i 1))
   );repeat
  )
(prompt "* << 命令:plzbsc >> *输出格式(点号,, Y, X, Z)**")
(prin1)
```

上述点坐标提取程序的具体操作过程如下。

1. 加载应用程序

在"功能区"选项板中选择"管理"选项卡，在"应用程序"面板单击"加载应用程序"按钮。命令启动后将弹出"加载/卸载应用程序"对话框，如图 7-12 所示。浏览文件路径，选择"点坐标提取.LSP"文件，然后单击"加载"按钮后，文本窗口内提示"已成功加载 点坐标提取.LSP"，最后，单击"关闭"按钮，退出对话框操作。

图 7-12　"加载/卸载应用程序"对话框

2．点坐标提取

在命令行内，输入 DZBDTQ 字符后按回车键，根据提示进行相关操作，具体操作如下：

命令：DZBDTQ
命令：选择对象：

在 CAD 图上选择需要提取坐标的点，选择完毕后，按回车键，弹出"文件保存为"对话框，如图 7-13 所示，在弹出的"文件保存为"对话框中，浏览文件路径，选择文件类型和命名文件名，单击"保存"按钮，结束对话框操作，提取的点的坐标如图 7-14 所示。

图 7-13　保存提取点坐标到文件的对话框

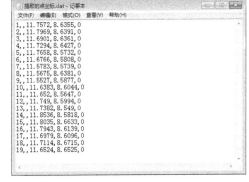

图 7-14　提取的点坐标文件

7.5.2　道路缓和曲线的绘制

缓和曲线指的是平面线形中，在直线与圆曲线、圆曲线与圆曲线之间设置的曲率连续变化的曲线。缓和曲线是道路平面线形要素之一，它是设置在直线与圆曲线之间或半径相差较大的两个转向相同的圆曲线之间的一种曲率连续变化的曲线。《公路工程技术标准》（JTGB 01—2014）规定，除四级路可不设缓和曲线外，其余各级公路都应设置缓和曲线。在现代高速公路上，有时缓和曲线所占的比例超过了直线和圆曲线，成为平面线形的主要组成部分。因此，在土木工程中，经常需要绘制道路缓和曲线，下面就是一个基于 AutoLISP 的点坐标提取程序的源代码。

```
(defun c:hh(/ p1 p2 pt1 pt2 pt3 pt4 pt5 pt6 pt10 pt20 id__ R V Ls E p3
              r1 x y l x0 x1 C jd alf alf1 alf2 q p Cl Ls1 Ls2)
   (command "ucs" "")
   (setq p1 nil p2 nil)
   (while(= p1 nil)(setq p1(entsel "\n 拾取第一条直线:")))
   (redraw(car p1)3)
   (while(= p2 nil)(setq p2(entsel "\n 拾取第二条直线:")))
   (redraw(car p2)3)
   (initget 1)
   (setq R(getdist "\n 请输入圆曲线半径 R: "))
   (initget 1 "Ls V")
   (setq p3(getdist "\n 输入缓和曲线长度(Ls)或[设计速度(V)]:  "))
   (if(= p3 "V")(ll_v)(progn(setq ls p3)(ll_d)))
   (princ)
); eline


(defun com_p()
   (setq l  0)
   (command "ucs" "o"(list(- 0 x1)0 0))
   (command "pline"(list 0 0 0)"w" "0" "")
    (repeat(FIX(/ Ls 0.4))
     (setq l(+ l(/ Ls(FIX(/ Ls 0.4)))))
          x(+(- l(/(* l l l l l)40 C C))(/(* l l l l l l l l l)3456 C C C
C))
          y(* id__(+(-(/(* l l l)6 C)(/(* l l l l l l l)336 C C C))(/(* l
l l l l l l l l l l)42240 C C C C C)))
       ); setq
        (command(list x y 0))
     ); repaet
   ); command
   (setq pt5(trans(list x y 0)1 0))
 ); com_p
 ; ; 输入线路设计车速。
(defun ll_v()
   (setq V  (getreal "\n 线路设计车速:")
        Ls1(* V 0.85)
        Ls2(/(* 0.0357 V V V)R)
        Ls  (max Ls1 Ls2(/ R 9))
        Ls  (*(fix(/ Ls 10))10.0)
   ); setq
   (if(> Ls R)(setq Ls R))
   (ll_d)
 ); ll_v

(defun ll_d()
```

```
(setq os(getvar "osmode"))
(setvar "osmode" 0)
(setq C  (* Ls R)
      q  (-(+(-(/ Ls 2)(/(* Ls Ls Ls)240 R R))(/(* Ls Ls Ls Ls Ls)34560 R
R R R))(/(* Ls Ls Ls Ls Ls Ls Ls)8386560 R R R R R R))
      pt1(cdr(assoc 10(entget(car p1))))
      pt2(cdr(assoc 11(entget(car p1))))
      pt10(polar pt1(angle pt1 pt2)(/(distance pt1 pt2)2))
      pt3(cdr(assoc 10(entget(car p2))))
      pt4(cdr(assoc 11(entget(car p2))))
      pt20(polar pt3(angle pt3 pt4)(/(distance pt3 pt4)2))
      p  (+(-(/(* Ls Ls)24 R)(/(* Ls Ls Ls Ls)2688 R R R))(/(* Ls Ls Ls Ls
Ls Ls)506880 R R R R R))
 jd (inters pt1 pt2 pt3 pt4 nil)
      alf1(angle pt10 jd)
      alf2(angle pt20 jd)
      alf(-(angle jd pt20)alf1)
); setq
(if(or(> alf pi)(and(< alf 0)(> alf(- 0 pi))))
  (progn
   (setq id__ -1)
   (if(> alf pi)(setq alf(-(+ pi pi)alf))(setq alf(abs alf)))
  ); progn
  (progn
   (setq id__ 1)
   (if(<= alf(- 0 pi))(setq alf(+ pi pi alf)))
  ); progn
); if
(setq x0 (/(*(+ p R)(sin(/ alf 2.0)))(cos(/ alf 2.0)))
      x1 (+ x0 q)
      Cl (+(* alf R)Ls)
      E  (-(/(+ R p)(cos(/ alf 2)))R)
); setq
(command "ucs" "o" jd)
(command "ucs" "z"(/(* 180 alf1)pi))
(com_p)(setq pt6 pt5)
(setq ppt1(list x1 0 0))
(command "ucs" "")
(command "ucs" "o" jd)
(command "ucs" "z"(/(* 180 alf2)pi))
(setq id__(- 0 id__))(com_p)
(setq ppt2(list x1 0 0))
(command "ucs" "")
(if(>(abs(distance jd pt1))(abs(distance jd pt2)))
  (setq ptt1 pt1)
  (setq ptt1 pt2)
  ); if
(setq ptt2(polar jd alf1(- 0 x1)))
```

```
      (thh p1 ptt1 10)
      (thh p1 ptt2 11)
      (if(>(abs(distance jd pt3))(abs(distance jd pt4)))
        (setq ptt3 pt3)
        (setq ptt3 pt4)
        );if
      (setq ptt4(polar jd alf2(- 0 x1)))
      (thh p2 ptt3 10)
      (thh p2 ptt4 11)
      (if(= id__ 1)(command "arc" pt5 "e" pt6 "r" R)(command "arc" pt6 "e" pt5
"r" R))
      (setq alfd(angf alf))
      (setvar "osmode" os)
      (command "cmdecho" "1")
      (command "text" pause pause ""(strcat "偏 角=" alfd))
      (command "cmdecho" "0")
      (command "text" "" (strcat "半 径="(rtos R 2 2)))
      (command "text" "" (strcat "切线长="(rtos x1 2 2)))
      (command "text" "" (strcat "曲线长="(rtos Cl 2 2)))
      (command "text" "" (strcat "外　距="(rtos E 2 2)))
      (command "text" "" (strcat "缓曲长="(rtos Ls 2 2)))
    );ll_d

  (defun angf(alf)
    (setq alff(angtos alf 1 4)
    n 1
    kk(strlen alff))
    (repeat kk
      (setq alfn(substr alff n 1))
      (if(= alfn "d")
        (setq nn n));if
      (setq n(+ n 1))
      );repeat
    (strcat(substr alff 1(- nn 1))"%%"(substr alff nn))
    );angf

  (defun thh(len pt h)
    (setq en_data(entget(car len))
        old_data(assoc h en_data)
    new_data(cons h pt)
    en(subst new_data old_data en_data));setq
    (entmod en)
    );thh
```

上述点坐标提取程序的具体操作过程如下。

1. 加载应用程序

在"功能区"选项板中选择"管理"选项卡,在"应用程序"面板单击"加载应用程序"

按钮。命令启动后将弹出"加载/卸载应用程序"对话框，如图 7-15 所示。浏览文件路径，选择"缓和曲线.LSP"文件，然后单击"加载"按钮，文本窗口内提示"已成功加载 缓和曲线.LSP"，最后，单击"关闭"按钮，退出对话框操作。

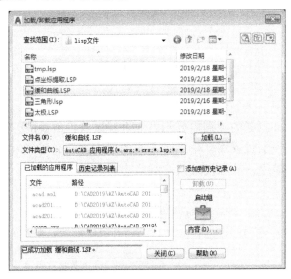

图 7-15　"加载/卸载应用程序"对话框

2．运行程序

在命令行内输入 HHQX 字符后按回车键，根据提示进行相关操作，具体操作如下：

　　命令：HHQX
　　命令：拾取第一条直线：
　　命令：拾取第二条直线：
　　命令：请输入圆曲线半径 R：100

这时输入需要的曲线半径即可。

　　命令：输入缓和曲线长度（Ls）或[设计速度（V）]：V

默认选择是曲线长度，这是选择设计速度（V）。

　　命令：线路设计车速：60

输入线路的设计车速，本例输入 60，按回车键，绘制的缓和曲线如图 7-16 所示。

　　命令：指定文字的起点或[对正（J）样式（S）]：
　　命令：指定高度<2.5000>：

根据需要可以选择指定文字起点或选择对正或样式，本例选择在屏幕指定文字起点，然后指定文字高度 2.5，按回车键，屏幕即可显示偏角、半径、切线长、曲线长、外距和缓曲长等参数具体数值，在本例中，偏角为 72°30′30″、半径为 100、切线长 109.68、外距为 26.53、缓曲长为 70，如图 7-16 所示。

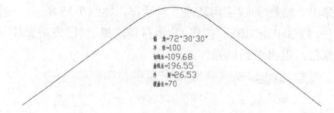

图 7-16　缓和曲线

7.5.3　地形图展点

在测绘工程中，野外测量的数据需要到内业进行展绘，常规的方法是根据野外所画的草图进行，如果在野外测设的过程中，分别对不同的地物进行编码，内业展点时就可以根据这些数据进行自动地形图展绘，其源代码如下所示。

```
(defun c:dxtzd()
(setq file(getfiled "\n 选定点位数据文件:" "e:/" "txt" 0)); 按目录选取
(setq f(open file "r"))                 ; 打开文件，准备读取数据
(setq spl nil)                          ; 放置样条曲线的"点表"SPL 初始化
(setq s(read-line f))                   ; 读入数据文件中第一行数据
(while(/= s "000")                      ; "000" 为坐标数据文件中数据已尽的代码
  (setq pn(atoi(substr s 17 4)))        ; pn 为点号 point number(字符串)
  (setq x(atof(substr s 37 10)))        ; x,y,h 为三维坐标值(实数)
  (setq y(atof(substr s 21 10)))
  (setq h(atof(substr s 53 10))h(rtos h 2 2)); 点的高程取 2 位小数注记
  (setq CD(substr s 69 10))             ; CD(code) 为地形点代码(字符串)
  (setq x1(- x 3.0)y1(- y 0.2)x2(+ x 0.4)y2(- y 0.4))
  (setq pt(list x y )pt1(list x1 y1)pt2(list x2 y2))
   ; pt 为地形点位置，pt1 为注记点号的起始位置，pt2 为注记高程的起始位置
(command "layer" "make" "PN" "c" 7 "" "")
(command "text" pt1 0.7 0 pn "")        ; 用白色注点号，成图后可关闭此层
(command "layer" "make" "941 " "c" 3 "" "")
(command "text" pt2 1 0 h "")           ; 用绿色注记点的高程,成图后可选择保留
(command "zoom" "e" "")
(setq lay(substr CD 1 4))    ; 代码前 4 位为分类码(按图式编号)，也是层名
(setq BMEC(substr CD 5 1))   ; 代码第 5 位为连线次序：Begin, Mid, End, Close
(setq lx(substr CD 6 1))     ; 代码第 6 位为连线种类：1-直线，2-圆弧，3-样条
(command "layer" "make" lay "c" 7 "" "")           ; 按地形点分类建层，展点
(if(= lay "31 ")(command "layer" "c" 6 lay ""))    ; 品红画房屋
(if(= lay "387 ")(command "layer" "c" 1 lay ""))   ; 大红画围墙
(if(= lay "415 ")(command "layer" "c" 2 lay ""))   ; 黄色画内部道路
(if(or(= lay "21 ")(= lay "216 "))
  (command "layer" "c" 4 lay ""))                  ; 青色画河流和水塘
                 ; 以上四种主要地物分层设色，使图形编辑时易于区分
(command "point" pt "")                            ; 按点的平面坐标展点
     ; 以下画直线段或闭合多边形
(if(and(= lx "1")(= BMEC "B"))(setq p1 pt P0 pt))
(if(and(= lx "1")(= BMEC "M"))(progn(setq p2 pt)
```

```
      (command "line" p1 p2 "")(setq p1 p2)))
      (if(and(= lx "1")(= BMEC "E"))(progn(setq p2 pt p4 pt)
      (setq spl(cons pt spl)n 1)                    ; 使可接续画直线、圆弧或样条等
      (command "line" p1 p2 "")(setq p1 p2)))
      (if(and(= lx "1")(= BMEC "C"))(progn(setq p2 pt)
        (command "line" p1 p2 p0 "")))            ; "C" 可使多边形封闭
        ; 以下画圆弧段或全圆周
      (if(and(= lx "2")(= BMEC "B"))(setq p4 pt p0 pt))
      (if(and(= lx "2")(= BMEC "M"))(setq p5 pt))
      (if(and(= lx "2")(= BMEC "E"))(progn(setq p6 pt)
        (setq spl(cons pt spl)n 1)                 ; 使可接续画圆弧、直线样条等
      (command "arc" p4 p5 p6 "")(setq p1 pt p4 pt)))
      (if(and(= lx "2")(= BMEC "C"))(progn(setq p6 pt)
        (command "circle" "3p" p4 p5 p6 "")))    ; "C" 可画全圆周
        ; 以下画样条曲线(开放的或闭合的图形)
        ; 可画 3 点以上任意点数的样条曲线，代码为 B3、M3、M3、…E3，构成点表 spl
      (if(and(= lx "3")(= BMEC "B"))(setq spl(cons pt spl)n 1))
      (if(and(= lx "3")(= BMEC "M"))(setq spl(cons pt spl)n(1+ n)))
      (if(and(= lx "3")(or(= BMEC "E")(= BMEC "C")))(progn
        (setq spl(cons pt spl)n(1+ n))
        (setq pti(nth(1- n)spl)n(1- n))
        (command "spline" pti)              ; 用"spline"命令画样条曲线
        (while(>= n 1)
          (setq pti(nth(1- n)spl)n(1- n)) ; 依次从点表中取出各点
          (command pti)                    ; 按点连接样条曲线
        ); end-while
        (if(= BMEC "E")(progn(command "" "" "")(setq spl nil)
                                           ; 画完一条开放式样条曲线，使点表初始化
        (setq p1 pt p4 pt)))              ; 使可接续画直线或圆弧
          ; 如果样条曲线闭合，则代码为 B3、M3、M3、…C3，构成点表 spl
        (if(= BMEC "C")(progn(command "c" "")(command "" "" "")
        (setq spl nil)))                  ; 画完一条封闭式样条曲线，使点表初始化
      )) ; end-if
      (setq s(read-line f))               ; 继续读入数据文件中其余各行数据
  ); end while
  (close f)(princ)
); end program topoline
```

上述地形图展点程序的具体操作过程如下。

1. 加载应用程序

在"功能区"选项板中选择"管理"选项卡，在"应用程序"面板单击"加载应用程序"按钮。命令启动后将弹出"加载/卸载应用程序"对话框，如图 7-17 所示。浏览文件路径，选择"地形图展点.LSP"文件，然后单击"加载"按钮后，文本窗口内提示"已成功加载 地形图展点.LSP"，最后，单击"关闭"按钮，退出对话框操作。

图 7-17　"加载/卸载应用程序"对话框

2. 运行程序

在命令行内输入 DXTZD 字符后按回车键，弹出"选定点位数据文件"对话框，如图 7-18 所示，在弹出的"选定点位数据文件"对话框中，浏览文件路径，选择文件类型和命名文件名，单击"打开"按钮，结束对话框操作，地形图展点图如图 7-19 所示。

图 7-18　弹出的"选定点位数据文件"对话框

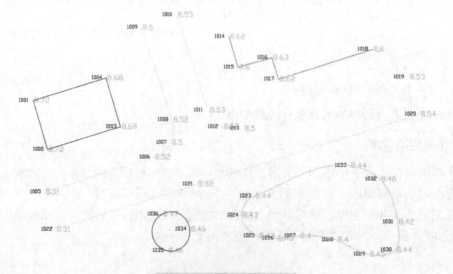

图 7-19　地形图展绘成果图

课 后 习 题

7-1　AutoCAD 二次开发语言主要有几种？

7-2　AutoLISP 数据类型有哪些？

7-3　在 AutoLISP 的系统表量表中，一共有几种数据类型？分别是哪些数据类型？

7-4　AutoLISP 将函数分为内部函数和外部函数，什么是内部函数？什么是外部函数？

7-5　利用 AutoLISP，设计一个程序的一般步骤都有哪些？

7-6　利用 AutoLISP 二次开发的程序如何自动加载与自动调用？

7-7　Visual LISP 提供的开发环境具有哪些功能？

7-8　建立图形文件的主要用途有哪些方面？

7-9　什么是线型文件？如何建立线型文件？

7-10　在测绘领域，基于 AutoCAD 二次开发的软件有哪些？

第8章 CASS 绘图基础

8.1 简　述

CASS 软件是广东南方数码科技股份有限公司基于 CAD 平台开发的一套集地形、地籍、空间数据建库、工程应用、土石方算量等功能为一体的软件系统。CASS 软件经过十几年的稳定发展，市场和技术十分成熟，涵盖了测绘、国土、规划、房产、市政、环保、地质、交通、水利、电力、矿山及相关行业，得到了用户的一致好评。

CASS 采用全球公认的优秀图形与设计平台 AutoCAD，跟随和应用 AutoCAD 的最新技术成果并积累了丰富的开发经验，可以满足不同客户的需求。CASS 打破以制图为核心的传统模式，结合在成图和入库数据整理领域的丰富经验，真正实现了数据成图建库一体化，同时满足地形地籍专业制图和地理信息系统建库的需要，减少重复劳动。数据生产、图形处理、数据建库一步到位。

CASS 9.0 版本相对于以前各版本除了平台、基本绘图功能上作了进一步升级之外，根据最新发表的图式、地籍等标准，更新完善了图式符号库和相应的功能；同时也增加了属性面板等大量的超值贴心的工具。因此，本书主要是采用 CASS 9.0 版本来介绍 CASS 绘图的基本方法。CASS 9.0 的安装应在安装完 AutoCAD2002/2004/2005/2006/2007/2008/2010 其中任一版本后才可进行。

8.2　地形图的绘制

8.2.1　平面图的绘制

对于图形的生成，CASS 9.0 提供了草图法、简码法、电子平板法等多种成图作业方式，并可实时地将地物定位点和邻近地物（形）点显示在当前图形编辑窗口中，操作十分方便。在这里仅介绍最常用的草图法绘制平面图。

众所周知，草图法工作方式要求外业工作时，除了测量员和跑尺员外，还要安排一名绘草图的人员，在跑尺员跑尺时，绘图员要标注出所测的是什么地物（属性信息）及记下所测点的点号（位置信息），在测量过程中要和测量员及时联系，使草图上标注的某点点号要和全站仪里记录的点号一致，而在测量每一个碎部点时不用在电子手簿或全站仪里输入地物编码，故又称为"无码方式"。草图法在内业工作时，根据作业方式的不同，分为"点号定位""坐标定位""编码引导"几种方法。"点号定位"法作业流程如下所述。

打开 CASS 9.0 软件。这里包含两部分操作，其一是"展野外测点点位"，其二是"展野外测点点号"。首先，单击"绘图处理"菜单下的"展野外测点点位命令"，命令栏会提示输入"比例尺"，在命令栏输入 500，会弹出如图 8-1 所示的"输入坐标数据文件名"对话框。选择"北山数据"，图上会显示所有坐标点分布图。接着单击"绘图处理"菜单下的"展野外测点点号命令"，弹出"输入坐标数据文件名"对话框，同样选择"北山数据"文件，单击"打开"按钮,如图 8-2 所示,在图上会显示出每个点的点号。

图 8-1　"输入坐标数据文件名"对话框

图 8-2　坐标点位和点号分布图

野外测量数据点位和点号展好后,即可根据外业绘制的草图(图 8-3)绘制地物,如图 8-4 所示。

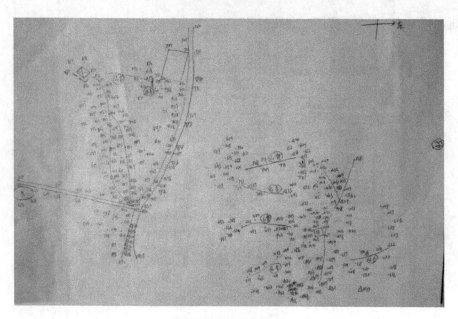

图 8-3　外业作业草图

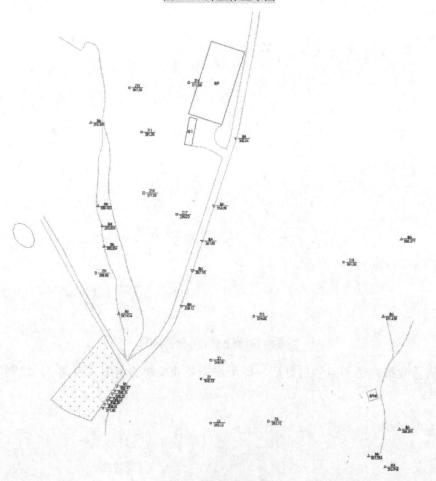

图 8-4　绘制的平面图

8.2.2　等高线的绘制

在地形图中，等高线是表示地貌起伏的一种重要手段。常规的平板测图，等高线是由手工描绘的，等高线可以描绘得比较圆滑但精度稍低。在数字化自动成图系统中，等高线是由计算机自动勾绘，生成的等高线精度相当高。

CASS 9.0 在绘制等高线时，充分考虑到等高线通过地性线和断裂线时情况的处理，如陡坎、陡涯等。CASS 9.0 能自动切除通过地物、注记、陡坎的等高线。由于采用了轻量线来生成等高线，CASS 9.0 在生成等高线后，文件大小比其他软件小了很多。

在绘等高线之前，必须先将野外测的高程点建立数字地面模型（DTM），然后在数字地面模型上生成等高线。数字地面模型（DTM），是在一定区域范围内规则格网点或三角网点的平面坐标（x，y）和其地物性质的数据集合，如果此地物性质是该点的高程 Z，则此数字地面模型又称为数字高程模型（DEM）。这个数据集合从微分角度三维地描述了该区域地形地貌的空间分布。DTM 作为新兴的一种数字产品，与传统的矢量数据相辅相成，各领风骚，在空间分析和决策方面发挥越来越大的作用。借助计算机和地理信息系统软件，DTM 数据可以用于建立各种各样的模型解决一些实际问题，主要的应用有：按用户设定的等高距生成等高线图、透视图、坡度图、断面图、渲染图、与数字正射影像 DOM 复合生成景观图，或者计算特定物体对象的体积、表面覆盖面积等，还可用于空间复合、可达性分析、表面分析、扩散分析等方面。我们在使用 CASS 9.0 自动生成等高线时，应先建立数字地面模型，具体步骤如下。

（1）绘制好平面图后，单击"绘图处理"菜单下的"展高程点"，弹出"输入坐标数据文件名"对话框，如图 8-5 所示。

（2）选择好高程数据文件后，单击"打开"按钮，命令栏提示输入"标记高程点的距离"，输入一个数字，回车即可。然后，接着单击"等高线"菜单下的"建立 DTM"，弹出"建立 DTM"对话框，如图 8-6 所示。

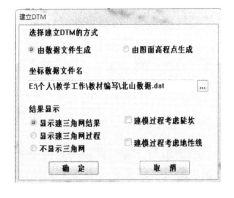

图 8-5　"输入坐标数据文件名"对话框　　　　　图 8-6　"建立 DTM"对话框

对话框里面有三项选项，第一项是"选择建立 DTM 的方式"，选择"由坐标文件生成"，第二项是"坐标数据文件名"，第三项是"结果显示"。单击"确定"按钮生成如图 8-7 所示的三角网。

（3）单击"等高线"菜单下的"绘制等高线"，会弹出"绘制等值线"对话框，如图 8-8 所示。

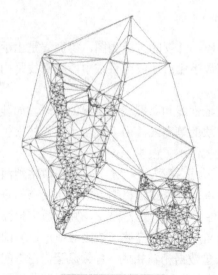

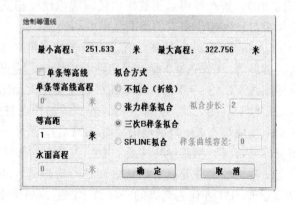

图 8-7　建立的 DTM　　　　　　　　图 8-8　"绘制等值线"对话框

　　对话框中会显示参加生成 DTM 的高程点的最小高程和最大高程。如果只生成单条等高线，那么就在单条等高线高程中输入此条等高线的高程；如果生成多条等高线，则在等高距框中输入相邻两条等高线之间的等高距。最后选择等高线的拟合方式。总共有四种拟合方式：不拟合（折线）、张力样条拟合、三次 B 样条拟合和 SPLINE 拟合。观察等高线效果时，可输入较大等高距并选择不拟合（折线），以加快速度。如选张力样条拟合，则拟合步距以 2 米为宜，但这时生成的等高线数据量比较大，速度会稍慢。测点较密或等高线较密时，最好选择三次 B 样条拟合，也可选择不拟合（折线），再用"批量拟合"功能对等高线进行拟合。选择 SPLINE 拟合，则用标准 SPLINE 样条曲线来绘制等高线，提示请输入样条曲线容差: <0.0>，容差是曲线偏离理论点的允许差值，可直接按回车键。SPLINE 线的优点在于即使其被断开后仍然是样条曲线，可以进行后续编辑修改，缺点是较三次 B 样条拟合容易发生线条交叉现象。

　　（4）选择好等高距和拟合方式后，最后单击"确定"按钮。这时，等高线便画好了，需要把三角网删除，选择"等高线"菜单，单击"删三角网"按钮即可，等高线便画好了。

8.3　地籍图的绘制

　　地籍图是一种专题地图，是在权属调查的基础上运用测绘科学技术测定界址线的位置、形状、数量、质量，计算面积，绘制地籍图，是国家土地管理的基础性资料，具有法律效力；是土地登记、发证和收取土地税的重要依据；同时，也是土地管理的基础，地籍调查是土地登记规定的必经程序，随着数字化地图的兴起和现代化信息管理的需要，建立城镇数字地籍数据库的工作已经势在必行，而城镇数字地籍调查测量则是建立城镇地籍数据库的基础。

　　地籍测量是地籍调查的一部分工作内容，地籍调查包括土地权属调查和地籍测量。地籍调查是依照国家规定的法律程序，在土地登记申请的基础上，通过土地权属调查和地籍测量，查清每一宗土地的权属、界线、面积、用途和位置等情况，形成地籍调查的数据、图件等调查资料，为土地注册登记、核发证书做好技术准备。

　　地籍图和地形图一样，有固定的图幅和确定的比例尺。我国地籍图比例尺一般规定为：

城镇地区（指大、中、小城市及建制镇以上地区）地籍图的比例尺为 1：500（城镇市区）和 1：1000（城镇郊区）。农村居民地（或称宅基地）地籍图的比例尺为 1：1000 或 1：2000。

　　使用 CASS 软件绘制地籍图具体包括以下几个步骤。

　　（1）展点。打开 CASS 9.0 软件，如图 8-9 所示。

图 8-9　CASS 9.0 界面

　　界址点数据展点。这里包含两部分操作，其一是"展野外测点点位"，其二是"展野外测点点号"。首先，单击"绘图处理"菜单下的"展野外测点点位"命令，命令栏会提示输入"比例尺"，在命令栏输入 250，会弹出如图 8-10 所示"输入坐标数据文件名"对话框。

图 8-10　"输入坐标数据文件名"对话框

　　选择"测绘学院坐标数据"，图上会显示所有坐标点分布图。接着单击"绘图处理"菜单下的"展野外测点点号命令"，弹出"输入坐标数据文件名"对话框，同样选择"测绘学院坐标数据"文件，单击"打开"按钮，图上显示出每个点的点号，如图 8-11 所示。

图 8-11　坐标点位和点号分布图

（2）绘制界址点和界址线。单击屏幕右侧屏幕菜单的"境界线下的"地籍界线"，弹出如图 8-12 所示"地籍界限"选择对话框。选择"界址线"符号，单击"确定"按钮，开始绘制界址线，根据现场所画草图按顺序将界址点顺序连接，当单击到最后一个界址点时，在 CASS 下面对话框中输入字母：C，然后按回车键，可自动将界址线闭合，同时，弹出输入"宗地基本属性"对话框，如图 8-13 所示，输入完毕后单击"确定"按钮，并在图上某一位置单击确定宗地号位置，如图 8-14 所示。

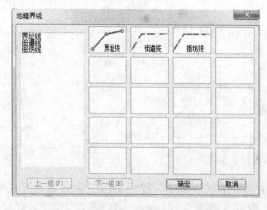

图 8-12　"地籍界限"选择对话框

图 8-13　"宗地基本属性"对话框

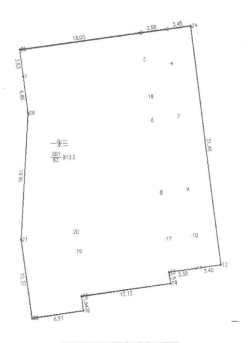

图 8-14　宗地界址线图

（3）绘制建筑物。单击屏幕右侧屏幕菜单的"居民地"，从"一般房屋""普通房屋""特殊房屋""房屋附属""支柱墩""垣栅"中选择合适的类别，单击"一般房屋"选项后，弹出"一般房屋"选项对话框，如图 8-15 所示。从"一般房屋"选项对话框中选择其中一种，单击"确定"按钮后开始绘制建筑物，如图 8-16 所示。

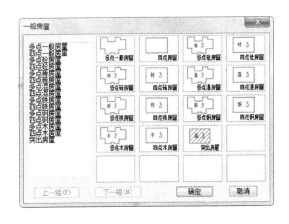

图 8-15　"一般房屋"选项对话框

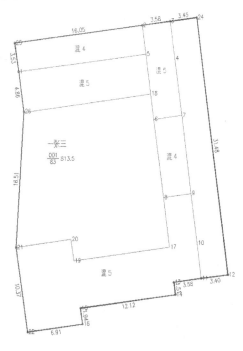

图 8-16　建筑物分布图

建筑物绘制完毕后，如果建筑物的属性信息有误，可以单击菜单栏"地籍"下拉菜单"修改建筑物属性"来进行修改。

（4）绘制宗地图图框。上述内容绘制完毕后，单击菜单栏"地籍"下拉菜单"绘制宗地图框"。然后在屏幕上选取该宗地的范围，范围选好后，弹出"宗地图参数设置"对话框，如图 8-17 所示。

图 8-17　"宗地图参数设置"对话框

根据需要设置其参数，然后单击"确定"按钮，在屏幕空白处，用鼠标指定宗地图框的定位点后，屏幕上即出现所画"宗地图"和"界址点坐标表"，如图 8-18 和图 8-19 所示。

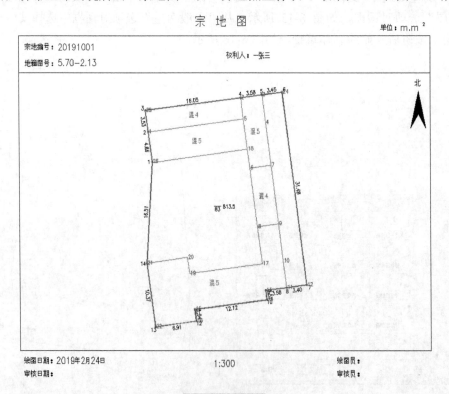

图 8-18　宗地图

界址点坐标表

点号	X	Y	边长
1	5786.566	2235.929	
			4.86
2	5791.387	2235.307	
			3.53
3	5794.880	2234.834	
			16.05
4	5796.933	2250.755	
			3.58
5	5797.390	2254.301	
			3.45
6	5797.831	2257.727	
			31.48
7	5766.604	2261.697	
			3.40
8	5766.178	2258.325	
			3.58
9	5765.720	2254.778	
			1.51
10	5764.220	2254.988	
			12.12
11	5762.663	2242.969	
			1.94
12	5760.742	2243.216	
			6.91
13	5759.811	2236.367	
			10.37
14	5770.081	2234.935	
			16.51
1	5786.566	2235.929	
S=813.5 平方米　合1.2202亩			

图 8-19　界址点坐标表

课 后 习 题

8-1　CASS 是基于哪个软件平台开发的，具有哪些基本功能？

8-2　如何绘制平面图？

8-3　如何建立数字地面模型（DTM）？

8-4　在绘制等高线的过程中，如何设置等高距？

8-5　等高线的拟合方式有哪些？

8-6　使用 CASS 绘制地形图主要有哪些步骤？

8-7　建立 DTM 的方式有哪些？

8-8　利用 CASS 如何绘制地籍图？

8-9　在使用 CASS 绘制地籍图的过程中，需要注意哪些方面？

8-10　CASS 除了绘制平面图、地形图和地籍图外，还有哪些应用？

参 考 文 献

蔡樱，钱燕，姚纪，2015. 画法几何[M]. 重庆：重庆大学出版社.

江景涛，毛新奇，2016. 画法几何与土木工程制图[M]. 北京：中国电力出版社.

李学京，2008. 机械制图国家标准应用指南[M]. 北京：中国标准出版社.

李雅萍，2018. AutoCAD2019 中文版机械制图快速入门与实例详解[M]. 北京：机械工业出版社.

刘继海，2013. 画法几何与土木工程制图[M]. 武汉：华中科技大学出版社.

龙马高新教育，2018. AutoCAD 2019 中文版实战从入门到精通[M]. 北京：人民邮电出版社.

罗康贤，冯开平，2013. 土木建筑工程制图[M]. 广州：华南理工大学出版社.

潘炳玉，李文霞，2016. 画法几何与土木工程制图[M]. 北京：北京理工大学出版社.

齐明超，梅素琴，2009. 画法几何及土木工程制图[M]. 北京：机械工业出版社.

唐人卫，2018. 画法几何及土木工程制图[M]. 南京：东南大学出版社.

王庆林，王春林，2017. AutoCAD2009 测绘工程专业绘图基础[M]. 北京：测绘出版社.

谢步瀛，2016. 画法几何[M]. 上海：同济大学出版社.

谢泽学，2006. AutoCAD2004 简明教程[M]. 北京：科学出版社.

杨振宽，2010. 机械产品设计常用标准手册[M]. 北京：中国标准出版社.

臧宏琦，叶军，刘援越，2014. 画法几何与机械制图[M]. 西安：西北工业大学出版社.

中国标准出版社第三编辑室，2009. 技术产品文件标准汇编：技术制图卷[M]. 2 版. 北京：中国标准出版社.

朱育万，卢传贤，2015. 画法几何及土木工程制图[M]. 北京：高等教育出版社.